jamovi로 내딛는 기초통계 첫걸음

김경철 · 장예솔

KNOWLEDGE COMMUNITY 공동체

머리말

현대 사회는 데이터의 시대라고 해도 과언이 아닙니다. 다양한 분야에서 생성되고 축적되는 방대한 데이터를 바탕으로 적절한 분석을 실시한다면, 사회과학에 중요한 유의미한 정보를 도출할 수 있습니다.

이러한 이유로 양적 연구를 위한 통계분석의 중요성은 나날이 강조되고 있습니다. 또한 다양한 통계 프로그램이 개발·보급되었으며, 어렵게만 느껴지던 양적 연구와 통계의 접근성은 상당히 높아졌습니다.

이러한 상황에서 양적 연구자들에게는 통계의 이해와 더불어 통계 프로그램의 활용능력이 모두 요구됩니다. 만약 기초통계에 대한 이해 없이 통계 프로그램을 구동한다면 잘못된 해석이나 부정확한 결과를 초래할 수 있습니다. 또한 통계 프로그램 활용에 어려움이 있다면 수많은 데이터를 바탕으로 의미 있는 결과를 도출하는 데 어려움이 있을 것입니다.

이에 주목하여 본 책은 독자들이 통계분석의 기초 원리를 쉽게 이해할 수 있도록 돕기 위해 작성되었습니다. 간단한 사례를 통해 기초통계를 직접 실시·분석해 보고, 나아가 각 검정방법을 jamovi라는 통계 프로그램을 이용해 실습할 수 있도록 구성하였습니다. 이를 통해 독자들은 이론과 실습을 병행하여 통계를 보다 깊이 있게 이해할 수 있을 것입니다.

본 책이 독자 여러분의 통계 이해에 큰 도움이 되기를 바라며, 이를 통해 더 나은 데이터 분석을 수행하고, 이를 바탕으로 보다 신뢰성 있는 연구결과를 도출할 수 있기를 희망합니다.

아울러 책이 나올 수 있도록 도움을 주신 공동체 출판사 가족 여러분께 깊은 감사의 마음을 드립니다.

2025년 1월

저자일동

차 례

예시와 본문 및 연습문제에 사용된 파일과 jamovi에서 실행한 결과(.omv)파일은 우측의 QR코드를 통해 도서출판 공동체 홈페이지(https://www.compub.co.kr)에서 다운로드 할 수 있습니다.

제 1 장

통계의 기본

1. 모집단과 표본
2. 가 설
3. 오류와 유의수준
4. 가설검정의 일반적 절차
5. 변수와 측정

제 1 장 통계의 기본

통계란 수량적인 자료를 바탕으로 이론을 도출, 지지, 거부, 수정, 검증하는 논리를 뜻한다. 연구자들은 자신의 이론을 정교화하고 타당화할 때 주관적인 판단보다 객관적이고 타당한 근거가 필요하다. 이러한 과정에서 논리의 근거가 되어주는 것이 바로 통계이다. 통계는 나타난 현상을 분석하여 실증 자료를 제시하고, 의사결정에 대한 근거 자료를 제공한다는 점에서 양적 연구에서 중요한 요소이다.

통계가 어떠한 현상을 수치화하고 객관화된 자료로 나타내는 것이라면, 연구자가 관심을 가지는 대상을 통계적으로 분석하는 작업을 통계분석이라고 한다.

통계분석은 크게 **기술통계분석**(descriptive statistics)과 **추리통계분석**(inferential statistics)으로 나눌 수 있다.

기술통계분석은 얻은 자료를 일목요연하게 정리하는 목적의 분산으로, 관찰한 현상에 대한 자료를 수치나 도표로 기술하는 것이다. 평균, 중앙값, 최빈값, 분산과 같이 수집된 자료가 나타내는 형태, 분포, 특징 등을 묘사하고 설명하는 통계분석이다. 전국 고등학생의 학업성취도 평가결과나 5세 유아의 언어능력 검사결과 등이 기술통계의 예이다.

반면 추리통계분석은 수집한 자료를 바탕으로 모집단을 추정하거나 예측하기 위한 통계분석으로, 표본에서 수집된 데이터를 바탕으로 가설을 검정하는 것이다. t검정, F검정, 회귀분석 등 양적 연구에서 활용하는 통계기법들이 추리통계에 해당된다. 추리통계는 수집된 표본의 자료를 모집단에 일반화하는 것이 핵심이다. '학습시간에 따라 학업성취도에 차이가 있는가'와 같은 가설을 검정할 때 표본의 통계치를 중심으로 앞으로의 상황을 확률적으로 예측하는 것이 추리통계의 예이다.

이러한 통계를 바탕으로 연구를 진행할 때, 다음과 같은 기본 개념에 대한 숙지가 요구된다.

1. 모집단과 표본

1) 모집단과 표본의 개념

통계분석을 활용한 연구의 목적은 현상을 일반화하고 이론을 수립, 재정립하는 것에 있다. 이러한 과정이 충실하게 이루어지기 위해서 연구자는 전체 집단에 대해 연구를 실시하고 그 결과를 검증해야 할 것이다. 하지만 연구대상 전체를 대상으로 조사하는 것은 현실적으로 어렵다. 따라서 연구자는 전체 대상이 아닌 전체를 대표하는 일부분에 대해 연구를 실시하고 그 결과를 바탕으로 전체 집단을 추론한다.

이것이 바로 **모집단**(population)과 **표본**(sample)에 대한 개념이다. 모집단은 연구의 대상이 되는 전체를 뜻하며, 표본은 모집단을 대표하여 추출된 대상을 의미한다.

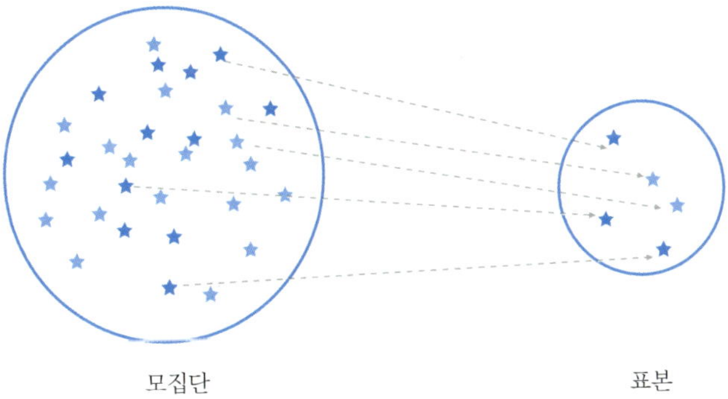

[그림 1-1] 모집단과 표본

만약 우리나라 고등학생의 신체발달에 관해 연구를 한다면 모집단은 '우리나라 전국 고등학생'이 될 것이다. 하지만 고등학생 전체에 대한 키와 몸무게를 알아내는 것은 어렵고, 가능하다고 해도 시간과 경비의 문제가 있으므로 연구자는 전국 고등학생에 대한 전수조사 대신 이들을 대표하는 '각 시도별 고등학생 100명'이라는 표본을 추출하여 이들에 대한 조사를 실시한다. 그리고 이 조사결과를 전체(전국 고등학생)에 대한 결과로 일반화할 것이다.

즉, 모집단은 연구자의 관심 대상이 되는 전체 집합이며, 이러한 모집단의 속성을 나타내는 값을 **모수치**(parameter)라고 한다.

반대로 직접적인 조사 대상이 된 모집단의 일부분을 표본이라고 하며, 표본을 이용하여 모집단의 속성을 추정한다는 점에서 표본의 속성을 나타내는 값을 **추정치**(estimate) 혹은 **통계량**(statistics)이라 한다.

참고로 통계분석에서는 모수치에 해당하는 것은 그리스 문자로, 추정치 혹은 통계량에 해당하는 것을 알파벳 문자로 표시한다.

<표 1-1> 모수치, 추정치에 따른 표기 차이(예)

구 분	모 수	추정치(통계량)
평균(mean)	μ	$\bar{x}$
표준편차(standard deviation)	σ	s

2) 표 집

앞서 알아본 바와 같이 모집단에 대한 연구를 실시하는 것은 어려움이 많기에 연구자는 표본을 통해 연구를 진행한다. 모집단에서 연구를 진행할 표본을 추출하는 것은 표집(sampling)이라고 한다.

표집한 표본이 전체(모집단)를 잘 대표해야 그 결과가 타당한 것으로 받아들여질 수 있기 때문에 표집은 중요한 단계이다. 따라서 연구자는 표본이 모집단을 대표할 수 있도록 세심한 주의를 기울여야 한다.

3) 표집과 관련된 용어

표집과 관련하여 표본크기, 표집목록, 표집비율, 표집단위, 표집오차에 대해서 알아보자.

표본크기(sample size)는 표본 수를 의미한다. 즉, 모집단을 대표할 표본의 수가 어느 정도인지를 뜻한다. 표본의 크기가 너무 작다면 대표성이 충족되지 못할 것이며, 표본의 크기가 너무 크다면 시간·경제적 부담이 가중될 것이기에 연구의 특성을 고려하여 표본크기를 설정해야 한다.

표집단위(sampling unit)는 모집단에서 추출되는 표본의 단위를 의미한다. 이는 개인이 될 수도 있고, 집단이 될 수도 있다. 만약 교사의 행복도에 대한 조사를 한다고 가정해 보자. A, B, C 학교별로 표집을 한다면 표집단위는 학교가 될 것이고, 교사별로 표집을 한다면 표집단위는 교사라 할 수 있다.

이러한 표집단위의 목록을 표집목록(sampling frame)이라고 한다. 표집목록은 표집틀 혹은 표본추출틀이라고 부르기도 한다. 학교 단위로 표집했을 경우에는 교육청별 학교일람표를, 교사 단위로 표집했을 경우에는 교원명부를 활용할 수 있을 것이며, 학교일람표와 교원명부가 표집목록이 될 수 있다.

표집비율(sampling fraction)은 모집단의 표집비율, 즉 모집단을 얼마나 표집하는지를 의미한다.

표집오차(sampling error)는 표집과정에서 발생하는 오차를 뜻한다. 즉, 표본과 모집단 간 평균의 차이를 의미한다. 만약 표본평균과 모평균의 차이가 크다면 표집오차가 커지며, 표집이 잘못 이루어졌을 가능성을 제기한다.

4) 표집의 유형

모집단에서 표본을 추출하는 방법은 크게 확률적 표집과 비확률적 표집으로 구분된다. '확률적 표집'은 모집단에서 표본이 추출될 확률이 같은 경우를, '비확률적 표집'은 표본이 추출될 확률이 구성원에 따라 다른 경우를 의미한다. 표집 유형에 대해 자세히 알아보자.

(1) 확률적 표집

확률적 표집(probability sampling)은 모집단으로부터 표본을 추출할 때 각 구성원이 표본으로써 선택될 확률이 모두 동일한 방법이다. 만약 전교생이 300명인 A중학교에서 학생 50명을 표본으로 추출한다고 할 때, 모든 학생이 표본으로 추출될 확률이 $\frac{50}{300}=\frac{1}{6}$로 동일한 경우를 의미한다. 확률적 표집에는 다음과 같은 종류가 있다.

① 단순무선표집

단순무선표집(simple random sampling)이란 집단의 모든 구성원이 표본으로 추출될 확률이 같고, 하나의 구성원이 표본으로 추출되는 사건이 다른 구성원이 추출되는 것에 영향을 주지 않는 방법이다.

예를 들어, A대학의 학생 5,000명 중 100명을 무작위(무선, 임의, random)로 선정하여 만족도 조사를 하는 경우가 단순무선표집에 해당된다. 이 경우 모집단 구성원(A대학의 학생)이 표본으로 뽑일 확률은 모두 $\frac{100}{5000}=\frac{1}{50}$로 동일하고, 한 명이 표본으로 뽑히는 사건이 다른 학생이 표본으로 추출될 확률에 영향을 미치지 않는다.

단순무선표집을 할 때 첫 번째로, 모집단, 모집단의 수, 표본크기를 정해야 한다. A대학 재학생을 모집단으로 하고, 그중에서 100명을 표집하겠다고 결정하는 것이 그 예이다. 두 번째로, 각 구성원에게 1~N까지 번호를 부여하고, 그중에서 일정한 규칙에 따라 표본크기가 충족될 때까지 추출을 반복한다. 이때에는 컴퓨터나 난수표를 활용할 수 있다.

이러한 단순무선표집은 모집단에 대한 지식이 없어도 편하게 사용할 수 있다는 장점이 있다. 하지만 표집목록이 없으면 사용하기가 어렵고 모집단이 어떤 특성에 의해 계층으로 나뉜다면 표집오차가 증가할 수 있다는 단점이 있다. 또한 표본크기가 작다면 모집단의 특성이 왜곡되기 쉽다.

② 계통표집

계통표집(systematic sampling)이란 표집목록에서 일정한 간격을 두고 연구 대상을 추출하는 방법이다. 'k번째 1'의 법칙을 적용하는 표집방법으로, 표집목록에 일련번호를 부여한 후, 한 번호를 설정하고 k번째를 뛰어넘어 다음 번호를 표집하는 것이다.

만약 k를 10, 첫 번째 번호를 1이라 설정한다면, 1, 11, 21, 31, … 순으로 표집크기(사례수)를 채울 때까지 표본을 추출하는 것이 계통표집이다. 계통표집은 표집목록이 고르게 배열되어 있지 않고 순서에 따라 특정 집단이 편포된 경우에는 특정 집단을 상대적으로 많이(혹은 적게) 추출하여 표집오차가 늘어난다는 단점이 있다.

또 단순무선표집과 달리 표본이 비독립적이다. 즉, 첫 번째 추출된 연구 대상부터 k번째 대상만 추출하기에 하나의 구성원이 추출되는 사건이 다른 구성원의 추출 여부에 영향을 준다.

이러한 단점에도 계통표집은 쉽고 빠르게 추출할 수 있어 효율적이라는 장점도 가진다.

③ 층화표집

층화표집(stratified sampling)이란 모집단 안에 동일성을 갖는 여러 개의 하위집단이 있다고 가정할 때, 모집단의 속성에 따라 계층을 구분하고 각 계층에서 단순무선표집을 하는 것을 의미한다. 예를 들어, 고등학교 교육과정에 대한 교원의 인식을 알아보고자 할 때, 담임교사, 부장교사, 비교과교사, 관리자 등 교사의 유형에 따라 의견이 다를 수 있다. 따라서 교원이라는 모집단을 같은 특성을 가지는 계층으로 구분하여 표집을 하는 것이다.

층화표집을 할 때에는 제일 먼저 확실한 정보에 따라 모집단을 계층으로 분류하는 작업이 필요하다. 계층을 구분할 때에는 연구자의 판단이나 직관이 아닌 타당한 이론적 배경에 근거해야 한다.

계층이 분류되면 각 계층에서 필요한 수만큼 표본을 추출한다. 이 과정에서 계층 간에 동일한 표집비율을 적용하면 **비율층화표집**, 비율을 정하지 않고 표본을 추출하면 **비비율층화표집**에 해당한다.

층화표집은 모집단을 계층으로 나누고 각 계층에서 표집하는 것이기에 표본의 추정치가 모집단을 잘 대표한다는 장점이 있다. 이러한 장점은 계층을 나누는 근거가 확실하고 표집이 잘 이루어졌을 경우로 한정된다. 따라서 연구자는 계층을 구분할 때 계층을 분류하는 기준이 타당한지 꼭 확인해야 할 것이다. 또한 층화표집은 계층으로 분류된 하위집단의 특성과 집단 간의 비교를 가능하게 한다는 장점도 있다.

하지만 계층을 분류하는 기준이 확실하지 않으면 표집오차가 커져 모집단을 대표하기 어려울 수 있으므로 이 점에 유의해야 한다. 만약 계층에 대한 정보가 불명확하다면 다음의 군집표집이 바람직하다.

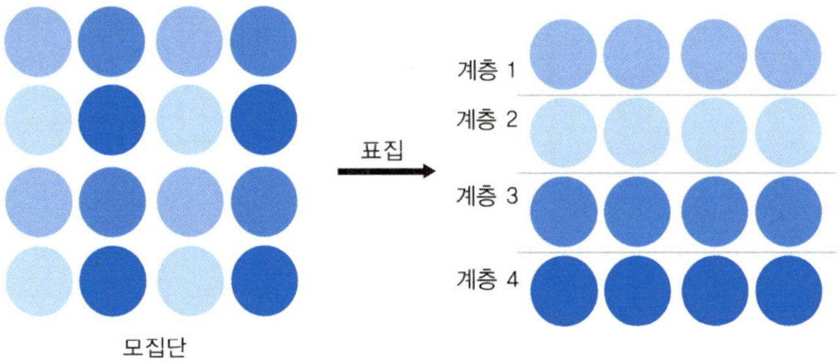

[그림 1-2] 층화표집

④ 군집표집

군집표집(cluster sampling)은 개인이나 요소가 아닌 집단을 표집단위로 표집하는 방법이다. 층화표집이 계층에 따라 모집단을 구분한 것과 달리 군집표집은 집단을 추출하는 것이 특징이다. 이러한 특징에 따라 군집표집을 집락표집, 덩어리표집이라고도 한다.

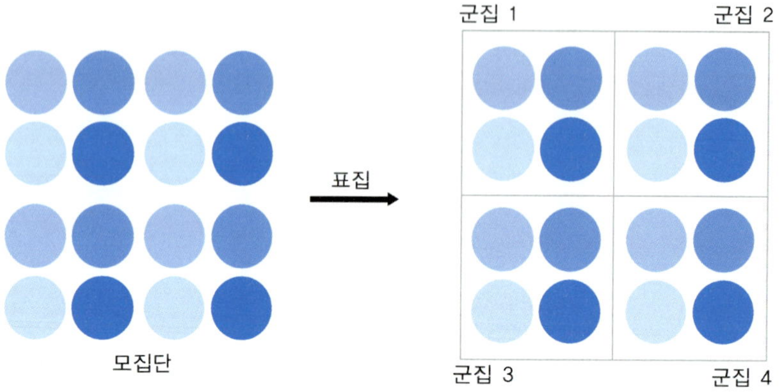

|그림 1-3| 군집표집

예를 들어, 고등학교 교육과정에 대한 교원의 인식을 알아보고자 할 때, A학교, B학교, C학교로 집단을 나누고, 각 학교에 근무하는 교원의 의견을 수집하는 것이 군집표집의 사례이다.

군집표집을 하기 위해서는 먼저 모집단과 군집을 선정한다. 다음으로 군집단위로 표본을 추출한다. 이때 한 수준에서 군집표집이 이루어진다면 1단계 군집표집, 여러 단계에 걸쳐 군집표집을 실시한다면 다단계 군집표집이라 한다. 고등학교 교원에 대한 조사를 위해 학교별로 1단계 군집표집을 실시하고, 다음으로 그중에서 1학년, 2학년, 3학년의 학년별 교사별로 2단계 군집표집을 하는 것이 다단계 군집표집에 해당된다.

군집표집은 표집틀 없이도 쉽게 사용할 수 있으며, 표집단위가 집단이기에 표집이 쉽다는 특징이 있다. 하지만 소수의 군집만을 추출할 경우 표집오차가 커지므로 군집표집 시에는 많은 수의 군집을 표집해야 할 것이다.

⑤ 층화군집표집

층화군집표집(cluster sampling with strarification)은 앞서 알아본 층화표집과 군집표집을 합친 표집방법이다. 층화군집표집을 이해하기 위해 계층과 군집의 차이를 비교해 보자. 계층과 군집 모두 모집단을 나누고 있다는 공통점이 있지만 구분된 계층과 군집은 집단 구성원 간 차이가 있다.

계층은 모집단을 어떤 특성에 따라 하부집단으로 나눈 것이므로 구분된 각 계층은 서로 이질적이다. 하지만 계층 내 구성원은 동일한 특성을 가지고 있는 동질적인 집단이다. 반면 군집은 표집의 편의를 위하여 모집단을 여러 개의 덩어리로 나눈 것이다. 따라서 각 군집은 모집단을 잘게 나누었을 뿐, 각 군집은 서로 유사하다는 특징이 있다. 하지만 군집 내 구성원을 자세히 살펴보면 매우 다양한 특성이 혼재되어 있어, 군집 내는 이질적인 특성이 있다.

<표 1-2> 계층과 군집의 차이

	계층(층화)	군 집
분류 기준	확실한 이론적 근거	집단
내 부	동질	이질
외 부	이질	동질

이러한 계층과 군집의 차이에 주목하여 모집단을 어떤 속성에 따라 계층으로 구분하고, 그 후의 표집을 군집단위로 실시하는 것이 층화군집표집이다. 예를 들어, 고등학교 교사의 인식을 알아보고자 할 때 담임교사, 비담임교사, 관리자 등으로 계층을 구분한 후, 학교 단위로 표집을 하는 것이다.

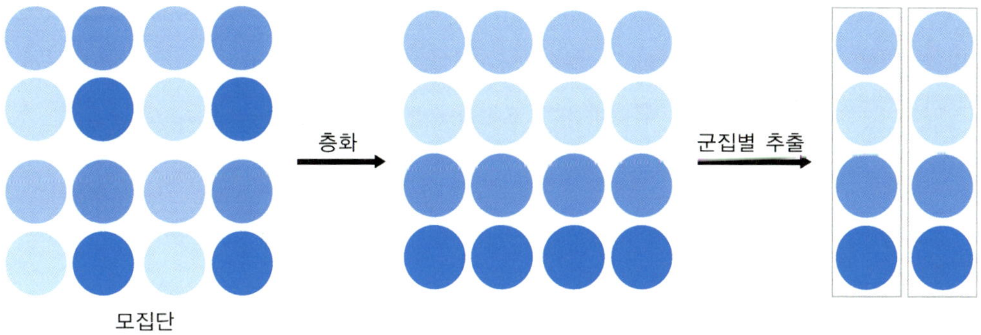

[그림 1-4] 층화군집표집

정리하면 층화군집표집은 모집단을 층화한 후, 군집에 따라 분류하고 표본의 크기를 충족할 만큼 군십을 추출하는 것을 뜻한다. 또 필요한 경우 다단계로 층화를 할 수도 있다.

층화군집표집은 모집단을 세분화하여 표집했기에 모집단을 잘 대표한다고 볼 수 있지만, 표집과정이 복잡하고 표집에 요구되는 시간과 경비가 늘어난다는 단점도 있다.

(2) 비확률적 표집

비확률적 표집(non-probability sampling)은 모집단 구성원이 표본으로 추출될 확률이 동일하지 않은 경우를 의미한다. 연구자가 임의로 표본을 추출하거나 조사 대상이 자발적으로 표본이 되는 경우가 비확률적 표집에 해당된다.

① 편의표집

편의표집(convenience sampling)은 연구자가 편의에 따라 표본을 추출하는 방법이다. 시간과 장소에 구애받지 않아 조사하기 쉽다는 장점이 있지만, 추출된 표본이 모집단을 대표한다는 보장이 없기에 연구결과를 일반화하는 데 어려움이 있다. 초등학교 교사를 연구대상으로 선정하였을 때, 편의로 인근 초등학교에 방문하여 연구대상자를 표집하는 경우가 편의표집에 속한다.

② 비율표집

비율표집(quota sampling)은 모집단의 일정 비율에 따라 표집하는 방법이다. 모집단을 n 지역 초등학교 교원이라고 하였을 때, 남자 교사와 여자 교사 간 성비 차이를 반영하여 남자 30%, 여자 70%로 남녀 각 집단에 비율을 적용하여 표집하는 것이 비율표집의 예이다.

만약 모집단 수의 차이가 없을 경우에는 집단별로 일정 수만큼 표집을 실시하면 되지만, 모집단 수의 차이가 있을 경우에는 비율을 고려하여 연구 대상을 추출해야 모집단을 잘 대표할 수 있기에 비율표집이 요구된다.

③ 목적표집

목적표집(judgmental sampling)은 연구자의 판단에 의해 표본을 추출하는 방법으로 판단표집이라고도 한다. 예를 들어, 교사의 자녀양육 태도에 관한 연구를 계획한다면, 연구 대상은 아무나 될 수 없고 자녀가 있는 교원을 대상으로 연구를 실시해야 한다. 이런 경우에 연구자는 목적표집을 실시하여 연구의 목적에 부합하는 구성원을 표집해야 한다.

목적표집을 하기 위해서 연구자는 표집 대상에 대해 구체적으로 알고, 논리적 근거에 의해 표집을 실시해야 한다. 하지만 이 또한 확률적 표집이 아니므로 모집단에 대한 대표성을 확보하는 데 어려움이 있다.

④ 지원자표집

지원자표집(volunteer sampling)은 조사에 자발적으로 참여한 응답자를 표본으로 선택하는 방법이다. 의학, 생리학, 약학 등과 같이 지원자의 참여의사가 필요한 연구의 표집이 이에 해당된다. 지원자표집은 지원자로 구성되어 있기에 조사 주제에 대해 응답자의 관심도가 높은 편이다. 하지만 지원자로만 구성된 표본은 모집단을 대표하기 어려워 표집오차가 커지고 연구결과를 일반화하기 어려운 제한점이 있다.

5) 분 포

표본을 추출했으면, 표본의 분포를 통해서 표본의 특성을 파악해야 한다. 표본분포는 표본에서 도출되는 통계량을 확인하는 확률분포다. 다시 말하면, 모집단을 추정하기 위한 표본 통계량의 확률분포를 바로 표본분포라고 한다.

(1) 표집분포

만약 연구자가 전교생이 1,000명인 A고등학교의 학생을 대상으로 교육과정 만족도 조사를 한다고 가정해 보자. 전교생을 대상으로 조사를 하기에는 시간·경제적 비용이 많이 들어 집단을 대표하는 10명을 표본크기로 정해 조사를 실시하고자 한다.

그래서 연구자는 10명을 무선으로 표집하여 교육과정 만족도 조사를 실시하고 그 평균을 구한다. 만약 이 과정을 여러 번 실시한다고 가정해 보자. 10명을 표집하여 교육과정 만족도의 평균점수를 구하고, 또 다른 10명을 표집하여 다시 교육과정 만족도의 평균점수를 구하여 기록하는 것이다. 이러한 작업을 반복하면서 만들어지는 분포가 표집분포(sampling distribution)이다.

표집된 표본의 평균이 모집단의 평균과 일치하는 것이 이상적이지만 이는 불가능하며 모수와 차이가 발생할 수밖에 없다. 따라서 모수와 차이가 있더라도 표집된 표본들의 평균을 모집단의 평균으로 간주한다.

또한 10명에 대한 교육과정 만족도 조사 평균점수는 매번 조금씩 다를 것이기에 각 표본평균 간에도 차이가 발생한다. 이러한 표본평균이 평균(표집분포의 평균=모집단의 평균)과 떨어진 정도를 표준오차(SE : Standard Error)라 한다. 표준오차는 표집분포의 표준편차로 $\sigma/\sqrt{n}$으로 계산한다.

이러한 표집분포는 중심극한정리(central limit theorem)에 근거한다. 중심극한정리는 표본의 개수가 충분하다면 표본평균들이 이루는 분포는 정규분포에 가까워진다는 것을 의미한다. 이러한 중심극한정리에 따라 표본평균의 표집분포는 평균이 μ이고, 표준오차(SE, $\sigma/\sqrt{n}$)를 표준편차로 하는 $N(\mu,\ \sigma/\sqrt{n})$의 정규분포의 형태를 가진다.

표본 수가 충분히 크다면 그 표본은 정규분포를 이룬다는 중심극한정리에 따라, 일반적으로는 실시되는 대규모 표본에 대한 표본평균은 단 한 번 실시했더라도 그 표본의 값으로 모집단의 평균을 추론한다.

(2) 정규분포

정규분포는 평균을 중심으로 좌우 대칭이 되는 종 모양 형태의 확률분포이다. 가로(x)축을 계급구간, 세로(y)축을 빈도로 하였을 때, 가장 많은 빈도를 나타내는 것이 평균이고, 평균을 중심으로 좌우로 갈수록 빈도가 줄어드는 형태를 띤다. 평균 μ, 분산 σ^2인 정규분포의 도수분포곡선은 |그림 1-5|와 같다.

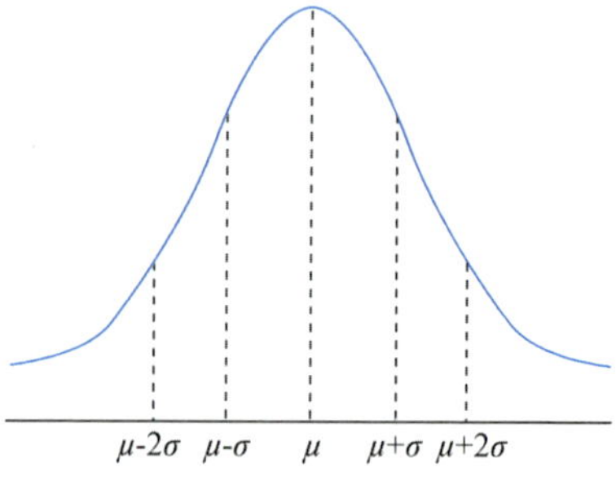

|그림 1-5| $N(\mu,\ \sigma^2)$ 정규분포곡선

그래프상 가장 높은 부분이 바로 평균인 지점이고, 계급구간이 퍼질수록 그 빈도도 줄어듦을 의미한다.

① 표준화

만약 2개의 정규분포를 비교해야 한다고 가정해 보자. 각 분포는 평균과 분산이 모두 다르므로 비교가 쉽지 않을 것이다. 따라서 분석결과를 서로 비교할 수 있도록 만드는 과정이 요구된다. 이를 표준화라고 한다. 표준화과정은 정규분포의 기준점을 평균=0, 분산=1로 맞춰 비교가 쉽도록 하는 것이다.

만약 X라는 변수가 정규분포 $N(\mu,\ \sigma^2)$을 따른다면, X 변수를 $N(0,\ 1)$을 따르는 새로운 Z라는 변수로 만드는 것이 표준화이다. 표준화는 $Z=\frac{X-\mu}{\sigma}$의 공식을 따른다.

이를 정리하면 다음과 같다.

〈정규분포의 표준화〉

정규분포	→	표준화	→	표준정규분포
$N(\mu,\ \sigma^2)$		$\frac{X-\mu}{\sigma}$		$Z(0,\ 1)$

② 표준정규분포(z분포)

표준정규분포는 정규분포를 $Z=\frac{X-\mu}{\sigma}$에 따라 평균=0, 분산=1의 기준으로 만든 확률분포로, z분포라고 한다. 이러한 표준정규분포는 표본의 개수가 충분하거나 모분산을 알고 있을 때 사용한다.

표준정규분포는 확률분포로, 정규분포곡선에서의 면적은 그 값이 나타날 확률을 의미한다. 다음은 표준정규분포(z분포)의 그래프이다.

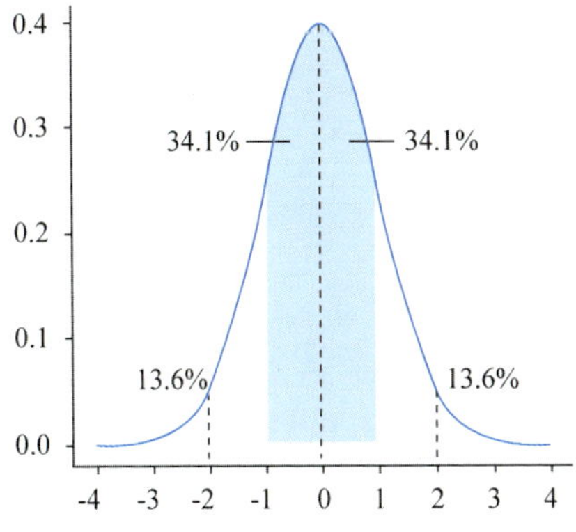

|그림 1-6| 표준정규분포 $Z(0,\ 1)$ 그래프

z는 확률분포이기 때문에 분포의 전체 면적은 1이다. 그리고 평균인 0을 기준으로 1표준편차 멀어지면 지점은 약 0.341, 즉 34.1%의 확률이다. 이어서 평균을 기준으로 2표준편차만큼 멀어지는 지점의 확률은 0.136(=13.6%)이다. 정규분포는 평균을 기준으로 좌우 대칭이기에, $-1 < z < 1$에 존재할 확률은 68.2%, $-2 < z < 2$에 존재할 확률은 95.4%임을 알 수 있다.

2. 가 설

가설이란 주어진 사실에 대한 추측이나 주장으로 연구문제에 대한 예측 가능한 결론을 내린 것이다. 만약 어떤 연구자가 '남아와 여아의 과목 선호도는 다르다'라는 가설을 설정한다면 연구자는 이 가설을 검정하는 과정을 거쳐야 할 것이다. 즉, 가설이란 연구수행 과정을 통해 검정하고자 하는 잠정적인 진술을 의미한다. 가설은 연구문제와 연결되고 연구의 시작이 되는 진술이기에 중요하다.

가설의 종류에 대해서 알아보자.

1) 가설의 종류

(1) 영가설

귀무가설이라고도 불리는 영가설(null hypothesis)은 일반적으로 믿어온 사실을 가설로 설정한 것이다. 일반적인 통념은 '차이가 없다' 혹은 '같다' 등과 같이 특별한 가설검정을 하지 않았다면 당연하게 여겨질 사실을 뜻한다. 영가설은 당연한 사실이라 연구할 의미가 없다는 의미로 H_0으로 표기한다. 영가설은 당연하게 믿어지는 사실에 대한 것이기에 영가설을 증명하기 위한 조사는 하지 않는다.

(2) 대립가설

대립가설(research hypothesis)은 영가설에 반대되는 것으로 공공연하게 받아들이는 현상에 대립하는 가설을 의미한다. '차이가 없다'라고 생각했던 일반적인 통념(영가설)에서 벗어나 그것이 아님(차이가 있다)을 증명하는 것이 바로 대립가설의 목적이다. 따라서 대립가설은 연구의 목적이 된다는 점에서 연구가설이라 불리기도 한다. 대립가설은 영가설(H_0)에 반대된다는 의미로 H_1이라 표기한다.

2) 가설검정

가설검정(hypothesis test)은 수립된 가설이 모집단에 관한 내용인지 아닌지 판단하는 과정으로, 연구자는 가설검정을 통해 영가설의 기각, 채택 여부를 판단한다.

영가설의 채택 여부를 판단하는 기준을 유의수준 α라고 한다. 유의수준 α에 따라 영가설을 채택하는 채택역과 기각하는 기각역으로 나뉘며, 조사결과가 기각역에 포함된다면 영가설을 기각하고 대립가설을 채택한다. 이러한 과정을 통해 연구자는 가설을 검정할 수 있다.

또한 가설의 방향성 유무에 따라 기각역과 채택역이 달라진다. 가설의 방향성이 없다면 양측검정을, 가설의 방향성이 있다면 단측검정을 실시한다. 양측검정과 단측검정에 대해 자세히 살펴보자.

(1) 양측검정

양측검정(two-sided test)은 '사실이 아니다' 혹은 '같지 않다'라는 대립가설을 검정하는 것이다. 검정의 방향성이 없으며, 단지 가설이 사실인지 아닌지에 초점을 맞춘 경우를 의미한다. 연구자가 A고등학교와 B고등학교의 수업시간에 대해서 조사를 하며 다음과 같은 영가설과 대립가설을 수립하였다고 가정하자.

H_0 : A고등학교 수업시간 = B고등학교 수업시간
H_1 : A고등학교 수업시간 ≠ B고등학교 수업시간

즉, 영가설은 '두 학교의 수업시간은 동일하다'이며, 대립가설은 '두 고등학교의 수업시간은 같지 않다'이다. 따라서 연구자의 의사판단기준은 '두 학교의 수업시간이 다르다'라는 것에 있다. 구체적으로 A고등학교 수업시간 > B고등학교 수업시간인 경우와 A고등학교 수업시간 < B고등학교 수업시간 모두 A고등학교 수업시간 ≠ B고등학교 수업시간에 해당된다.

따라서 가설검정의 방향성이 기준보다 크거나 작은 경우를 모두 포함하기에 |그림 1-7|과 같은 형태로 나타난다.

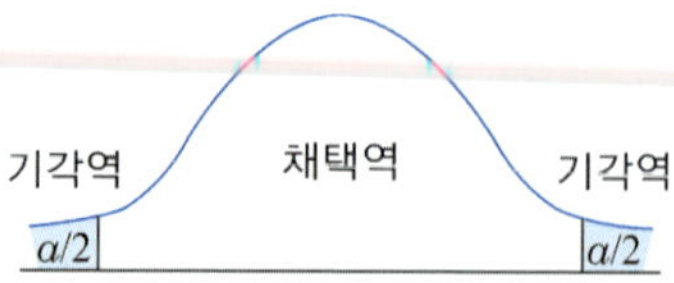

|그림 1-7|

그림과 같이 양측검정에서는 양 꼬리에 기각역이 존재한다. 검정결과가 기준보다 유의하게 큰 경우 또는 유의하게 작은 경우 모두 영가설을 기각할 수 있기에, 영가설의 채택 여부를 판단하는 기준인 유의수준 α도 반으로 나뉘어 +방향과 -방향 양쪽에 나타난다.

(2) 단측검정

단측검정(one-sided test)은 조사 목적에 따라 한쪽 방향을 검정하는 것이다. 예를 들어, A고등학교와 B고등학교의 수업시간의 양에 대한 조사를 한다고 가정해 보자. 이론적 배경과 연구자의 판단에 의해서 A고등학교가 B고등학교보다 더 많은 수업을 실시한다고 판단하여 'A고등학교가 B고등학교보다 수업을 더 많이 한다'라는 가설을 세운다면 이는 단측검정의 사례가 된다.

이 경우 영가설과 대립가설은 다음과 같이 나타낼 수 있다

H_0 : A고등학교 수업시간 ≤ B고등학교 수업시간
H_1 : A고등학교 수업시간 > B고등학교 수업시간

단측검정의 채택역과 기각역은 |그림 1-8|과 같다.

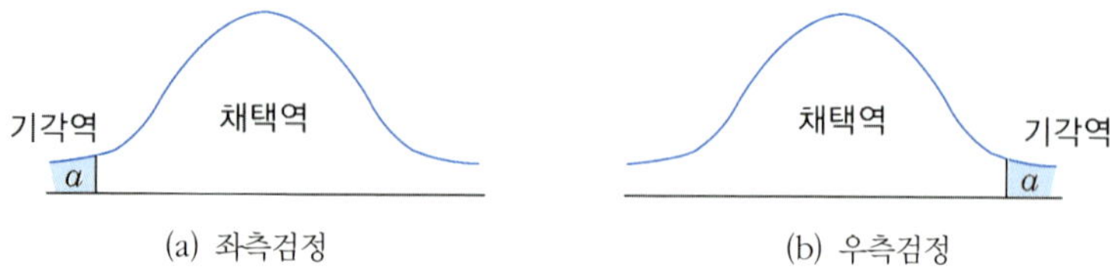

|그림 1-8|

단측검정은 가설의 좌측 방향을 검정하면 좌측검정, 우측 방향을 검정하면 우측검정이라고 한다. 양측검정과의 차이점은 기각역이 한쪽 꼬리에만 존재하기에 채택 여부를 판단하는 기준인 유의수준 α가 검정의 방향(+ 또는 −) 한쪽에 나타난다는 것이다.

3. 오류와 유의수준

1) 가설검정에서의 오류

연구자는 영가설을 중심으로 가설을 검정하고 그 판단에 따라 가설을 채택, 기각하는 의사결정을 실시한다. 하지만 가설검정이란 결국 통계량을 바탕으로 모수를 추정하는 것이기에 실제 모수와는 차이가 존재할 수밖에 없다. 즉, 아무리 정확히 추정하더라도 실제 모수와 다르게 잘못된 의사결정을 할 가능성이 있다는 것이다. 이러한 의사결정의 실패를 '오류'라고 한다. 오류는 1종오류와 2종오류로 구분할 수 있다.

(1) 1종오류

영가설이 참인데 대립가설을 채택할 확률을 의미한다. 즉, 영가설이 참이기에 영가설을 채택해야 함에도 이를 기각하여 잘못된 의사결정을 할 확률이다.

1종오류(type I error)는 유의수준 α와 관련이 있다. 유의수준 α는 영가설의 채택 여부를 판단하는 기준이다. 앞서 가설검정에서 유의수준 α에 따라 기각역이 결정되며, 조사결과가 기각역에 포함되면 영가설을 기각한다는 것을 알아보았다. 이는 유의수준 α에 따라 영가설의 기각 유무가 결정됨을 의미한다.

하지만 영가설을 기각하는 의사결정을 하더라도, 그 결정에는 영가설이 참이었을 가능성이 존재한다. 다시 말하면, 연구자가 대립가설을 채택했지만 사실은 대립가설이 거짓이며 영가설을 채택하는 것이 바람직했을 가능성이 존재한다는 것이다.

이러한 관점에서 유의수준 α를 1종오류라고 명한다. 즉, 영가설이 참이더라도 조사결과가 유의수준 α에 따라 결정되는 기각역에 포함되면 영가설을 기각한다는 뜻에서 1종오류는 연구자가 인정하는 조사에서 발생할 수 있는 오차수준이라고 할 수 있다.

(2) 2종오류

영가설을 기각해야 함에도 영가설을 참이라고 채택하는 경우의 확률을 의미한다. 1종오류를 α라고 표기했다면 2종오류(type Ⅱ error)는 β라고 표시한다.

2) 검정력

검정력이란 영가설이 거짓일 때 영가설을 기각하고 대립가설을 채택하는 확률을 의미한다. 영가설이 참인데 기각하는 경우가 2종오류(β)였으므로, 반대 상황인 가설검정력은 $1-\beta$라 할 수 있다.

의사결정과 관련된 오류를 표로 정리하면 <표 1-3>과 같다.

<표 1-3> 의사결정과 오류

		영가설에 대한 의사결정	
		채택	기각
영가설	참	옳은 결정	1종오류(α)
	거짓	2종오류(β)	검정력($1-\beta$)

만약 1종오류를 줄이기 위해 α를 줄인다면 1종오류는 줄어들지만 2종오류가 높아져, 영가설이 거짓임에도 이를 채택할 오류에서 자유로울 수 없다. 따라서 연구자는 1종오류와 2종오류를 피할 수 있는 적절한 유의수준을 설정해야 한다.

3) 유의수준

앞서 1종오류를 α라 표기하고 이는 유의수준(significance level, α)을 뜻한다고 하였다. 유의수준은 가설의 기각, 채택 여부를 결정하는 임계치의 기준이 된다. 가설검정이란 유의수준하에서 가설이 일정한 신뢰구간에 포함되는지 여부를 판단하는 것이기에 추리통계에서 유의수준은 중요한 개념이다.

유의수준은 전적으로 연구자가 결정하는 것이므로 1종오류와 2종오류를 피할 수 있는 적절한 수준의 설정이 필요하다. 만약 수집된 데이터가 영가설 아래에서 발생할 확률이 유의수준보다 적다면 연구자는 영가설을 기각하고 대립가설을 채택한다.

즉, 유의수준이란 1종오류를 감수할 최대 확률을 의미하며, 통상적으로 $\alpha =$ .05, .005, .001을 기준으로 설정한다. 이를 확률로 표기하면 $p \leq .05$, $p \leq .01$, $p \leq .001$로 나타낼 수 있다. 이를 정리하면 다음과 같다.

* 유의수준 95% : $\alpha =$ .05 또는 $p \leq .05$

** 유의수준 99% : $\alpha =$ .01 또는 $p \leq .01$

*** 유의수준 99.9% : $\alpha =$ .001 또는 $p \leq .001$

일반적으로 유의수준 95%는 *로, 유의수준 99%은 **, 유의수준 99.9%는 ***를 이용하여 표기하지만 이 기준은 절대적인 것이 아니니 반드시 주석으로 각 표기가 어떤 것을 의미하는지 작성할 필요가 있다.

4. 가설검정의 일반적 절차

지금까지 알아본 내용을 종합하여 가설검정 절차에 대해 알아보자. 가설검정이란 연구자가 알아보고자 하는 가설을 설정하고, 그 가설이 참인지 거짓인지 판단하는 일련의 절차이다. 일반적으로 가설검정은 **가설수립 - 유의수준 설정 - 검정통계량 계산 - 의사결정**의 절차를 따른다.

1) 가설수립

가설검정은 표본의 정보를 통해 가설이 옳고 그름을 판단하는 것이다. 따라서 가설검정은 검정할 가설이 무엇인지 수립하는 것에서 출발한다. 이는 일반적으로 믿는 사실인 '영가설'과 연구자가 제기하는 새로운 주장이나 생각을 나타내는 '대립가설'을 수립하는 것을 의미한다.

> **예**
>
> 영가설 : H_0 = 1반과 2반의 수학성적은 같다. 혹은 1반 수학성적 = 2반 수학성적
>
> 대립가설 : H_1 = 1반과 2반의 수학성적은 차이가 있다. 혹은 1반 수학성적 $\neq$ 2반 수학성적

2) 유의수준 설정

다음 단계로 유의수준을 설정해야 한다. 이는 연구자가 감수할 오류의 정도를 정하는 것과 같다. 연구자의 의사결정에는 필연적으로 '잘못된 의사결정을 할 확률(오류를 범할 가능성)'이 존재한다.

만약 연구자가 영가설을 채택했다면 대립가설이 참이었을 가능성(2종오류)이 있으며, 반대로 대립가설을 채택한다 해도 영가설이 참이었을 가능성(1종오류)에서 자유로울 수 없다. 따라서 연구자는 연구를 시작하기에 앞서 자신이 어느 정도의 오류를 감수할 것인지 정해야 한다.

이것이 앞서 알아본 유의수준이다. 일반적으로 유의수준은 α =.05, .01, .001 등에서 하나를 선택하여 설정하며, 유의수준을 설정함으로써 가설의 채택역과 기각역이 결정된다.

> **예**
> 이번 연구의 유의수준은 α =.05로 설정한다.

3) 검정통계량 계산

수집된 표본의 데이터를 바탕으로 검정통계량을 계산하는 단계이다. 연구자가 계획한 검정방법(t검정, F검정 등)에 따른 검정통계량을 계산하며, 이를 통해 수집된 표본의 특징을 확인할 수 있다.

> **예**
> 검정통계량 t =3.35

4) 의사결정

가설검정의 마지막 단계로 가설의 기각 또는 채택의 의사결정을 하는 것이다. 연구자는 검정통계량이 기각역에 포함되면 대립가설을 채택하고, 채택역에 포함되면 영가설을 채택한다. 기각역과 채택역을 구분하는 기준은 연구자가 설정한 유의수준에 따라 결정되기에, 의사결정단계는 유의수준과 검정통계량을 비교하는 단계라 할 수 있다.

> **예**
>
> 유의수준이 $\alpha=.05$, 표본의 수가 11인 경우, 채택역은 $-2.2282 \leq t \leq 2.2282$, 기각역은 $t<-2.2282$ 또는 $t>2.2282$이다.
>
> 검정통계량 $t=3.35$이므로 검정통계량은 기각역에 포함되어 영가설을 기각한다.
>
> 즉, 1반과 2반의 수학성적이 다르다는 대립가설을 채택한다.

이를 확률의 관점에서 설명하면, 가설검정에서의 의사결정은 검정통계량이 나타날 확률을 유의수준과 비교하는 것과 같다. 검정통계량이 나타날 확률은 영가설이 참이라는 가정에서 검정통계량이 관측될 확률을 의미하며, 이를 유의확률(p-value, p값)이라 부른다.

만약 유의확률이 유의수준보다 작다면, 1종오류(영가설이 참이지만 대립가설을 채택할 확률)가 발생할 가능성이 연구자가 미리 설정한 오류의 확률(α)보다 작으므로, 연구자는 영가설을 기각하는 것이 합리적이라 판단할 것이다.

유의확률이 유의수순보다 작다는 것은 '그 일이 일어날 확률이 매우 희박하기에', 발생하는 차이를 '유의미한 차이'로 볼 수 있다는 것으로도 해석할 수 있다. 따라서 검정통계량이 나올 확률이 유의수준 α보다 작다면 영가설을 기각하고 대립가설을 채택하며, 반대의 경우(유의확률이 유의수준보다 큰 경우) 영가설을 채택한다.

이와 같이 연구자는 유의확률과 유의수준을 비교함으로써 가설의 기각 여부를 결정하고 가설을 검정한다.

5. 변수와 측정

1) 변 수

변수(variable)는 연구하고자 하는 내용이자 대응관계에 따라 변화하는 수를 의미한다. 즉, 연구 목적에 따른 대응관계에서 변화하는 값이다. 변수는 변인이라고 하기도 한다. 변수의 반대말은 변하지 않는 값 '상수(constant)'이다.

변수는 인과관계에 따라 독립변수, 종속변수로 구분할 수 있다. 독립변수는 다른 변수에 영향을 주는 변수, 종속변수는 독립변수의 영향을 받는 변수이다. 가령 교수법에 따른 학업성취도를 조사한다면, 교수법과 학업성취도는 모두 변수이며 이 중에서 영향을 주는 변수 '교수법'은 독립변수, 이에 따라 영향을 받는 변수 '학업성취도'는 종속변수가 된다.

또한 변수의 특성에 따라서 양적변수와 질적변수로 구분할 수도 있다. 29쪽 '3) 척도의 유형'에서 알아본 범주형 척도로 측정된 변수는 질적변수, 연속형 척도로 측정된 변수는 양적변수라 말한다.

2) 측 정

사회과학연구는 인간을 대상으로 삼기에 대부분의 연구가 비가시적 특성을 다루고 있다. 사회성에 대한 연구를 한다고 생각해 보자. 연구자는 사회성을 의미하는 특징을 연구하고, 그것을 바탕으로 사회성을 대표하는 여러 가지 행동을 나열할 것이다. 그래서 공격적인 행동을 하지 않으며, 다른 아이들과 갈등 없이 놀이하는 아이를 사회성이 좋은 아이라고 정의할 것이다. 그리고 사회성의 정도를 비교하기 위해서 아동의 놀이에서 '얼마나' 이런 행동이 많이 일어나는지, 그 '정도'는 어느 정도인지 점수를 매김으로써 연구를 진행할 수 있다.

이러한 과정을 측정이라고 한다. 즉, 측정이란 연구 대상의 특성을 구체화하기 위해서 수를 부여하는 절차를 의미하며, 측정절차 및 과정이 타당하고 신뢰가 가야 그 연구결과도 타당하다고 여겨진다.

따라서 측정을 할 때에는 다음의 절차를 고려해야 한다.

첫째, 어떤 것을 측정할 것인지 결정한다. 연구자가 관심을 가지는 연구 대상의 특성을 정해야 한다. 창의성, 언어능력, 학업성취도, 우울 등 연구자가 무엇을 측정할 것인지 정하는 단계이며, 이때 정한 속성은 양적연구에서의 변수가 된다.

둘째, 측정방법을 정한다. 측정할 행동을 정했다면 이를 어떤 방법을 활용해서 측정할 것인지 정해야 한다. 질문지를 사용할 것인지, 연구자가 직접 관찰을 할 것인지, 혹은 검사도구를 사용할 것인지에 결정하는 단계이다.

마지막으로, 수를 부여하는 방법을 결정한다. 체중이나 키와 같은 가시적인 특성은 cm, kg의 측정단위가 정해져 있지만, 인간의 행동은 그렇지 않다. 행동 유무에 따라서 행동이 나타나면 1점, 나타나지 않으면 0점으로 부여할 것인지, 혹은 행동의 정도에 따라서 1~5점으로 나눌 것인지 등 수를 부여하는 방법을 정해야 한다. 이렇게 수를 부여하는 규칙을 '측정단위'이자 '척도'라 한다.

3) 척도의 유형

척도는 수를 부여하는 규칙 혹은 측정을 위해 사용되는 단위를 의미한다. 척도는 특성에 따라 범주형 척도(혹은 이산형)와 연속형 척도로 구분할 수 있다.

(1) 범주형 척도

범주형 척도(categorical scale)는 데이터를 구분하는 척도를 의미한다. 데이터에 부여되는 기호가 각 수준을 구분하거나 이름을 뜻하는 경우의 척도이다. 범주형 척도에는 명목척도와 서열척도가 있다.

① 명목척도

명목척도(nominal scale)는 데이터를 구분하기 위해 이름을 부여하는 척도이다. 순서에 대한 개념 없이 이름만 부여된 척도이다. 성별을 구분할 때 남자는 0, 여자는 1로 기입하거나, 지역을 구분할 때 수도권은 1, 광역시 지역은 2, 그 외 도 지역은 3으로 나타내는 것이 명목척도의 대표적인 예이다. 이때 사용된 수나 기호는 서열이나 수치를 의미하지 않고 연구자의 편의에 따라 임의로 부여된 것일 뿐이다. 이러한 명목척도는 각 항목에 수, 기호를 이름으로 붙인다는 의미로 명명척도라고도 한다.

② 서열척도

서열척도(ordinal scale)는 사람이나 사물의 속성에 상대적인 서열을 표기하는 척도이다. 순서척도라고도 한다. 명목척도와 같이 수치와 관련이 없지만 데이터의 서열(순서)을 구분할 수 있다는 특징이 있다. 대표적으로 등수, 선호도, 리커트(Likert) 척도 등이 있다. 1등, 2등, 3등이라고 등수를 부여하였지만, '1등+2등=3등'은 아니다. 또한 어떤 특성에 대해서 1점~4점으로 표현한다고 할 때, 1점보다 4점이 그 특성이 더 많은 것을 나타내는 것은 맞지만, 1점의 2배가 2점이며 2점의 2배가 4점을 의미하는 것은 아니다. 즉, 서열척도는 단순히 서열(순서)에 대한 정보를 주는 척도이다.

(2) 연속형 척도

연속형 척도(continuous scale)는 수의 개념이 더해져 있으며, 등간척도와 비율척도로 구분할 수 있다.

① 등간척도

등간척도(interval scale)는 측정단위 간의 등간성이 있는 척도를 의미한다. 즉, 1과 2 사이, 2와 3 사이의 그 간격이 동일한 측정단위로, 등간척도는 가상적 영점을 사용한다. 가상적 영점이란 0이 무(無, 없음)를 의미하는 것이 아닌 상대적 위치에 있음을 뜻한다. 가령 지능점수가 0점이라고 하는 것은 지능이 없음을 의미하는 것은 아닐 것이다. 또한 온도가 0이라고 해도 온도가 없는 것은 아니다. 즉, 등간척도에서는 무(無)를 의미하는 0이 존재하지 않는다. 이를 가상적 영점이라고 한다. 등간척도의 대표적인 예로는 체온, 온도, 지능점수 등이 있다.

② 비율척도

비율척도(ratio scale)는 측정단위 간의 등간성과 더불어 절대영점을 사용하는 척도이다. 비율척도에서 0이란 없음을 의미한다. 예를 들어, 길이 0cm는 길이가 없음을, 무게 0kg은 무게가 나가지 않음을 의미하는 것과 같다. 이러한 비율척도는 수의 개념이 포함되어 있으므로 사칙연산이 가능하다.

등간척도와 비율척도는 엄밀하게 말하면 차이가 있지만, 0의 의미를 구분하는 것이 필요한 경우를 제외한 일반적인 통계에서는 그 차이를 구분하지 않는다. 향후 실습할 jamovi 프로그램에서도 연속형 척도(등간척도+비율척도), 명목척도, 서열척도로만 척도의 유형을 구분하고 있다.

연습문제

1

기술통계와 추리통계의 차이에 대해 설명하여라.

2

표집을 실시할 때의 유의점에 대해 설명하여라.

3

가설에 대해 설명하여라.

4

표준정규분포에 대해 설명하여라.

5

1종오류와 2종오류의 정의와 두 오류의 관계에 대해 설명하여라.

연습문제 풀이

1

기술통계는 평균, 중앙값, 분산과 같이 수집된 자료를 일목요연하게 정리하는 목적의 분석이다. 기술통계는 수집된 자료가 나타내는 형태, 분포, 특징을 묘사하고 설명하고자 한다. 반면 추리통계는 수집된 자료를 바탕으로 모집단을 추정하거나 예측하기 위한 통계분석으로, 표본에서 수집된 데이터를 바탕으로 가설을 검정하는 것이 해당된다.

2

실제 모집단에 대한 연구를 실시하기에는 어려움이 있다. 따라서 연구자는 모집단이 아닌 표본을 대상으로 연구를 실시한다. 이때 연구의 표본을 추출하는 행위를 표집이라 한다. 표집된 표본이 모집단을 잘 대표해야 그 연구결과가 타당한 것으로 여겨지기에 표집은 매우 중요하다. 따라서 표집을 실시할 때에는 모집단의 대표성을 고려해야 한다.

3

연구는 가설검정의 과정이다. 즉, 연구를 할 때는 검정해야 할 가설을 바탕으로 가설의 기각, 채택 여부를 결정한다. 일반적으로 가설은 영가설과 대립가설로 구분할 수 있다. 영가설은 연구자가 검정하는 가설로 흔히 믿어온 사실에 대한 가설이다. 대립가설은 영가설과 반대되는 가설로 연구자가 연구를 통해 입증하고자 하는 주장이나 내용에 대한 것이다. 연구자는 영가설을 바탕으로 가설을 검정하고 영가설이 채택된다면 대립가설을 기각, 반대로 영가설을 기각한다면 대립가설을 채택하는 의사결정을 한다.

4

표준정규분포는 정규분포의 기준점을 평균=0, 표준편차=1로 동일하게 맞춘 것이다. 즉, 정규분포를 표준화하여 표준정규분포를 만듦으로써 자료를 쉽게 비교할 수 있다. 표준화는 $Z = \frac{X - \mu}{\sigma}$의 공식을 따른다.

5

1종오류는 영가설이 참이지만 대립가설을 채택할 확률, 2종오류는 영가설이 거짓임에도 대립가설을 기각할 확률을 의미한다. 두 오류는 하나가 증가하면 반대의 오류가 감소하는 반비례 관계이기에, 연구자는 두 오류를 피할 수 있는 적절한 유의수준을 설정해야 한다.

제 2 장

jamovi 사용하기

제 2 장 jamovi 사용하기

통계를 활용한 양적 연구를 지원하는 다양한 프로그램이 있다. 그중에서도 jamovi는 오픈 소스 통계 프로그램으로 여러 가지 통계분석을 실시할 수 있도록 지원하는 소프트웨어이다.

jamovi의 가장 큰 특징은 R과 그래픽을 기반으로 한다는 점이다. R은 명령어 방식으로 통계처리를 입력하기 때문에 사용방법을 숙지하는 데 어려움이 있다. 반면 jamovi는 R에 기반하지만 메뉴를 클릭하는 시각화된 방식을 지원한다.

즉, jamovi는 R 기반의 통계분석을 시각화하여 제공함으로써 R을 활용한 통계분석을 사용함과 동시에 초보자도 쉽게 사용할 수 있다는 장점이 있다.

jamovi의 또 다른 장점은 무료 소프트웨어라는 점이다. 이전의 메뉴 방식으로 시각화된 통계분석 프로그램의 대부분은 유료 프로그램이기에 접근성이 다소 부족하였다. 반면 jamovi는 커뮤니티 프로젝트의 일환으로써 개방된 프로그램으로 무료로 사용할 수 있고, 여러 개발자들에 의해서 지속적으로 발전되고 있기에 활용도가 매우 높다.

누구나 쉽게 사용할 수 있으며 활용도가 높은 jamovi의 기본적인 사용방법을 알아보자.

1. jamovi 시작하기

1) 설치하기

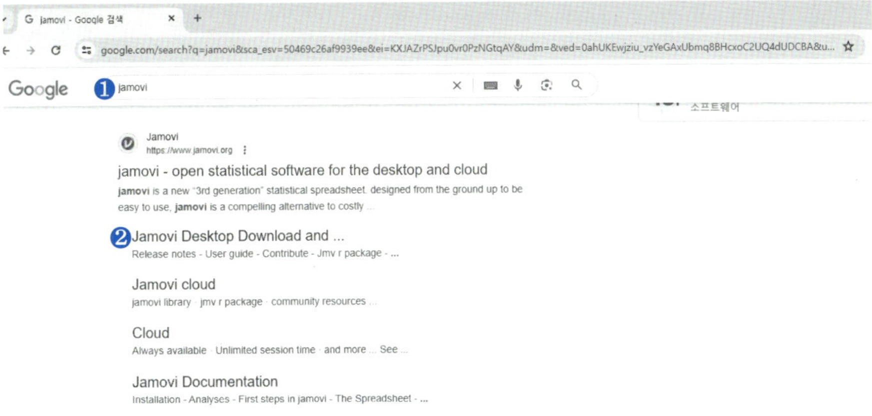

❶ 브라우저에서 jamovi를 검색하자. 가급적 Chrome을 사용할 것을 권장한다.

❷ Jamovi Desktop Download를 클릭한다.

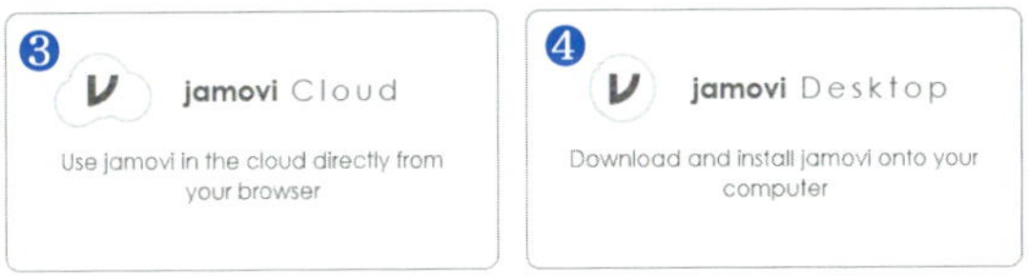

❸ jamovi는 클라우드 버전과 설치버전을 동시에 제공한다. jamovi cloud를 사용하면 웹상에서 jamovi를 활용할 수 있다.

❹ jamovi Desktop은 컴퓨터에서 jamovi를 설치하고 사용할 수 있도록 한다. 필요에 따라 선택할 수 있지만 활용도를 높이기 위해서는 Desktop 버전을 사용할 것을 권장한다.

❺ solid 버전은 현재 제공하는 버전 중 가장 안정적인 버전을 의미한다.

❻ current 버전은 현재 제공하는 버전 중 가장 최신의 버전을 의미한다.

두 가지 버전 중 필요에 따라서 사용하면 된다. 일반적으로는 ❺ solid 버전을 많이 사용한다. 원하는 버전을 클릭하여 다운로드하고, 다운로드한 파일을 열어 jamovi를 설치한다.

2. jamovi 기능 이해하기

1) 기본창

설치가 완료되면 jamovi 파일을 실행할 수 있다. jamovi 실행 시 나타나는 기본창은 다음과 같다.

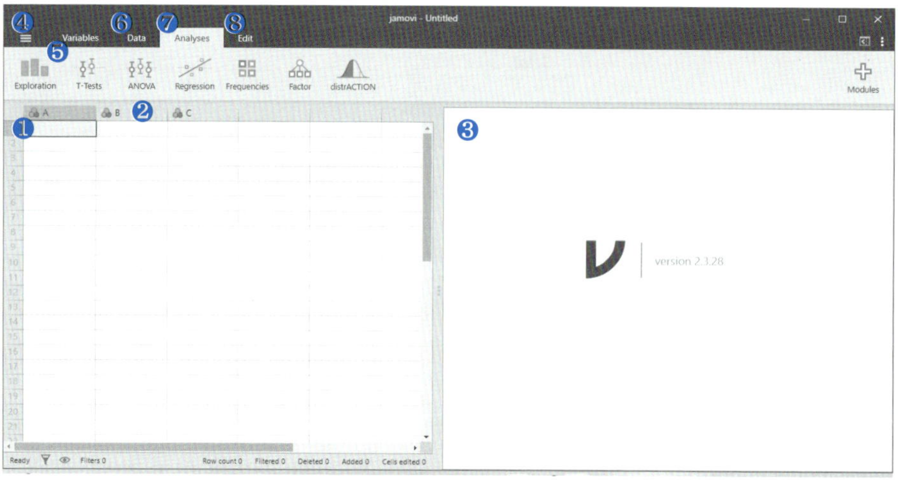

❶ 관측값을 입력하는 셀이다. 한 개의 셀은 하나의 관측값을 의미한다. 행(row)은 하나의 케이스를, 열(column)은 변수를 의미한다.

❷ 변수명을 의미한다. 더블클릭을 통해 변경하거나 Variables 옵션에서 변경할 수 있다. 이름을 지정하지 않으면 자동으로 A, B, C 순으로 지정된다.

❸ 결과창 : 통계분석 결과가 제시되는 공간이다. 분석창이 닫힌 후에도 다시 결과를 더블 클릭하면 분석을 실시했던 창이 제시된다. 필요시 결과창에 글자를 쓰거나 기록을 할 수 있다.

❹ 파일 : 파일을 저장, 내보내기, 불러오기를 할 수 있는 옵션이다.

❺ Variables을 클릭하면 다음과 같이 변수 이름, 정의를 한눈에 볼 수 있도록 목록형으로 제시한다.

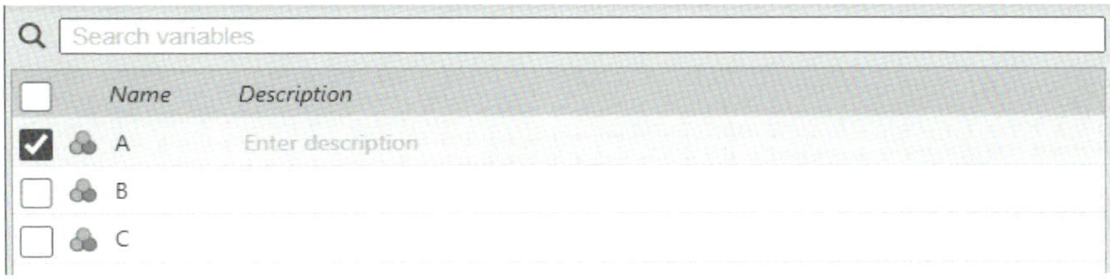

❻ Data : Data를 클릭하면 코딩된 데이터의 자료값을 보여준다. Data에서 Compute, Transform, Filter 기능을 사용할 수 있다. 해당 기능의 특징은 이 장 3절과 4절에서 자세히 다룬다.

❼ Analyses : 분석창을 제공한다. Analyses를 클릭해 원하는 분석 옵션을 선택하면 t검정, F검정, 회귀분석 등 다양한 분석을 실시할 수 있다. 각 분석방법의 정의와 내용은 4장~8장에서 다룬다.

❽ Edit : 결과창 서식을 변경할 수 있다. Edit를 클릭하면 다음과 같은 창이 제시되고, 해당 기능을 활용해 글자체, 문단정렬, 링크 삽입을 할 수 있다.

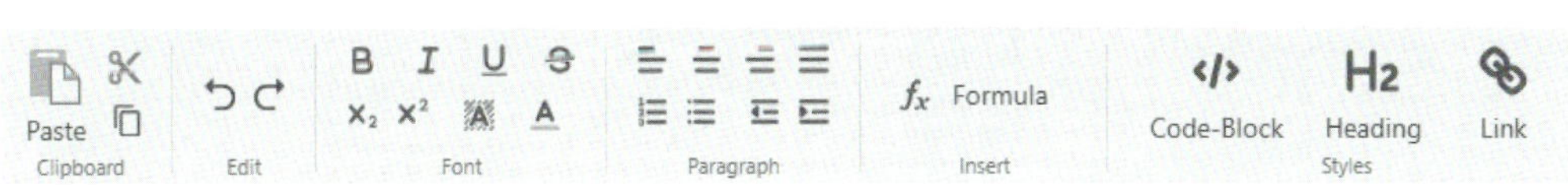

2) 데이터 코딩하기

데이터를 수집했다면 수집한 데이터를 jamovi에 입력하는 것이 필요하다. 이를 코딩이라고 한다. 예시를 통해서 직접 데이터를 입력해 보자.

예시 결과파일 : '데이터코딩-결과.omv'

다음은 6명 남녀의 키를 조사한 결과이다. 이를 jamovi에 입력하고, '데이터코딩-결과.omv'로 저장해 보자.

ID	1	2	3	4	5	6
성별	Male	Female	Female	Female	Male	Male
height	180	155	162	167	177	174

예시는 3개 변수에 대한 6명의 데이터이다. 즉, 변수는 ID, 성별, height 3개이며 6명의 데이터를 입력해야 한다.

(1) 코딩하기

열은 변수를, 행은 각 케이스를 의미하며 다음과 같이 입력할 수 있다.

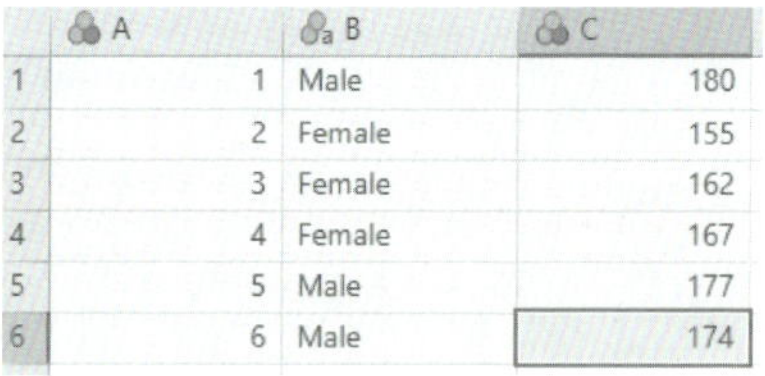

	A	B	C
1	1	Male	180
2	2	Female	155
3	3	Female	162
4	4	Female	167
5	5	Male	177
6	6	Male	174

(2) 변수명 설정하기

코딩하기를 마쳤다면 각 변수의 이름을 설정해 주어야 한다. A, B, C 각 변수의 이름을 더블클릭하면 다음과 같은 DATA VARIABLE 창이 나타난다. 첫 번째 줄에는 변수명을 입력하고, 필요시 Description에 변수의 정의를 작성할 수 있다.

(3) 변수유형 및 데이터타입 설정하기

다음으로 변수유형(Measure Type)을 확인한다. 변수유형에는 Nominal(명목형), Ordinal(서열형), Continuous(연속형)의 세 가지가 있다. 각 변수에 맞는 유형을 알맞게 지정해야 통계분석을 바르게 실시할 수 있으므로 변수유형을 점검하는 것을 습관화해야 한다.

데이터타입(Data Type)은 Integer(정수), Decimal(소수), Text(문자)로 구분된다.

변수명을 더블클릭하면 다음과 같은 창이 제시된다.

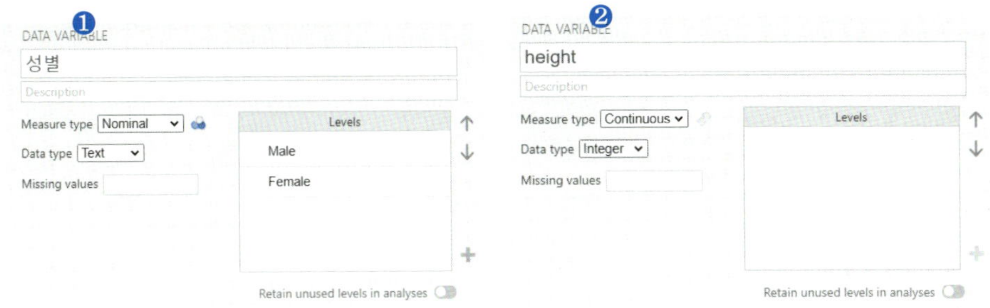

❶ 성별 변수는 명목형이므로 Nominal, 데이터타입은 문자인 Text로 지정한다.

❷ height 변수는 키를 의미하는 연속형 변수이므로 Continuous, 데이터타입은 정수인 Integer로 입력한다.

(4) 저장하기

코딩이 완료되었다면 해당 파일을 저장하자. ☰를 클릭하면 다음과 같은 창이 나타난다.

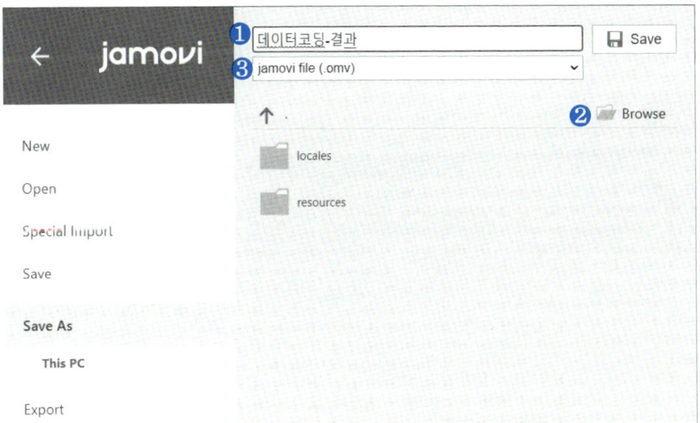

❶ 이름을 변경할 것이므로 Save as를 클릭하고 파일명을 작성한다.

❷ 저장할 위치를 변경하고자 할 때는 Browse를 클릭해 저장위치를 바꿀 수 있다.

❸ 파일유형을 변경할 수 있다. jamovi는 기본적으로는 omv 파일형식으로 저장된다. 만약 csv 파일로 저장하고자 할 때는 본 아이콘을 클릭하여 파일유형을 변경할 수 있다. omv 파일은 jamovi에서만 사용할 수 있으며, csv 파일은 일반적인 통계 프로그램 모두에서 사용할 수 있다. 다만, jamovi에서는 결과와 분석을 즉각적으로 확인할 수 있는 omv 형식이 활용도가 높다.

3. jamovi 활용하기 : 데이터 변경

코딩을 바르게 했다면 바로 통계분석을 실시할 수 있지만 연구의 특징에 따라서 코딩유형을 변경해야 하는 경우도 존재한다. 이때 모든 관측값을 새로 입력하지 않고 쉽게 변경하는 방법을 알아보자.

jamovi에서 제공하는 Compute 기능과 Transform 기능은 기존에 입력된 데이터를 바탕으로 새로운 변수를 생성하는 기능이다. 이 외에도 질적변수는 새로운 변수를 생성하지 않고 입력된 데이터의 수준을 바꾸는 것이 가능하다.

1) 질적척도의 수준이름 변경

jamovi에서 질적척도는 새로운 변수를 생성하지 않고 입력된 데이터의 수준이름을 바꿈으로써 코딩을 변경할 수 있다.

예시

사용파일 : 'jamovi 연습.omv'
결과파일 : 'jamovi 연습-결과(성별수준명변경).omv'

저장한 'jamovi 연습.omv' 파일을 불러오자. 이 파일의 [성별] 변수는 두 가지 수준으로 Male, Female로 구분되어 있다. 이 수준이름을 Male은 0, Female은 1로 변경해 보자. 변경 후 'jamovi 연습-결과(성별수준명변경).omv'로 저장하자.

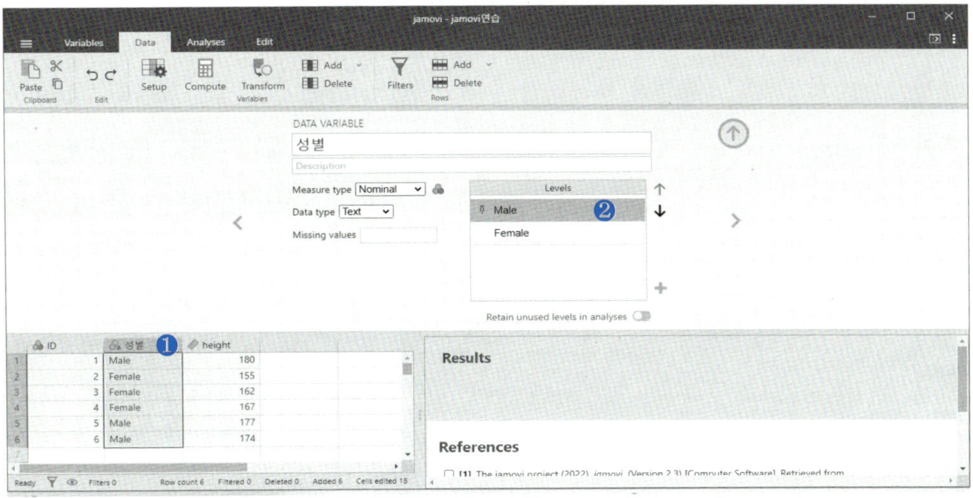

❶ 변경하고자 하는 변수의 변수명을 더블클릭한다. 예시에서 성별 변수의 수준명을 변경할 것이므로 [성별] 변수의 변수명을 더블클릭한다. 그러면 jamovi 창 중앙에 DATA VARIABLE 성별이라는 항목이 나타나고 성별 변수의 수준(Male, Female)이 나타난다.

❷ 현재 성별 변수의 수준(Levels)은 Male과 Female로 되어 있으며, 예시는 Male → 0, Female → 1로 바꾸는 것이다. 이 경우 [Male]을 클릭하면 Male이라는 수준명을 바꿀 수 있다. 즉, Male을 클릭 후 0을 입력하면 Male이라는 데이터는 모두 0으로 변경된다.

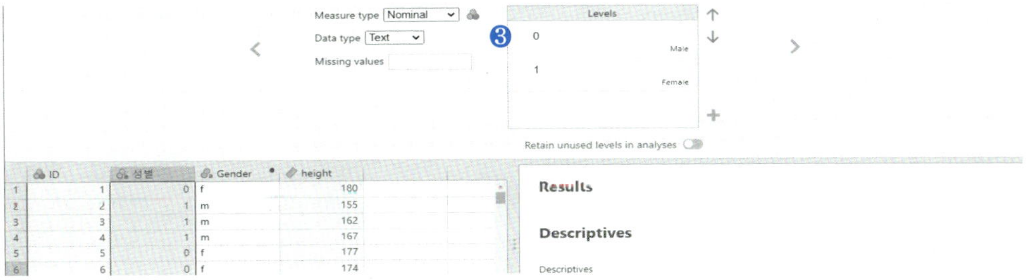

❸ 같은 방법으로 [Famale]을 클릭하여 1를 입력하면 수준이 변경되었음을 확인할 수 있다. 변경이 완료되면 파일 창의 Save As를 클릭하여 'jamovi 연습–결과(성별수준명변경).omv'이라고 파일명을 변경하여 저장한다.

2) Transform 기능 실습하기 (1)

질적변수인 경우에는 수준명을 변경함으로써 코딩을 변경할 수 있지만 때로는 기존의 입력데이터를 바탕으로 새로운 변수를 생성하는 경우도 있다. 이때에는 Transform 기능을 활용한다. Transform 기능은 기존 데이터의 형태를 바꾼 새로운 변수를 생성하는 기능이다. 예시를 통해 자세히 알아보자.

예시

사용파일 : 'jamovi 연습.omv'
결과파일 : 'jamovi 연습-결과(키두집단변경).omv'

'jamovi 연습.omv'의 height 변수를 2개의 그룹으로 나누려고 한다. 키가 170 이상인 경우에는 'high', 170 미만인 경우에는 'low' 집단으로 코딩되는 'height/2' 변수를 만들어라.

height 변수는 키를 입력한 연속형 변수이다. 이를 2개의 집단으로 키가 큰 집단과 작은 집단으로 구분하고자 하는 경우 Transfrom 기능을 활용할 수 있다.

❶ [Data] 창에서 height 열에 커서를 위치시킨 후 Transform을 클릭한다. 자동으로 중앙에 [TRANSFORMED VARIABLE] 창이 나타나고 'height (2)' 변수명이 자동생성되어 하이라이트 된다([Variables] 창에서 [Transform] 아이콘을 클릭해도 된다).

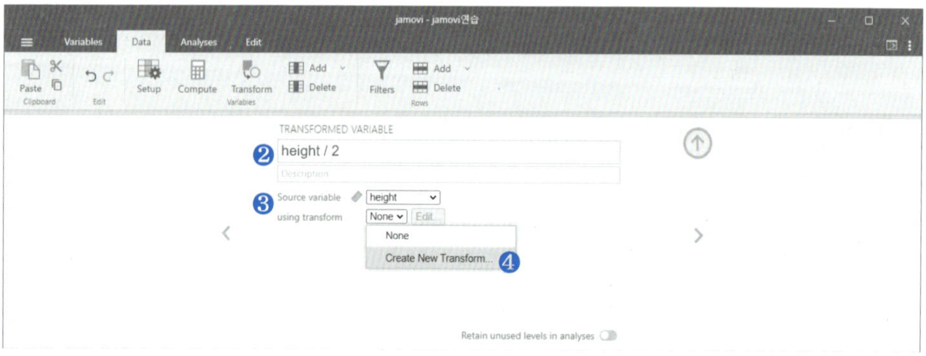

❷ 'height (2)'를 그대로 사용해도 되지만 변수명을 새롭게 입력하자. 예시에서는 height/2였으므로 height (2) 대신에 'height/2'를 입력한다.

❸ Source variable : 어떤 변수를 바탕으로 변경을 할 것인지를 의미한다. 예시는 height 변수를 2개로 나누어 새로운 변수(height/2)를 만드는 것이기에 'height'를 선택한다.

❹ [using tranform] – [Create New Transform]을 클릭한다.

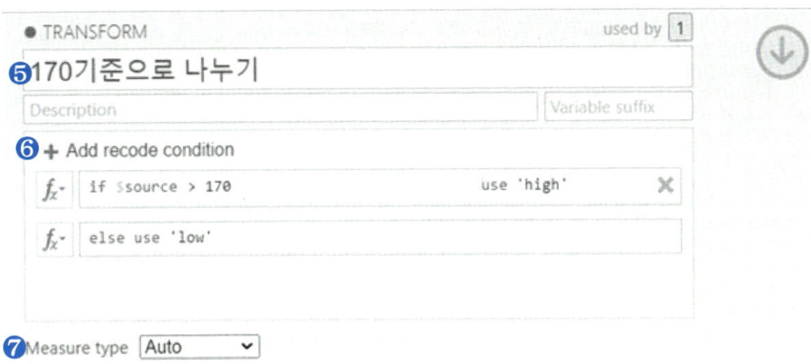

❺ [Create New Transform]을 클릭하면 빨간색 점의 [TRANSFORM] 하단에 'Transform 1'이란 이름이 자동생성된다(프로그램에서 변경 횟수에 따라 이 값은 달라질 수 있다). 이 이름을 설정하지 않아도 무방하다.
하단에 [+ Add recode condition]이라는 항목을 클릭하면 새로운 변경 조건을 입력하는 창이 제시된다. [Description]도 무시해도 되지만 여기에서는 "170 기준으로 나누기"로 입력한다.

❻ 변경 조건을 입력한다. 예시는 키가 170 이상인 경우에는 'high', 170 미만인 경우에는 'low'로 입력하고 있다. 이를 정리하면 source data(height)가 170보다 크면 'high', 그 외의 경우에는 'low'로 변경하는 것이다. 따라서 위 그림과 같이 입력한다. 만약 조건이 1 개 더 필요한 경우 [+ Add recode condition]을 클릭한다.
[if source] 옆 단추를 클릭하여 해당부호를 선택한다. 이 경우에는 [>=]를 선택한다. 다음으로 [use]에 'high'라고 입력한다. 170 이상이 아닌 것은 모두 'low'로 표시해야 하므로 [else use] 항목 옆에 'low'라고 입력한다. 여기서 유의할 점은 high와 low는 문자이기에 따옴표(' ')를 함께 입력해야 한다는 것이다.

❼ Measure Type : 새롭게 생성되는 'high/2' 변수의 유형을 지정한다. 예시에서는 자동으로 서열형 척도로 지정되었다.

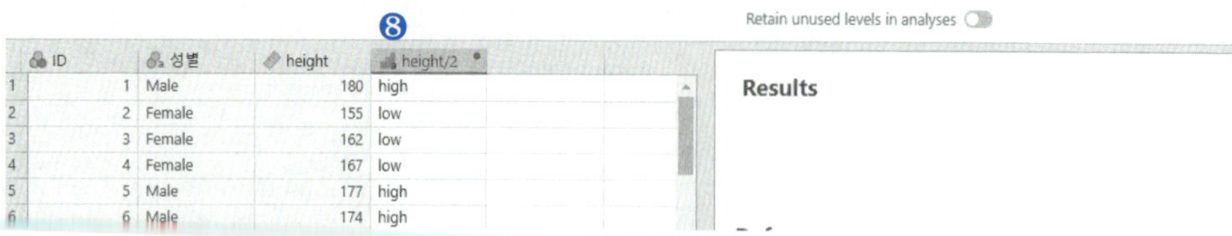

⑧ 위 과정을 마치면, 'high/2' 변수가 생성된 것을 확인할 수 있다. 변수명 우측 상단에 빨간색 점이 추가되어 원변수에서 변형 파생된 변수라는 것을 알려준다. 이를 'jamovi 연습–결과(키두집단변경).omv'로 저장한다.

jamovi에서 조건문을 작성하기 위해 사용되는 수식의 표기방법은 다음과 같다.

구 분	표 기	예 시	해 석
초과	>	age>20	나이가 20보다 많은 경우
미만	<	age<20	나이가 20보다 적은 경우
이상	>=	age>=20	나이가 20보다 많거나 같은 경우
이하	<=	age<=20	나이가 20보다 적거나 같은 경우
같다	==	gender=='male'	성별이 'male'인 경우
같지 않다	!=	gender!='male'	성별이 'male'이 아닌 경우
또는	or	age<20 or Gender=='1'	나이가 20보다 적거나 성별이 '1'인 경우
그리고	and	age<20 and height>170	나이가 20보다 적고 키가 170보다 큰 경우

3) Transform 기능 실습하기 (2)

예시

사용파일 : 'jamovi 연습-결과(성별수준명변경).omv'
결과파일 : 'jamovi 연습-결과(gender변수생성).omv'

'jamovi 연습-결과(성별수준명변경).omv'의 '성별' 변수에서 남성은 0, 여성은 1로 코딩되어 있다. 이를 다시 문자로 코딩하려고 한다. Transform 기능을 활용하여 남성은 'm', 여성은 'f'로 된 'gender' 변수를 새로 만들어라.

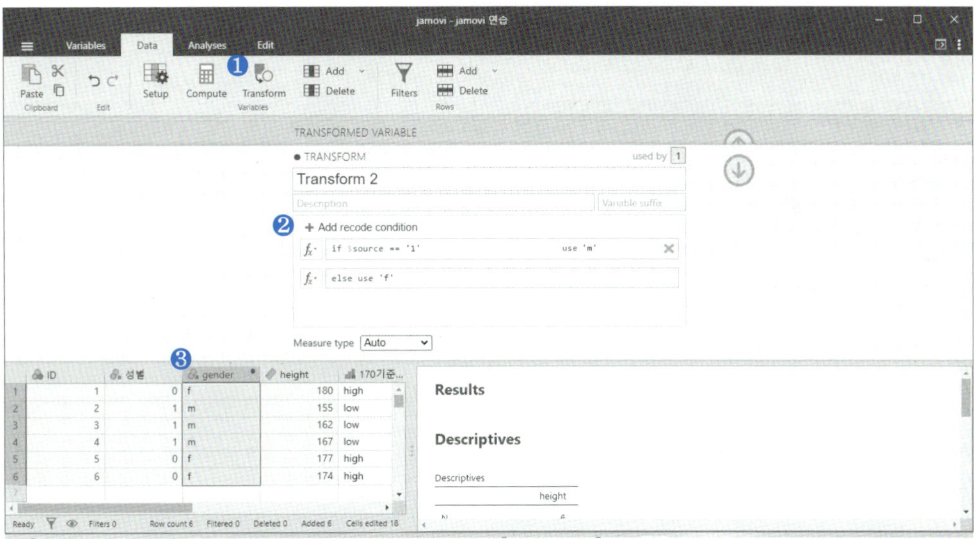

❶ 먼저 변경하고자 하는 변인인 [성별]에 커서를 놓는다. [Transform]을 클릭한다. 자동으로 [성별 (2)]라는 이름의 변수가 생성되고, [TRANSFORMED VARIABLE] 창이 나타난다. 나타난 창에 앞선 예시와 같이 변수명을 'gender'로 변경하고 새로운 Transform을 생성한다.

❷ 현재 성별 변수는 0과 1로 코딩되어 있다. 예시는 0 → m, 1 → f로 바꾸도록 하는 것이다. 따라서 첫 번째 조건에는 if $source == '0' use 'm', 두 번째 조건에는 else use 'f'로 작성할 수 있다. 여기에서 유념해야 할 것은 = 대신 ==을 사용한다는 것이다. m과 f는 문자이므로 반드시 ' '를 붙여준다. 그렇지 않으면 에러가 발생한다.

❸ 결과를 확인해 보자. gender라는 새로운 명목척도가 생성된 것을 확인할 수 있다. 작업 내용은 'jamovi 연습-결과(gender변수생성).omv'로 저장한다.

4) Compute 기능 알아보기

Compute 기능은 변수 간의 수식계산을 활용하여 새로운 변수를 생성하는 것이다. 예시를 통해 Compute 기능을 알아보자.

예시

사용파일 : 'jamovi 연습.omv'
결과파일 : 'jamovi 연습-결과(coumpute연습).omv'

'jamovi 연습.omv'에서 'height' 변수 6명의 키 평균은 169cm이다. height 변수의 각 관측값의 편차를 제시하는 새로운 변수를 만들어라. 새롭게 만드는 변수명은 'dev'로 한다.

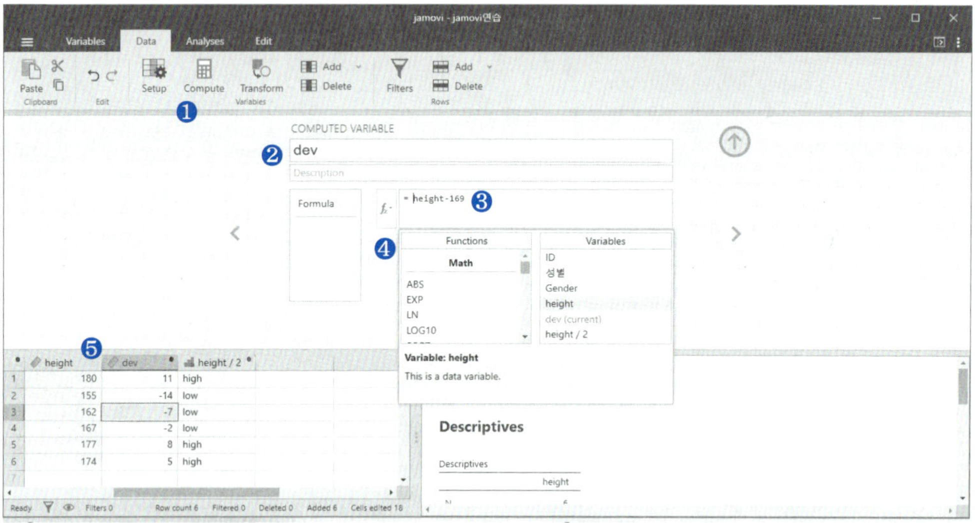

❶ [Compute]를 클릭한다. [COMPUTED VARIABLE] 창이 나타난다.

❷ 자동으로 입력된 D 변수명 대신에 변수명 'dev'를 입력한다.

❸ 계산하고자 하는 수식을 입력한다. 수식을 바탕으로 새로운 변수 'dev'가 생성된다. 예시는 편차('각각의 키 - 169')를 알고자 하는 것이었으므로 height−169를 입력한다.

❹ [fx]를 클릭하면 사용할 수 있는 다양한 함수를 제시한다. 함수를 이용해서도 새로운 변수를 만들 수 있다.

❺ 결과를 확인해 보자. dev라는 새로운 연속형 변수가 생성되었으며, 각 키와 평균(169)의 차이를 나타내는 것을 알 수 있다. 'jamovi 연습−결과(coumpute연습).omv'로 저장한다.

4. jamovi 활용하기 : Filter

Compute와 Transform이 데이터를 변형해서 새로운 변수를 형성하는 것이었다면 Filter 기능은 필요한 조건에 해당되는 데이터만 분류해서 제시하는 기능이다.

Filter 기능은 문자뿐 아니라 부등호나 수식을 사용해서도 활용할 수 있다. 또한 Filter가 적용된 상태에서 통계분석을 할 경우, 전체 데이터가 아닌 필터가 적용된 값에 대한 분석결과가 제시되어 활용도가 매우 높다. 예시를 통해 Filter 기능을 알아보자.

예시

사용파일 : 'jamovi 연습-결과(gender변수생성).omv'
결과파일 : 'jamovi 연습-결과(gender필터적용).omv'

'jamovi 연습-결과(gender변수생성).omv'에서 성별이 남자인 데이터만 살펴보고자 한다. Filter 기능을 사용해서 성별이 남성인 표본만 골라내 보자.

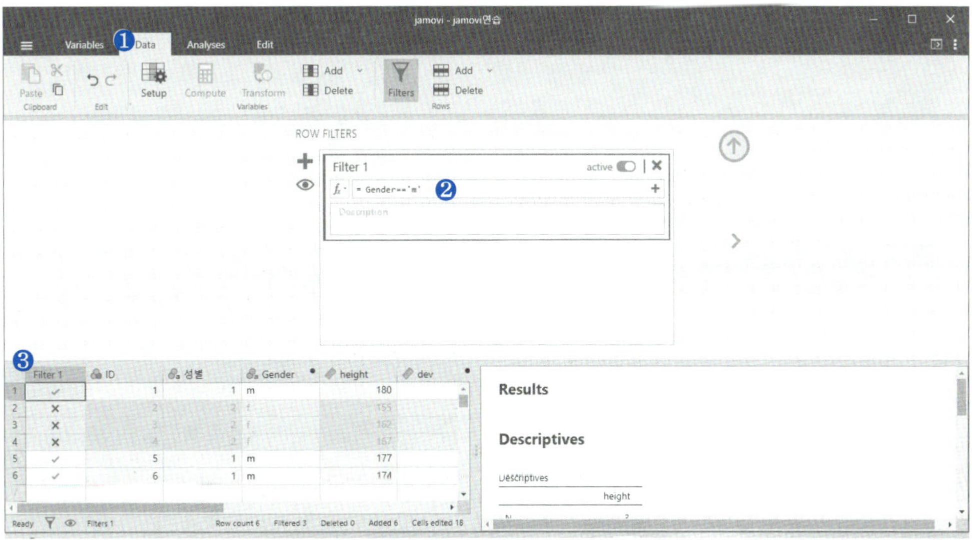

❶ [Data]-[Filters]를 클릭한다. 자동으로 [ROW FILTERS] 창이 나타난다.

❷ 성별이 남성인 데이터만을 보는 것이므로, 필요한 조건은 Gender 변수에서 m인 경우이다. 따라서 Gender=='m'을 입력한다.

❸ 결과를 확인해 보자. Filert 1이라는 새로운 열이 생성되었으며, 조건에 맞는 값이 √ 되어 나타난다. 결과를 'jamovi 연습-결과(gender필터적용).omv'로 저장한다.

5. jamovi 활용하기 : 모듈 설치

jamovi에서 기본적으로 제공하는 통계분석 외에 더 많은 분석방법을 활용하고자 할 때 추가로 모듈을 설치할 수 있다. 또한 설치된 모듈은 필요에 따라 삭제할 수도 있다.

예시

jamovi에서 scatr모듈을 설치해 보자. scatr모듈을 설치하면 이후 알아볼 산점도를 쉽게 그릴 수 있다. 이 외에도 scatr모듈은 각 범주에 대한 빈도를 내림차순의 막대로 제시하는 파레토차트를 그리는 옵션을 제공한다.

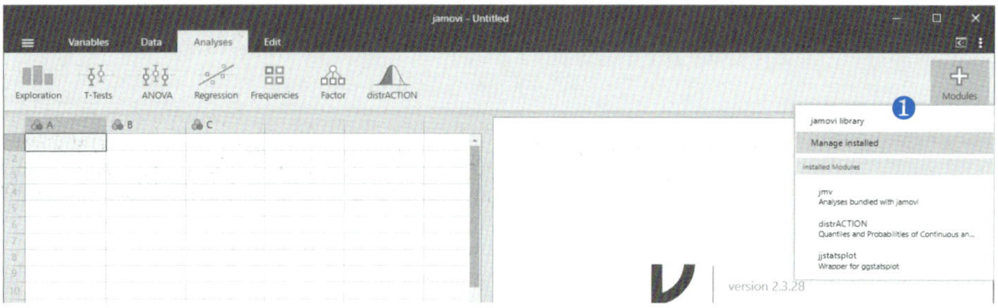

❶ [Analyese] – [Modules] - [jamovi library]를 클릭한다.

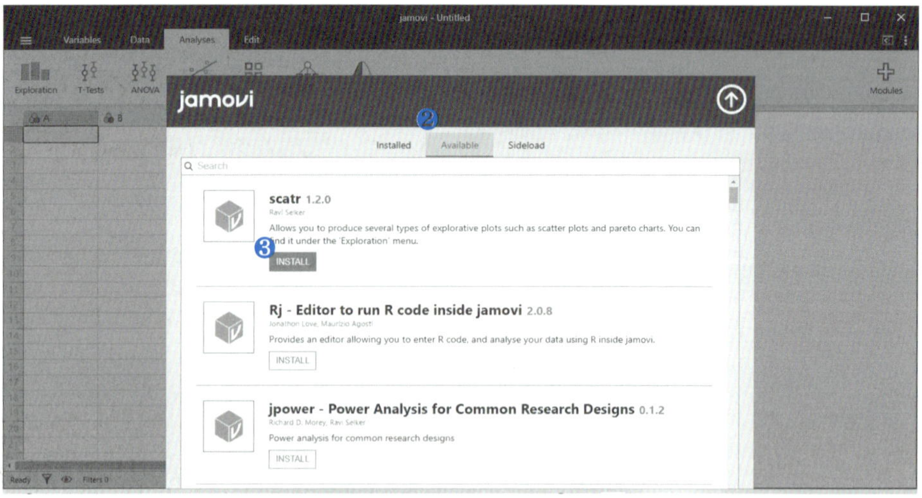

❷ [Available]을 클릭하고 scatr를 찾는다.

❸ [INSTALL]을 클릭한다. 같은 방식으로 필요한 다른 모듈을 설치할 수 있다.

제3장

기술통계량

1. 중심경향치
2. 분산도(산포도)
3. 비대칭도
4. 그래프
5. jamovi 실습하기

제3장 기술통계량

기술통계량은 표본이 어떠한 특성을 가지고 있는지 나타낸다. 표본의 중심으로 이루는 값이 어느 정도 되는지를 보여주는 중심경향치, 표본이 퍼진 정도를 알려주는 분산도, 표본의 비대칭도, 그리고 그래프 등을 파악한다면 표본의 특성에 대한 이해가 가능하다.

1. 중심경향치

중심경향치는 표본의 데이터를 수집하여 정리하였을 때 그 값이 중심으로 모이는 경향을 보여주는 값이다. 중심경향도, 집중경향치라고도 한다.

1) 평균($\overline{x}$, M)

평균(mean)은 전체 데이터의 사례를 모두 더한 다음 사례 수로 나눈 값이다. 모집단의 평균은 μ, 표본의 평균은 $\overline{X}$ 혹은 M(Mean)으로 나타낸다.

총 데이터가 n개 있는 x 변수의 평균($\overline{x}$)을 구하는 공식은 다음과 같다.

$$\overline{x} = \frac{x_1 + x_2 + x_3 \cdots x_n}{n} = \frac{1}{n}\sum_{i=1}^{n} x_i$$

예시

1, 2, 3, 4, 5의 평균을 구하여라.

| 풀이 |

$$\frac{1+2+3+4+5}{5}=\frac{15}{5}=3$$

$\therefore M$(평균)$=3$

평균은 모든 측정값이 반영되는 유일한 대푯값이기에 그 활용도가 높다. 하지만 평균은 극단값의 영향을 많이 받는다. 만약 표본 A의 데이터가 1, 1, 1, 1, 11로 구성되어 있다고 가정해 보자. 이 경우 평균은 3이다. 5개 중 4개의 관측값이 1임에도 불구하고 극단값 11의 영향으로 평균이 3으로 다소 높게 나타났다. 이렇듯 평균은 극단값에 영향을 받으므로 수집된 데이터의 극단값이 있는 경우 이를 제외하고 연구를 진행할 수도 있다.

2) 중앙값(Mdn, M_e)

중앙값(median)은 중위수, 중위값이라고도 부른다. 중앙값은 n개의 관측값을 크기순으로 나열했을 때 가운데에 위치하는 값을 의미한다. 즉, 관측값을 작은 수부터 큰 순서대로 배열했을 때 50% 지점에 위치한 값이다. Mdn 혹은 M_e로 표기한다. 중앙값을 구하는 공식은 다음과 같다. n이 홀수인 경우에는 정중앙에 위치한 값을, n이 짝수인 경우 가운데에 위치한 2개 관측값의 평균을 중앙값으로 본다.

n이 홀수인 경우 : $x_{\left(\frac{n+1}{2}\right)}$

n이 짝수인 경우 : $\frac{1}{2}\left(x_{\frac{n}{2}}+x_{\frac{n}{2}+1}\right)$

예시1

5개의 관측값 1, 2, 2, 4, 5로 구성된 데이터의 중앙값을 구하여라.

| 풀이 |

$Mdn = x_{\frac{n+1}{2}} = x_3$ =3번째 관측값

$\therefore\ Mdn = 2$

예시2

8개의 관측값 23, 30, 33, 34, 34, 40, 41, 42로 구성된 데이터의 중앙값을 구하여라.

| 풀이 |

$Mdn = \frac{1}{2}(x_{\frac{8}{2}} + x_{\frac{8}{2}+1}) = \frac{1}{2}(x_4 + x_5)$ =4번째, 5번째 관측값의 평균= $\frac{34+34}{2}$

$\therefore\ Mdn = 34$

중위수는 평균과 달리 극단값의 영향을 적게 받지만 전체 데이터를 반영하는 값이 아니기에 수리적으로 다루기에는 어려움이 있다.

3) 최빈값(M_o)

최빈값(mode)은 데이터 중 가장 많은 빈도로 나타난 값을 의미한다. 최빈값은 평균이나 중앙값을 구하기 어려울 때 사용할 수 있다. 극단값의 영향이 없고 계급이 존재하는 경우 그 차이를 쉽게 구분할 수 있다는 장점이 있다.

다음과 같이 최빈값은 없거나 여러 개가 존재할 수 있다.

〈최빈값이 1개인 경우〉

데이터 20, 23, 21, 23, 19 M_o = 23(빈도수 2)

〈최빈값이 0개인 경우〉

데이터 30, 31, 32, 10, 23 M_o= 없음

〈최빈값이 2개인 경우〉

데이터 20, 20, 30, 30, 31 M_o= 20, 30(각 빈도수 2)

4) 사분위수

사분위수(quartile)는 자료를 오름차순으로 나열한 뒤, $\frac{1}{4}$씩 네 구간으로 나눈 각 지점의 값을 의미한다. 누적백분율 25%는 1사분위수, 누적백분율 50%는 2사분위수, 누적백분율 75%는 3사분위수, 누적백분율 100%는 4사분위수를 뜻한다. 사분위수와 관련한 개념으로 사분위수 범위와 사분편차(quartile deviation)가 있다. 사분위수 범위는 3사분위수와 1사분위수의 차이를 의미하고, 사분편차는 이를 반으로 나눈 값이다. 사분위수를 구하는 공식은 다음과 같다.

Q_1(1사분위수) : $x_{\frac{n+1}{4}}$	Q_2(2사분위수) : $x_{\frac{n+1}{2}}$ = 중위수
Q_3(3사분위수) : $x_{\frac{3(n+1)}{4}}$	Q_4(4사분위수) : 최댓값
사분위수 범위 : $Q_3 - Q_1$	사분편차 : $(Q_3 - Q_1)/2$

예시

1, 5, 10, 15, 20, 25, 30 사분편차를 구하여라.

| 풀이 |

Q_1(1사분위수) : $x_{\frac{n+1}{4}} = x_2 = 5$(2번째 관측값)

Q_3(3사분위수) : $x_{\frac{3(n+1)}{4}} = x_6 = 25$(6번째 관측값)

사분편차 : $(25-5)/2 = 10$

$$\text{편차}: x_i - \bar{x}, \qquad \text{편차의 합}: \sum_{i=1}^{n}(x_i - \bar{x}) = 0$$

예시

21, 23, 30, 34, 35, 60, 70의 편차와 편차의 합을 구하여라.

| 풀이 |

$\bar{x}$(평균) = $(21+23+30+34+35+60+70)/7 = 273/7 = 39$

편차 = −18, −16, −9, −5, −4, 21, 31

x_i	21	23	30	34	35	60	70
$x_i - \bar{x}$	21−39	23−39	30−39	34−39	35−39	60−39	70−39
편차	−18	−16	−9	−5	−4	21	31

편차의 합 = −18−16−9−5−4+21+31 = 0

4) 분 산

편차는 각 자료값과 평균의 차이를 보여주는 지표이다. 편차의 합은 0이기에, 편차를 통해 표본이 평균으로부터 떨어진 정도를 확인하기에는 어려움이 있다. 이 어려움을 보완하는 것이 분산(variance)이다. 분산은 편차를 제곱하여 모두 더한 값을 사례 수로 나눈 것으로 관측값의 퍼진 정도를 확인할 수 있다. 분산은 편차제곱합(SS : Sum of Squares)을 사용하기에 양수(+)값이다.

분산을 구하는 공식은 다음과 같다. 모집단의 분산은 σ^2로 표기하며, 편차제곱합을 사례 수 n으로 나누어 구한다. 표본의 분산은 s^2로 표기하고 편차제곱합을 자유도(사례 수 $n-1$)로 나누어 구한다. 이를 불편추정치라 한다.

$$\sigma^2(\text{모분산}): \frac{SS}{n} = \frac{\sum_{i=1}^{n}(x_i-\mu)^2}{n}, \qquad s^2(\text{표본분산}): \frac{SS}{n-1} = \frac{\sum_{i=1}^{n}(x_i-\bar{x})^2}{n-1}$$

예시

21, 23, 30, 34, 35, 60, 70의 표본분산을 구하여라.

| 풀이 |

s^2(표본분산) : $\frac{SS}{n-1} = \frac{\text{편차제곱합}}{\text{사례 수} - 1}$

$\bar{x}$(평균) = 39

편차 = −18, −16, −9, −5, −4, 21, 31

편차제곱합(SS) = 2156

사례 수(n)=7

x_i	21	23	30	34	35	60	70	합
편차	−18	−16	−9	−5	−4	21	31	0
편차제곱	324	256	81	25	16	462	992	2,156

s^2(표본분산) : $\frac{2156}{7-1}$ =359.3

5) 표준편차

관측값과 평균의 차이를 알아보기 위해 편차를 제곱하여 분산을 구하였다. 이 분산의 제곱근을 구하는 것이 바로 표준편차이다. 즉, 분산에 루트($\sqrt{\ }$)를 씌운 값이다. 모표준편차는 σ, 표본표준편차는 s로 표기하며, Standard Deviation의 약자 SD를 사용해서 표기할 수도 있다.

$$\sigma(\text{모표준편차}) : \sqrt{\frac{\sum_{i=1}^{n}(x_i - \mu)^2}{n}}, \quad s(\text{표본표준편차}) : \sqrt{\frac{\sum_{i=1}^{n}(x_i - \bar{x})^2}{n-1}}$$

예시

21, 23, 30, 34, 35, 60, 70의 표준편차를 구하여라.

| 풀이 |

s(표본표준편차) : $\sqrt{s^2} = \sqrt{359.3} = 18.96$

3. 비대칭도

만약 표본이 정규분포를 이룬다면 중심경향치와 분산도를 파악하는 것으로 표본의 특성을 어느 정도 파악할 수 있다. 하지만 모든 표본이 평균을 기준으로 좌우 대칭인 정규분포를 이루는 것은 아니다. 어떤 경우에는 표본이 한쪽으로 쏠리거나 너무 뾰족한 형태를 띠기도 한다. 이런 경우 왜도와 첨도를 확인함으로써 표본의 특성을 조금 더 이해할 수 있다.

1) 왜 도

왜도(skewness)는 분포의 봉우리가 치우친 방향과 정도를 나타내는 지표이다. 즉, 자료의 분포가 얼마나 비대칭적인지를 보여준다. 분포가 한쪽으로 쏠려 있다면, 자연스럽게 반대쪽의 분포는 꼬리가 길게 늘어진 형태가 그려질 것이다. 이 꼬리의 방향에 따라 양의 왜도와 음의 왜도로 구분할 수 있다.

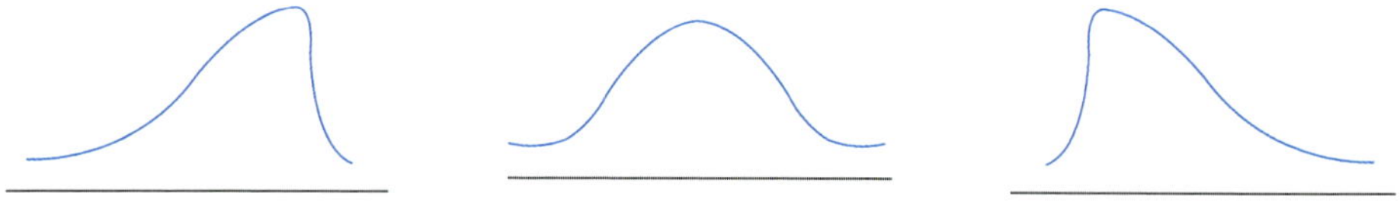

(a) 음의 왜도　　(b) 정규분포　　(c) 양의 왜도

|그림 3-2| 왜도

꼬리 방향이 왼쪽으로 치우친 첫 번째 그래프 (a)는 왜도가 0보다 작은 음의 왜도 형태이다. 부적편포라고도 하며 데이터의 중심이 오른쪽으로 몰려 있음을 확인할 수 있다. 음의 왜도는 평균<중위수<최빈수의 형태를 보인다.

꼬리 방향이 어느 쪽으로도 치우치지 않은 두 번째 그래프 (b)는 정규분포로 왜도가 0인 그래프이다. 따라서 이 경우는 평균=중위수=최빈수이다.

꼬리 방향이 오른쪽으로 치우치고 데이터의 중심이 왼쪽으로 쏠려 있는 세 번째 그래프 (c)는 양의 왜도의 형태를 보여준다. 왜도는 0보다 큰 값으로 정적편포라고도 하며 평균>중위수>최빈수의 형태이다.

왜도를 구하는 공식은 다음과 같다.

$$\text{왜도} : \frac{n}{(n-1)(n-2)}\sum_{i=1}^{n}\left(\frac{x_i-\bar{x}}{s}\right)^3$$

예시

10, 12, 14, 13, 8의 왜도를 구하여라.

| 풀이 |

n(사례 수)=5

$\bar{x}$(평균)$=(10+12+14+13+8)/5=2.40$

s(표준편차)$=\sqrt{SS/n-1} = \sqrt{(x_i-\bar{x})^2/n-1} = \sqrt{23.2/4}=2.41$

$$\text{왜도}=\frac{n}{(n-1)(n-2)}\sum_{i=1}^{n}\left(\frac{x_i-\bar{x}}{s}\right)^3$$

$$=\frac{5}{4\times3}\sum_{i=1}^{n}\left(\frac{x_i-\bar{x}}{s}\right)^3$$

$$=\frac{5}{4\times3}\times\left(\left(-\frac{1.4}{2.4}\right)^3+\left(\frac{0.6}{2.4}\right)^3+\left(\frac{2.6}{2.4}\right)^3+\left(\frac{1.6}{2.4}\right)^3+\left(-\frac{3.4}{2.4}\right)^3\right)$$

$$=\frac{5}{4\times3}\times(-0.20+0.02+1.26+0.29-2.81)$$

$$=\frac{5}{4\times3}\times(-1.44)=-0.60$$

∴ 왜도 $= -0.60$

i	1	2	3	4	5	합
x_i	10	12	14	13	8	57
$x_i-\bar{x}$(편차)	−1.4	0.6	2.6	1.6	−3.4	0
$(x_i-\bar{x})^2$	1.96	0.36	6.76	2.56	11.56	23.2
$(x_i-\bar{x})/s$	−0.58	0.25	1.08	0.66	−1.41	
$((x_i-\bar{x})/s)^3$	−0.20	0.02	1.26	0.29	−2.81	−1.44

2) 첨 도

왜도가 데이터의 쏠림 정도를 의미했다면 첨도(kurtosis)는 봉우리가 얼마나 뾰족하게 나타나는지에 대한 정보를 제공한다. 정규분포의 첨도를 3으로 보고, 첨도가 클수록 뾰족한 형태의 봉우리를, 작을수록 완만한 모양을 나타낸다.

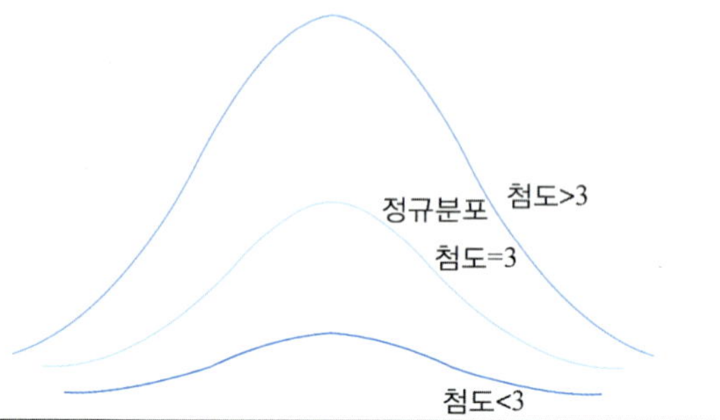

|그림 3-3| 첨도

첨도를 구하는 공식은 다음과 같다.

$$\text{첨도}: \left\{\frac{n(n+1)}{(n-1)(n-2)(n-3)}\sum_{i=1}^{n}\left(\frac{x_i-\overline{x}}{s}\right)^4\right\}-\frac{3(n-1)^2}{(n-2)(n-3)}$$

예시

10, 12, 14, 13, 8의 첨도를 구하여라.

| 풀이 |

n(사례 수)=5 , $\overline{x}$(평균)=2.40, s(표준편차)=2.41

$$\text{첨도}=\left\{\frac{n(n+1)}{(n-1)(n-2)(n-3)}\sum_{i=1}^{n}\left(\frac{x_i-\overline{x}}{s}\right)^4\right\}-\frac{3(n-1)^2}{(n-2)(n-3)}$$

$$=\frac{5\times6}{4\times3\times2}\{(-0.58)^4+(0.25)^4+(1.08)^4+(0.66)^4+(-1.41)^4\}-\frac{3\times4^2}{3\times2}$$

$$=\frac{5}{4}\times(0.11+0.00+1.36+0.19+0.19+3.97)-8$$

$$=\frac{5}{4}\times5.63-8=-0.95$$

$\therefore$ 첨도 $= -0.95$

i	1	2	3	4	5	합
x_i	10	12	14	13	8	57
$x_i-\bar{x}$ (편차)	−1.4	0.6	2.6	1.6	−3.4	0
$(x_i-\bar{x})/s$	−0.58	0.25	1.08	0.66	−1.41	
$\left((x_i-\bar{x})/s\right)^4$	0.11	0.00	1.36	0.19	3.97	5.63

4. 그래프

그래프를 활용하면 표본의 특징을 가시적으로 확인할 수 있다. 다양한 그래프의 종류와 이를 그리는 방법을 알아보자.

1) 히스토그램

히스토그램(histogram)은 등간척도나 비율척도의 구간에 따라 나타난 빈도를 보여주는 그래프이다. 히스토그램의 가로축에는 구간이, 세로축에는 구간에 따른 빈도가 수직막대 형태로 제시된다.

예시의 데이터를 바탕으로 직접 히스토그램을 그려보자.

예시

다음의 데이터를 히스토그램으로 나타내어라.

ID	1	2	3	4	5	6	7	8	9	10
관측값	0	0.2	1.5	2	2	2.7	4.1	4.4	4.4	5

| 풀이 |

히스토그램의 x축에는 관측값의 구간이, y축에는 각 구간의 빈도가 제시된다. 먼저 x축을 그려보자. 데이터는 0~5까지 분포해 있으므로 x축에는 관측값의 구간을 <그래프 1>과 같이 나타낼 수 있다.

다음으로 관측값의 구간별 빈도를 구해 보자. 각 데이터의 간격을 1로 간주하여 관측구간을 나누고 각 구간에 해당하는 빈도를 구하면 <구간별 빈도표>와 같다.

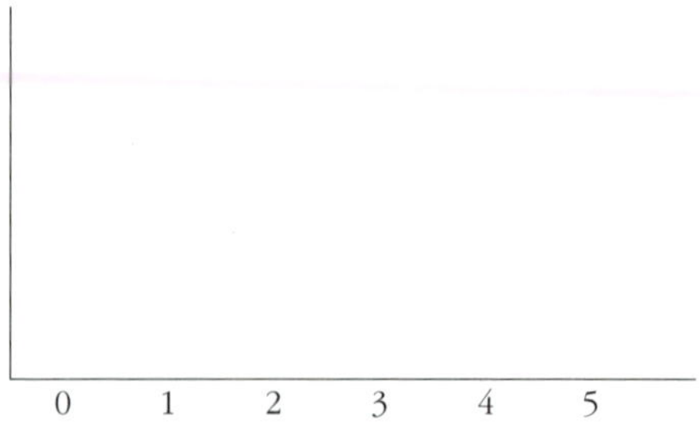

<그래프 1>

x 구간	관측빈도	해당 ID
$x \le 1$	2	1, 2
$1 < x \le 2$	3	3, 4, 5
$2 < x \le 3$	1	6
$3 < x \le 4$	0	–
$4 < x \le 5$	4	7, 8, 9, 10

<구간별 빈도표>

히스토그램의 축과 구간별 빈도를 구했다면, 각 구간에 해당하는 빈도수를 다음과 같이 막대그래프 형태로 나타내면 된다.

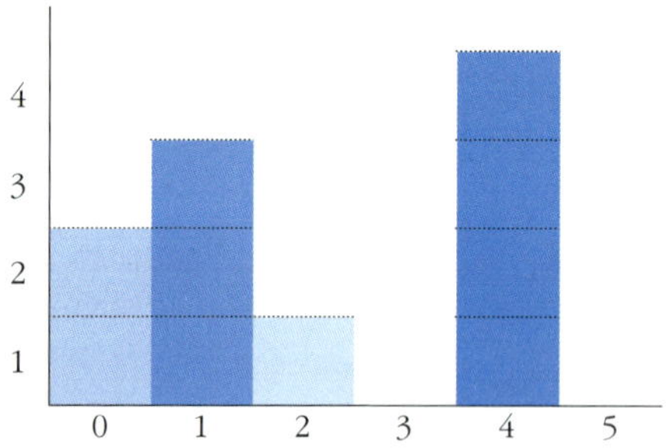

히스토그램은 구간별 빈도를 가시적으로 나타내는 그래프로, 변수의 구간별 빈도추이를 확인하고자 할 때 활용할 수 있다.

히스토그램을 그릴 때 주의할 점은 각 막대는 서로 붙어있다는 것이다. 히스토그램은 연속된 범주의 구간별 빈도를 나타내는 것이므로 막대그래프 또한 서로 연결한 형태로 제시하는 것이 바람직하다.

2) 막대그래프

막대그래프(barplot)는 여러 범주에 대한 빈도를 세로형 막대로 나타낸 그래프이다. 막대그래프의 가로축에는 범주에 대한 정보가, 세로축에는 그 데이터의 관측빈도를 제시한다.

예시의 데이터를 바탕으로 직접 막대그래프를 그려보자.

예시

다음의 데이터를 막대그래프로 나타내어라.

ID	1	2	3	4	5	6	7	8	9	10
응답	A	B	A	B	B	A	C	A	B	B

| 풀이 |

막대그래프는 범주에 대한 빈도를 나타내는 것이다. 10명의 데이터를 살펴본 결과 응답의 수준(종류)은 A, B, C로 구분할 수 있다. 따라서 x축에는 <그래프 2>와 같이 각 범주의 수준을 입력한다. 다음으로 각 수준별 관측빈도를 세어보자. <수준별 빈도표>와 같이 A는 4회, B는 5회, C는 1회 응답된 것을 확인할 수 있다.

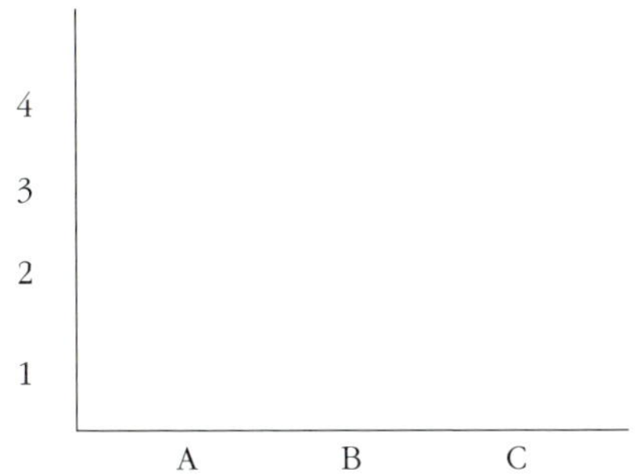

<그래프 2>

수 준	관측빈도	해당 ID
A	4	1, 3, 6, 8
B	5	2, 4, 5, 9, 10
C	1	7

<수준별 빈도표>

이제 <그래프 2>에 각 수준별 빈도수를 표시하고 막대그래프 형태로 나타내보자. 즉, A 4칸, B 5칸, C 1칸의 막대를 그리고 채색하면 막대그래프가 완성된다. 완성된 막대그래프는 다음과 같다.

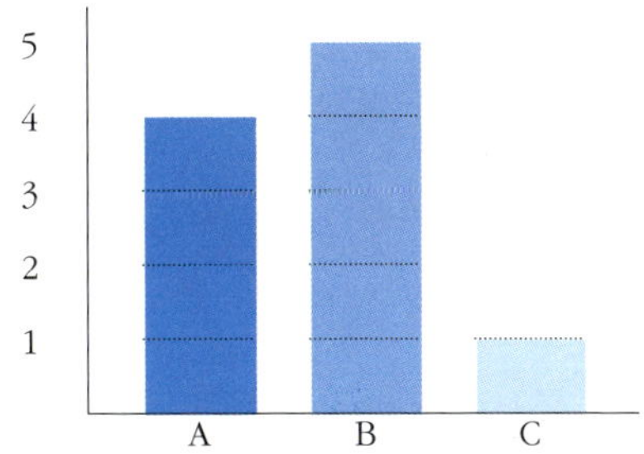

막대그래프를 살펴보면, B수준에서 가장 많은 빈도가 나타났으며, 빈도가 가장 낮은 수준은 C임을 알 수 있다. 이와 같이 막대그래프를 통해 범주형 변수의 관측빈도를 가시적으로 확인할 수 있다.

3) 상자수염그림

상자수염그림(boxplot)은 히스토그램과 마찬가지로 등간척도나 비율척도 데이터에 적합한 그래프이다. 상자수염그림은 최댓값, 최솟값, 평균, 중앙값 등 다양한 정보를 한 그림 안에 제시할 수 있어서 표본의 특성을 파악하기에 용이하다. 또한 2개 이상의 집단의 자료를 비교하는 데도 활용할 수 있다.

다음은 Sales 변수의 기술통계량과 그에 대한 상자수염그림이다. 이를 통해 상자수염그림 그래프를 해석해 보자.

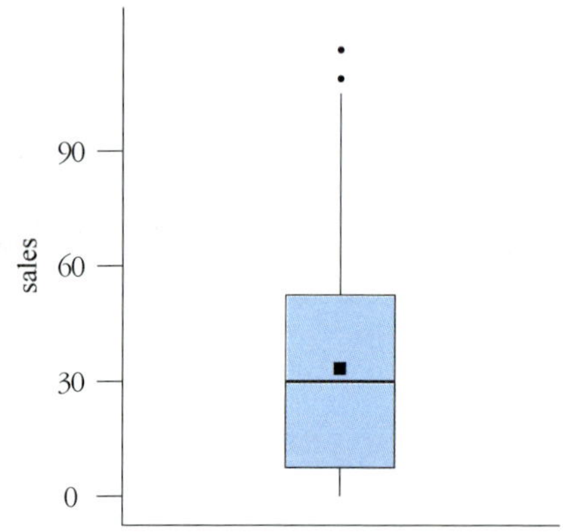

변수명	N	평균	중앙값	1사분위수	3사분위수
Sales	176	33.3	28.5	10.8	48.5

상자수염그림에서 가로축은 집단(혹은 수준)을, 세로축은 관측값을 의미한다. 그래프상에서 나타난 상자는 밑면은 1사분위수(10.8)를, 윗면은 3사분위수(48.5)를 의미한다. 상자 중앙의 두꺼운 선은 중앙값(28.5)을, 상자 가운데 나타난 ■는 평균(33.3)을 의미한다.

이렇듯 상자수염그림은 관측값의 기술통계량을 가시적으로 보여줌으로써 양적변수의 분포를 확인할 수 있다는 점에서 그 활용도가 높다.

예시를 통해 직접 상자수염그림을 그려보자.

예시

다음은 7명의 학생에게 4문제의 쪽지시험을 실시한 결과이다. 총 4점 만점인 학생들의 쪽지시험 점수 결과를 상자수염그림으로 나타내어라.

ID	1	2	3	4	5	6	7
score	1	1.5	2	2.5	3	3	4

| 풀이 |

상자수염그림은 사분위수, 평균을 모두 하나의 그래프에 나타내는 것이다. 따라서 상자수염그림을 그리기 위해서는 관측값의 평균과 사분위수에 대한 정보가 필요하다.

- 평균 $=(1+1.5+2+2.5+3+3+4)/7=17/7=2.43$
- 1사분위수 $=x_{\frac{n+1}{4}}=x_2=1.5$
- 2사분위수(중위수) $=x_{\frac{n+1}{2}}=x_4=2.5$
- 3사분위수 $=x_{\frac{3(n+1)}{4}}=x_6=3$
- 4사분위수 $=$ 최댓값 $=4$

기술통계량을 바탕으로 직접 그래프를 그려보자.

<과정 1> 상자수염그림은 각 변수의 분포를 나타내는 것이다. 따라서 x축에는 변수명(혹은 범주명)을, y축에는 관측값의 범위를 입력한다. 예제에서 변수명은 score이고, 관측값의 범위는 1~4이기에 다음과 같이 그래프에 나타낸다.

<과정 2> 제일 먼저 1사분위수(=1.5)와 3사분위수(=3)를 대변으로 하는 직사각형을 그리고 최솟값(=1)과 최댓값(=4)을 직선으로 표시한다. 그리고 최솟값을 시작으로 최댓값까지 이어지는 세로선을 그린다.

<과정 3> 마지막으로 중앙값(=2.5)은 직사각형을 가로지르는 선으로, 평균(=2.43)은 ■으로 나타낸다. jamovi에서는 평균을 ■로 표시하지만 x나 ○로 표기해도 무방하다.

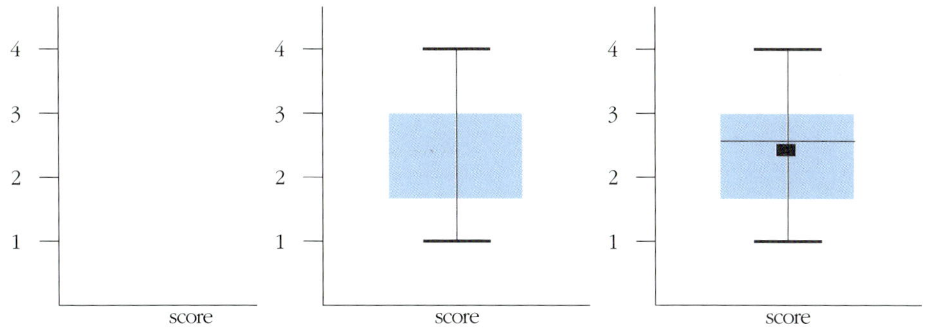

<과정 1> <과정 2> <과정 3>

4) 산점도

산점도(scatter plot)는 2개의 연속형 변수의 관측값을 좌표평면에 나타낸 그래프이다. 예시를 통해 직접 산점도를 그려보자.

예시

다음 10개의 표본에 대한 산점도를 나타내어라.

ID	1	2	3	4	5	6	7	8	9	10
x변수	1	2	3	4	5	6	1	2	3	4
y변수	8	12	11	16	16	20	7	11	13	17

| 풀이 |

산점도는 두 연속형 변수의 분포를 점의 형태로 나타낸 것이다. 따라서 그래프의 각 축은 연속형 변수의 값을 표현하는 연속된 수의 형태로 표현된다.

다음으로 관측된 각 데이터를 (x, y)의 형태로 정리해 보자. 그러면 각 관측값은 (1, 8), (2, 12), (3, 11), (4, 16), (5, 16), (6, 20), (1, 7), (2, 11), (3, 13), (4, 17)의 10개의 쌍으로 나타낼 수 있다.

이제 <좌표평면>에 각 관측값을 점으로 나타내 보자. 첫 번째 (1, 8)은 x가 1일 때, y가 8일 때를 의미하므로 $x=1$, $y=8$이 교차하는 지점에 점을 그린다. 이와 같이 남은 9개의 쌍도 좌표평면에 나타내어 보자.

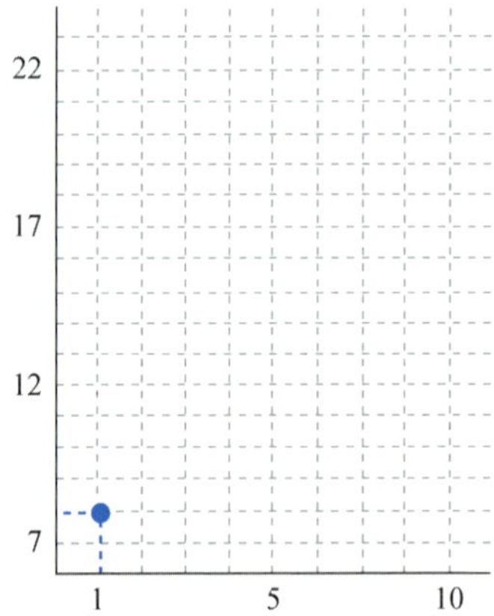

<좌표평면>

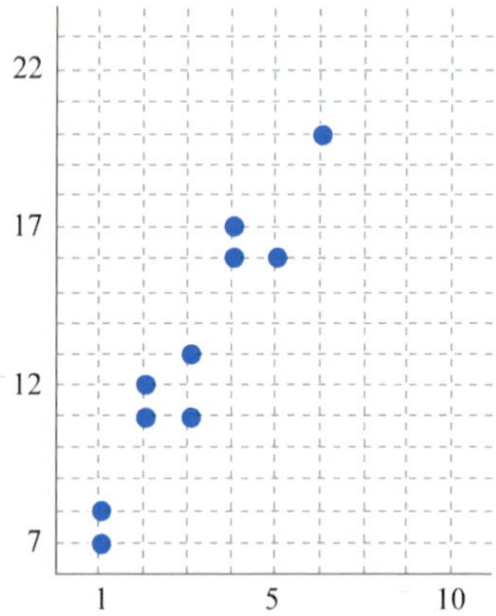

<산점도>

이러한 과정을 거쳐 완성된 그래프는 <산점도>와 같다.

5. jamovi 실습하기

'descriptives.omv' 실습파일을 사용해 jamovi로 기술통계량을 구해 보자.

1) 기술통계량

예시

사용파일 : 'descriptives.omv'
결과파일 : 'descriptives–결과.omv'

'descriptives.omv'의 데이터는 지난 한 달 동안 A, B, C지역 소재의 마트에서 아이스크림의 판매량을 조사한 결과이다. region은 각 지역을 나타낸 명목척도이며, sales는 아이스크림의 판매량을 기록한 연속형 척도이다. 지역별 아이스크림 판매량은 어떠한가?

region	sales
A	54
C	29
C	54
A	6
C	30
C	12
A	34
C	54
C	17
A	3
A	1
C	102
A	41
A	42

(1) 기술통계 실시

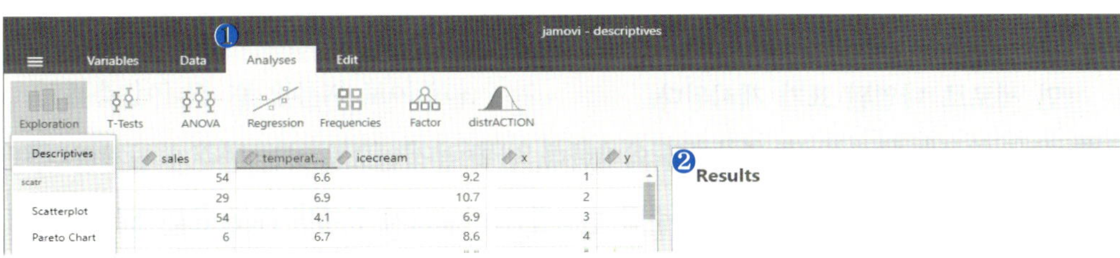

❶ [Analyses] – [Exploration] – [Descriptives] 순서로 클릭한다.

❷ 분석창 : ❶을 실시하면 화면 우측에 기술통계 분석창이 자동으로 나타난다.

❷ 변수를 입력한다. 알아보고자 하는 변수는 아이스크림 판매량(sales)이므로, Variable에는 sales를, Split by에는 region을 입력한다. 위 단계는 앞선 기술통계량을 확인하는 방법과 동일하다.

❸ Histogram : 직사각형이 나열된 형태의 히스토그램을 제시해 주는 옵션이다. 가로축에는 데이터의 범위, 세로축에는 그 빈도가 제시된다.

❹ Density : 분포곡선을 그려주는 옵션이다. 변수의 각 구간별 빈도를 선으로 이어 곡선의 형태로 제시한다. ❸ Histogram과 함께 선택하면 아래 그림과 같이 히스토그램 위에 분포곡선이 제시되며, Density 단독으로 선택하면 분포곡선만 나타난다.

jamovi로 그려낸 히스토그램은 다음과 같다.

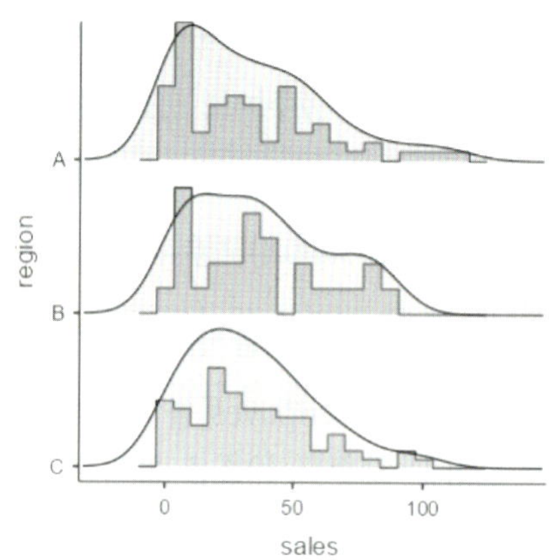

(2) 상자수염그림

사용파일 : 'descriptives.omv'
결과파일 : 'descriptives-결과.omv'

히스토그램이 변수의 구간별 빈도를 제시해 준다면 상자수염그림은 변수의 최댓값, 최솟값, 중앙값 등을 하나의 그래프 안에 보여준다. 또 집단 간 비교가 가능하다는 특징이 있다.

상자수염그림을 그리는 방법은 히스토그램과 동일하다. Plot 옵션에서 Histogram 대신 Box Plots를 선택하면 된다.

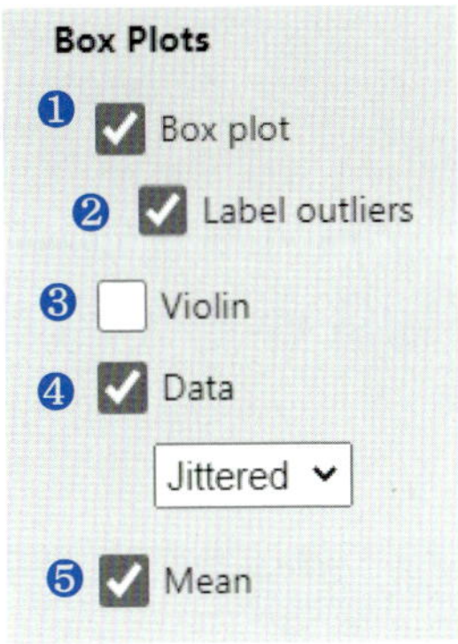

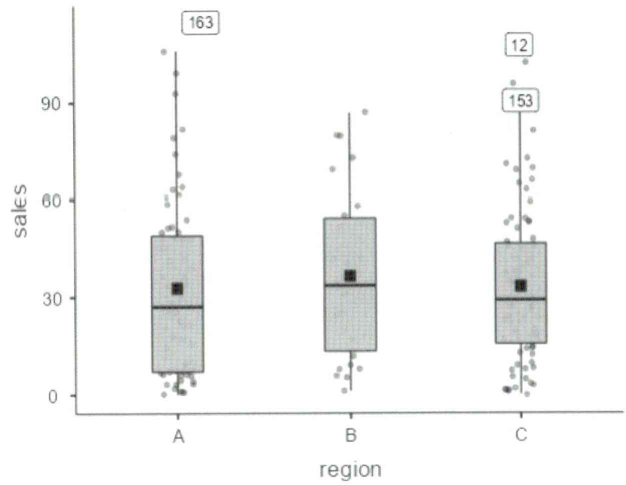

❶ Box Plots : 해당 옵션을 클릭하면 결과창에 상자수염그림이 제시된다.

❷ Label outliers : 해당 옵션을 클릭하면 극단값을 보이는 값의 행번호를 제시해 준다. 즉, sales 변수에서 163, 12, 153행의 데이터는 극단값을 보이는 값이라는 뜻이다. jamovi에서는 $Q_1-(1.5\times IQR)\le x_i\le Q_3+(1.5\times IQR)$을 벗어나는 값을 극단값으로 계산한다. 즉, (1사분위수−1.5×사분범위)보다 작거나, (3사분위수+1.5×사분범위)보다 큰 값을 극단값으로 간주한다.

❸ Violin : 상자수염그림 위에 빈도곡선을 제시하는 옵션이다.

❹ Data : 관측값을 점의 형태로 상자수염그림과 함께 제시해 주는 옵션이다. 이 옵션을 활용해서 관측값이 모여있는 정도를 가시적으로 확인할 수 있다.

❺ Mean : 평균을 상자수염그림 위에 제시하는 옵션이다. jamovi의 상자수염그림의 기본값은 굵은 선인 중앙값만을 표현해 준다. 해당 옵션을 클릭하면 ■표시로 평균의 위치가 나타난다.

(3) 막대그래프

사용파일 : 'descriptives.omv'
결과파일 : 'descriptives-결과.omv'

jamovi로 막대그래프를 그리는 방법을 알아보자. 막대그래프는 각 범주에 대한 빈도를 세로형 막대로 제시해 주는 그래프이다. 'descriptives.omv' 파일 내 region 변수는 A지역, B지역, C지역으로 구분되어 있다. 각 지역별 응답 빈도를 알아보자.

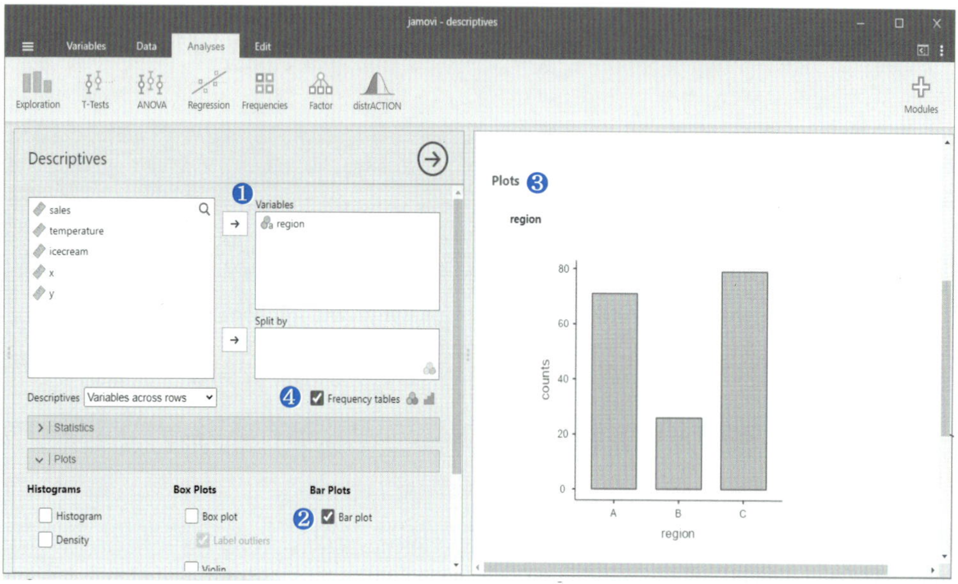

❶ 변수입력 : Variables에 region을 입력한다.

❷ Bar Plots를 클릭하여 막대그래프를 그린다.

❸ 결과창이 제시된다. 그 결과 C지역의 빈도가 가장 높았으며, 다음으로는 A지역의 빈도가 높게 나타났다. 반면 B지역의 빈도는 매우 적게 나타난 것을 알 수 있다.

❹ 만약 구체적인 빈도의 숫자가 알고 싶다면 Frequency tables를 클릭해 빈도표를 확인할 수 있다.

(4) 산점도

사용파일 : 'descriptives.omv'
결과파일 : 'descriptives-결과.omv'

두 연속형 변수의 분포를 알아보기 위한 산점도를 직접 그려보자.

'descriptives.omv' 데이터는 기온에 따른 아이스크림 판매량의 추이를 알아보기 위한 A지역에서의 기온 변화량(temperature)과 아이스크림 매출액(icecream)에 대한 것이다. 두 변수의 분포를 나타내는 산점도를 그려보자.

jamovi에서 산점도를 그리기 위해서는 먼저 scatr모듈을 설치해야 한다. 모듈을 설치하는 방법은 '제2장 jamovi 사용하기'에서 다루고 있다. 모듈 설치 후 다음과 같은 방법으로 산점도를 그릴 수 있다.

❶ [Analyses]−[Exploration]−[Scatterplot]을 클릭한다.

❷ 변수입력 : X축과 Y축에 들어갈 변수를 입력한다. 주로 독립변수(혹은 설명변수)를 X축, 종속변수(혹은 반응변수)를 Y축에 입력한다. 예제는 온도변화에 따른 아이스크림 매출액 추이를 알아보고자 하는 것이므로 X축에는 temperature, Y축에는 icecream 변수를 입력한다. 변수입력이 마무리되면 자동으로 산점도가 우측에 제시된다.

❸ Regression Line : 산점도에 회귀선을 나타내고자 할 때 활용하는 옵션이다. Linear는 선형 회귀선을, Smooth는 곡선 회귀선이 제시된다. 회귀선에 관한 내용은 '제7장 회귀분석'에서 자세히 다룬다.

❹ Marginals : 각 변수의 분포곡선(Densities)이나 상자수염그림(Boxplots)을 그리고자 할 때 활용하는 옵션이다. 산점도와 함께 제시된다.

연습문제

1

A학급의 학생 18명을 대상으로 수학시험을 실시하였다. 수학시험 성적의 평균, 표준편차, 중앙값을 각각 구하여라.

ID	1	2	3	4	5	6	7	8	9	10	11	12	13	14	15	16	17	18
점수	80	78	67	76	89	67	90	98	77	89	67	71	83	87	68	89	99	78

2

사용파일 : '연습문제-3장(1).omv' 또는 연습문제 1 데이터 직접 입력

jamovi의 Filter 기능을 사용하여 수학점수가 75점 이상 90점 이하인 학생 수, 평균, 표준편차를 구하여라.

3

사용파일 : '연습문제-3장(1).omv' 또는 연습문제 1 데이터 직접 입력

A학급의 담임교사는 수학시험 결과를 바탕으로 학생을 3개의 집단으로 나누고자 한다. jamovi의 Transform 기능을 사용하여 수학시험 성적이 75점 이하는 하위집단, 75점 초과 81점 미만은 중위집단, 81점 이상은 상위집단으로 구분하여라. 그리고 각 집단에 속하는 학생 수와 평균, 표준편차를 구하고 이를 상자수염그림으로 나타내어라.

4

사용파일 : '연습문제-3장(4).omv'

'연습문제-3장(4).omv'의 Smartphoneaddiction1부터 Smartphoneaddiction15까지의 변수는 아동의 스마트폰중독 자가진단 검사문항 각각에 대한 응답이다. 15개 문항의 평균을 나타내는 변수를 새롭게 생성하여라. 그리고 기술통계를 실시하여 사례 수, 평균, 표준편차, 사분범위, 왜도, 첨도를 구하여라.

5

사용파일 : '연습문제-3장(5).omv' 또는 직접 입력

* performance 변수 = 보험판매실적

A보험사는 매년 말 보험판매 실적을 조사한다. 다음은 A회사 소속 보험설계사 30명의 전년도 대비 금년도 보험판매 증가분(금년도 판매량 - 전년도 판매량)에 대한 자료이다. A회사의 금년도 실적을 히스토그램으로 나타내어라.

ID	실적	ID	실적	ID	실적
1	6	11	−4	21	9
2	5	12	10	22	−4
3	6	13	11	23	0
4	3	14	8	24	1
5	4	15	7	25	1
6	3	16	3	26	2
7	3	17	4	27	3
8	−2	18	5	28	1
9	−1	19	6	29	2
10	−3	20	7	30	3

6

사용파일 : '연습문제-3장(5).omv'

* Gender 변수 = 여성(F), 남성(M)으로 구성

연습문제 5의 결과로 금년도 보험판매 실적을 확인한 A회사 CEO는 남녀 성별에 따라 보험판매 실적이 다른지 궁금하다. 이에 남녀 사원을 구분해서 실적의 추이를 살펴보고자 한다. 남녀별 보험판매 실적을 상자수염그림으로 나타내어라.

연습문제 풀이

1 (풀이파일 : '[풀이]3장. 연습문제 1번.omv')

평균=80.7, 중앙값=79.0, 표준편차=10.4

2 (풀이파일 : '[풀이]3장. 연습문제 2번.omv')

필터 1에 "75<= '변수명' <=90"을 입력하여 기술통계를 실시한다. 그 결과 수학점수가 75점 이상 90점 이하인 학생은 11명이고, 이들의 수학점수의 평균은 83.3, 표준편차는 5.62이다.

3 (풀이파일 : '[풀이]3장. 연습문제 3번.omv')

수학성적의 집단구분(상위, 중위, 하위)에 따른 기술통계량과 상자수염그림은 다음과 같다.

〈집단구분에 따른 수학시험 결과〉

집단	n	Mean	SD
상위	8	90.5	5.40
중위	5	77.8	1.48
하위	5	68.0	1.73

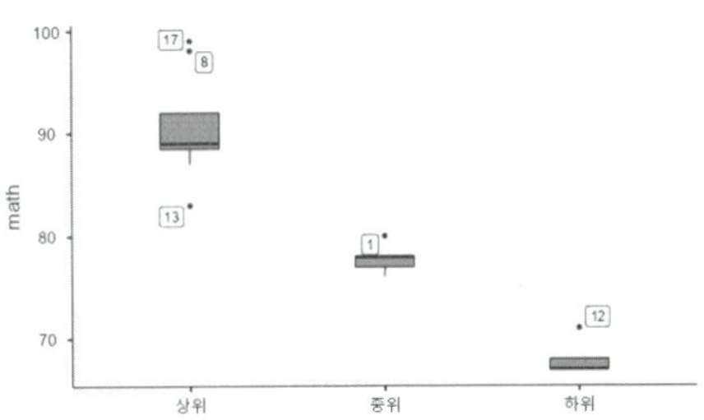

〈Transform 조건문〉

4 (풀이파일 : '[풀이]3장. 연습문제 4번.omv')

286명의 아동을 대상으로 실시한 스마트폰중독 자가진단 결과는 다음과 같다.

〈스마트폰중독 점수에 대한 기술통계 결과〉

n	Mean	SD	IQR	왜도	첨도
286	1.90	0.331	0.467	−0.0393	0.216

5 (풀이파일 : '[풀이]3장. 연습문제 5번.omv')

A회사의 보험판매 실적을 히스토그램으로 나타내면 다음과 같다. 금년도 실적은 -4에서 11까지의 범위로 나타났으며, 0 초과 5 미만의 실적을 이룬 사원이 가장 많은 것으로 나타났다.

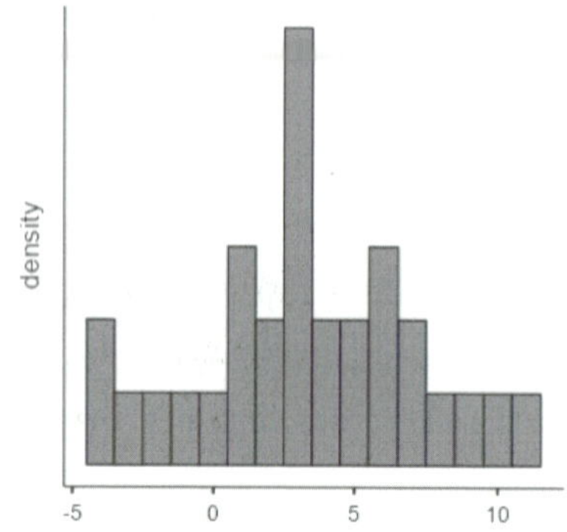

6 (풀이파일 : '[풀이]3장. 연습문제 6번.omv')

상자수염그림을 이용하면 연속변수의 분포와 평균의 위치를 시각적으로 제시할 수 있다. 성별 보험판매 실적의 기술통계량과 이를 나타낸 상자수염그림은 다음과 같다.

〈성별에 따른 보험판매 실적〉

	n	Mean	Median	SD	Min	Max
여성	17	4.24	4	1.89	1	8
남성	13	2.08	1	5.38	−4	11

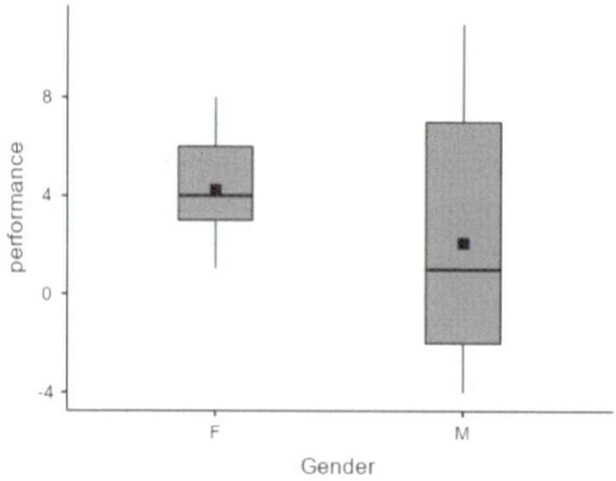

제 4 장

평균비교분석

1. t검정의 주요 개념
2. 단일표본 t검정
3. 독립표본 t검정
4. 대응표본 t검정

제 4 장 평균비교분석

양적변수의 특징을 알아보는 데 가장 손쉽게 활용할 수 있는 것이 평균이다. 이러한 평균을 비교하는 분석의 대표적인 방법으로 t검정을 들 수 있다. 이 장에서는 t검정에 대해서 자세히 살펴보자.

1. t검정의 주요 개념

t검정은 두 집단 간의 평균을 비교하는 대표적인 방법으로 모분산을 알고 있지 않을 때 사용할 수 있다. 모분산을 알고 있을 때는 z검정을 사용하면 되지만, 사회과학연구에서 모분산을 아는 경우는 거의 없다. 따라서 모수치를 알지 못할 때 두 집단의 평균값이 동일한 모집단에서 추출되었는지 검정하는 것이 바로 t검정이다.

t검정은 맥주회사에 근무하던 William Gosset에 의해서 발견되었다. Gosset은 맥주 맛을 일정하게 유지하기 위해 필요한 효모의 양을 알아내는 과정에서 표본이 작을 때는 정규분포와는 조금 다른 형태가 나타난다는 것을 발견하고 자유도의 개념을 바탕으로 t분포를 설명했다.

|그림 4-1|의 그래프와 같이 t분포는 자유도(df=사례 수−1)에 따라 형태가 달라지며, 사례 수가 30에 가까워질수록 정규분포와 유사한 형태를 지닌다.

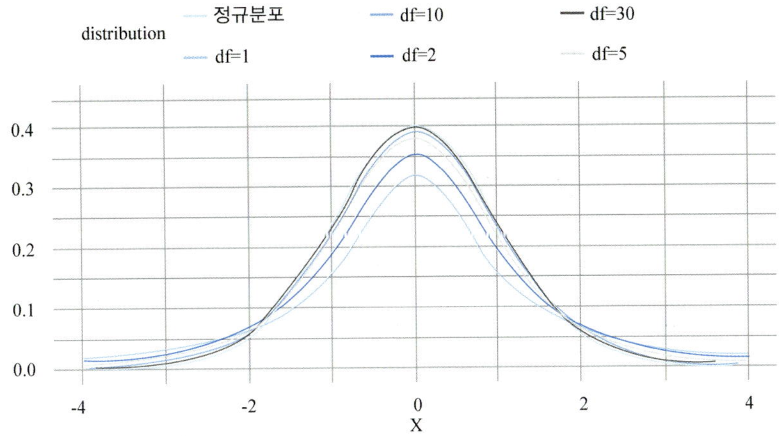

|그림 4-1|

t검정은 표본으로부터 추정된 분산과 표준편차를 활용한 분석방법으로 기본 공식은 다음과 같다.

$$t_{(n-1)} = \frac{\overline{X} - \mu}{s/\sqrt{n}}$$

X=측정치, μ=평균, $s/\sqrt{n}$=표준오차

z값을 구하는 공식이 $Z = \frac{\overline{X} - \mu}{\sigma}$ 임을 고려하면 t분포 또한 z분포에 바탕을 두고 있다는 것을 확인할 수 있다.

이러한 t분포를 바탕으로 두 집단 간의 차이를 비교하기 위해 실시하는 것이 t검정이다. t검정은 사례 수가 적거나 모분산을 알지 못할 때 실시할 수 있다. t검정은 두 집단의 평균을 비교하는 것이므로, t검정 시 독립변수는 집단으로 구분되는 명목형, 종속변수는 평균을 산출할 수 있는 연속형이어야 한다. t검정의 대표적인 예로 남녀 간 학업성취도 차이 검증, 두 가지 교수법에 따른 창의성 차이 검증 등이 있다.

이러한 t검정의 특징은 정리하면 다음과 같다.

첫째, t검정은 t분포를 따른다. t분포는 자유도(df)에 따라 분포의 형태가 상이하며, 사례 수가 커질수록 정규분포에 유사한 형태를 띤다.

둘째, t검정을 실시하기 위해서 표본의 정규성과 등분산성을 확보해야 한다.

정규성은 모집단이 정규분포를 따른다는 것을 전제로 하는 것이며, 등분산성은 비교하는 두 집단의 분산이 동일하다는 것을 의미한다. 따라서 표본데이터가 정규분포를 따르고 분산이 같다는 전제하에서 t검정을 사용할 수 있다.

또한 t검정은 비교하는 집단(평균)의 특성에 따라 다음과 같이 세 가지로 구분할 수 있다.

- 단일표본 t검정(one sample t-test) : 한 집단의 평균과 특정 값을 비교하는 것
- 독립표본 t검정(independant sample t-test) : 독립된 두 집단의 평균을 비교하는 것
- 대응표본 t검정(paired sample t-test) : 짝지어진(종속된) 표본의 평균을 비교하는 것

이제부터 t검정 유형별 특징에 대해 상세히 살펴보도록 한다.

2. 단일표본 t검정

한 집단의 평균과 특정 값을 비교해서 차이가 있는지 알아보고자 할 때 단일표본 t검정(one sample t-test)을 사용한다. 다시 말하면 단일표본 t검정은 '표본의 평균과 특정 수치가 같다는 것'을 영가설로 설정하고, 검정통계량과 유의수준을 바탕으로 영가설이 참인지 거짓인지 판단하는 과정이다.

단일표본 t검정의 검정통계량을 구하는 공식은 다음과 같다.

$$t_{(df)} = \frac{\overline{X} - \mu}{SE} = \frac{\overline{X} - \mu}{s/\sqrt{n}}$$

단일표본 t검정은 표본의 평균과 표준편차를 바탕으로 통계적 검정을 실시하기에 표본의 정규성을 기본가정으로 삼는다.

만약 표본이 정규성을 확보하지 않는다면, 비모수통계의 일환인 Wilcoxon의 순위검정을 사용하여 집단의 평균을 비교할 수 있다(Wilcoxon의 순위검정 방법은 98쪽 '5) 더 알아보기'를 참고하자).

이렇듯 표본의 특징에 따라 실시하는 통계기법이 상이하기에, 단일표본 t 검정을 실시하기 전에는 정규성 검정(normality test)을 통해 표본의 정규성 여부를 확인하는 과정이 요구된다. jamovi에서는 표본의 정규성 여부를 파악하기 위해 Shapiro - Wilk의 정규성 검정을 제공하고 있으며, 정규성 검정 실시방법은 93쪽 '4) jamovi 실습하기'에서 다룬다.

여기에서는 예제를 통해 단일표본 t 검정의 검정 과정에 대해 살펴보자. 예제 데이터를 바탕으로 기술통계량, 검정통계량을 직접 구한 다음, 가설검정 및 의사결정을 실시해 보자.

예제

올해 우리나라 전체 유아를 대상으로 조사를 한 결과 5세 유아의 평균 신장은 110.2cm이다. A반 담임교사는 자신의 반 아이들의 신장이 위 조사결과와 같은지 알아보고자 한다. A반 5세 유아 10명의 신장은 우리나라 5세 유아의 평균신장과 같은가?

[데이터]

유아	1	2	3	4	5	6	7	8	9	10
신장	109	108.4	110	112	115	110.8	106	113.1	115	110

예제는 A반 5세 유아 10명의 신장과 우리나라 5세 유아의 평균신장을 비교하는 것으로, 한 집단의 평균(A반 10명의 신장)과 기준이 되는 특정 수치(전국 5세 신장 평균 = 110.2cm)를 비교하는 단일표본 t 검정을 사용하여 해결할 수 있다.

1) 기술통계

t 검정통계량을 구하기 위해서는 기술통계량에 대한 정보가 필요하다.

예제 데이터의 평균($\overline{X}$), 분산(s^2), 표준편차(SD), 표준오차(SE)를 구해 보자.

유아 (i)	신장 (X_i)	편차 ($X_i - \overline{X}$)	편차제곱 ($(X_i - \overline{X})^2$)
1	109	−1.93	3.725
2	108.4	−2.53	6.401
3	110	−0.93	0.865
4	112	1.07	1.145
5	115	4.07	16.565
6	110.8	−0.13	0.017
7	106	−4.93	24.305
8	113.1	2.17	4.709
9	115	4.07	16.565
10	110	−0.93	0.865
합	1109.3	합	75.161(SS)
$/n$(10)	110.93($\overline{X}$)	$/n$−1(9)	8.351(s^2)

(1) 평균 계산하기

평균은 전체 데이터의 합을 총 사례 수로 나누는 것이다. 평균을 구하면 다음과 같다.

$$\overline{X}(\text{평균}) = \frac{109 + 108.4 + 110 + 112 + 115 + 110.8 + 106 + 113.1 + 115 + 110}{10}$$

$$= \frac{1109.3}{10} = 110.93$$

(2) 분산 계산하기

평균을 구했다면 분산을 구할 수 있다. 분산은 각각의 데이터가 평균으로부터 떨어진 정도를 의미한다. 평균으로부터 떨어진 정도인 편차를 모두 더하면 0이 되기 때문에, 분산을 구할 때는 Sum of Squares(편차제곱합/SS)를 활용한다. 또한 표본에 대한 분산을 구하는 것이기에 SS를 자유도(df$=n-1$)로 나누어 분산을 구한다.

SS(Sum of Squares)

$$
\begin{aligned}
&= (109-110.93)^2+(108.4-110.93)^2+(110-110.93)^2+(112-110.93)^2 \\
&\quad +(115-110.93)^2+(110.8-110.93)^2+(106-110.93)^2+(113.1-110.93)^2 \\
&\quad +(115-110.93)^2+(110-110.93)^2 \\
&= (-1.93)^2+(-2.53)^2+(-0.93)^2+1.07^2+4.07^2+(-0.13)^2+(-4.93)^2 \\
&\quad +2.17^2+4.07^2+(-0.93)^2 \\
&= 75.161
\end{aligned}
$$

$$s^2(\text{분산}) = \frac{SS}{n-1} = \frac{75.161}{9} = 8.351$$

(3) 표준편차, 표준오차 계산하기

분산을 구하고 나면 표준편차와 표준오차를 구할 수 있다. 표준편차(SD)는 분산의 제곱근이며, 표준오차(SE)는 표본평균의 표준편차를 의미한다. 각각을 구하는 공식은 다음과 같다.

$$
\begin{aligned}
SD &= \sqrt{s^2} = \sqrt{8.35} = 2.89 \\
SE &= s/\sqrt{n} \\
&= 2.89/\sqrt{10} \\
&= 0.91
\end{aligned}
$$

이를 정리하면 유아 10명의 신장에 대한 기술통계량은 다음과 같다.

변수	N	$\overline{X}$	SD	SE
신장	10	110.93	2.89	0.91

2) 검정통계량

위 기술통계량을 바탕으로 단일표본 t검정통계량을 구해 보자. 단일표본 t검정통계량의 공식은 $t_{(df)} = \frac{\overline{X}-\mu}{SE} = \frac{\overline{X}-\mu}{s/\sqrt{n}}$ 이다.

예제는 A반 5세 유아 10명의 신장과 우리나라 5세 유아의 평균신장을 비교하는 것으로, 비교하고자 하는 집단의 평균($\overline{X}$)은 A반 유아의 평균신장인 110.93이며 기준이 되는 우리나라 5세 유아의 평균신장(μ)은 110.2라고 할 수 있다.

따라서 위 공식에 $\overline{X}$와 μ, SE를 대입하면 다음과 같다.

$$t_{(9)} = \frac{110.93 - 110.2}{0.91} = 0.80$$

3) 가설검정 및 의사결정

지금까지 표본에 대한 검정통계량을 구해 보았다. 검정통계량을 구하는 목적은 주어진 표본에 대한 가설을 검정하기 위함에 있다. 가설은 보편적으로 믿어오는 사실에 입각한 영가설과 이에 반대되는 대립가설로 구분할 수 있으며, 연구자는 영가설을 기준으로 통계적 검정을 실시하여 영가설과 대립가설 중 한 가지를 채택하는 의사결정 과정을 경험한다.

다시 말하면 연구자는 영가설의 기각, 채택 여부를 판단하기 위해 검정통계량을 활용한다. 만약 검정통계량이 영가설을 기각할 만한 값이면 연구자는 대립가설을 채택하고, 검정통계량이 영가설을 채택할 만한 값이라면 기존의 영가설을 수용하는 의사결정을 한다.

여기서 유념할 점은 통계적 의사결정은 영가설에 대한 검정이라는 것이다. 따라서 연구를 시작함에 앞서 영가설과 대립가설을 설정하는 것이 필요하다.

예제의 영가설과 대립가설, 검정통계량은 다음과 같다.

영가설 : H_0 = A반 유아의 신장은 우리나라 5세 유아의 신장과 차이가 없다.
대립가설 : H_1 = A반 유아의 신장은 우리나라 5세 유아의 신장과 차이가 있다.
검정통계량 : $t_{(9)}=0.80$, $p=0.445$

이를 바탕으로 유의수준(α)=.05에서 가설에 대한 의사결정을 실시해 보자.

(1) 임계치에 따라 의사결정하기

t분포표에서 영가설을 기각하는 기준점인 기각역을 찾고, 이를 산출된 검정통계량과 비교하는 방법이다.

아래 t분포표에서 df=9일 때, 양측검정 α = .05인 지점의 값을 찾아보자. 이 값이 영가설의 기각과 채택의 여부를 나누는 임계치의 값이다.

[t분포표]

α(단측검정)	.25	.225	.05	.025	.01	.005	.0025	.001
α(양측검정)	.5	.45	.1	.05	.02	.01	.005	.002
df								
1	1	1.1708	6.3138	12.7065	31.8193	63.6551	127.345	318.493
2	0.8165	0.9313	2.92	4.3026	6.9646	9.9247	14.0887	22.3276
3	0.7649	0.8664	2.3534	3.1824	4.5407	5.8408	7.4534	10.2145
4	0.7407	0.8364	2.1319	2.7764	3.747	4.6041	5.5976	7.1732
5	0.7267	0.8191	2.015	2.5706	3.365	4.0322	4.7734	5.8934
6	0.7176	0.8079	1.9432	2.4469	3.1426	3.7074	4.3168	5.2076
7	0.7111	0.8	1.8946	2.3646	2.998	3.4995	4.0294	4.7852
8	0.7064	0.7942	1.8595	2.306	2.8965	3.3554	3.8325	4.5008
9	0.7027	0.7897	1.8331	2.2621	2.8214	3.2498	3.6896	4.2969
10	0.6998	0.7862	1.8124	2.2282	2.7638	3.1693	3.5814	4.1437
11	0.6974	0.7833	1.7959	2.201	2.7181	3.1058	3.4966	4.0247

t분포표에서 확인된 값은 2.2621이다. 이는 t분포표에서 df=9일 때, 양측검정 α = .05인 지점의 값이며, 이 값은 가설의 기각, 채택 여부를 판단하는 의사결정의 기준점을 의미한다. 이 t값을 기준으로 기각역과 채택역이 나뉘며, 검정통계량이 어느 지점에 위치하느냐에 따라 영가설을 기각하거나 채택할 수 있다.

이를 그래프로 나타내면 |그림 4-2|와 같다.

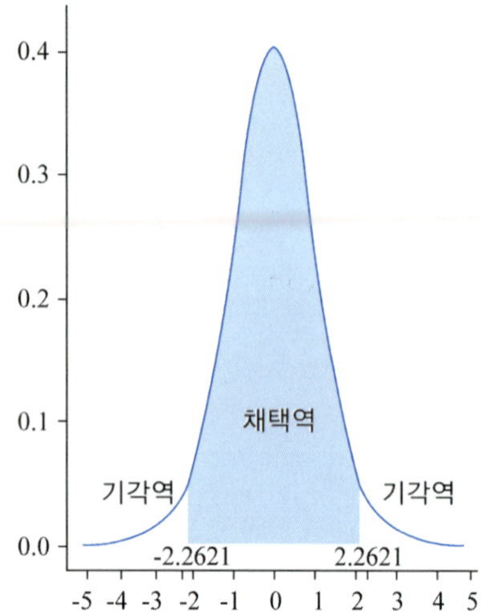

|그림 4-2|

그래프에서 $\alpha=.05$의 양 꼬리 값은 각각 $t=\pm2.2621$이며, 이 값들 사이의 영역, 즉 $-2.2621< t <2.2621$은 영가설을 채택하는 채택역을 의미한다. 이는 그래프에서 음영 처리된 부분으로, 검정통계량이 이 영역에 위치하면 연구자는 영가설을 채택한다.

반대로 $t<-0.2621$ 또는 $t>2.2621$의 영역은 영가설을 기각하는 기각역이며, 검정통계량이 기각역에 위치하면 연구자는 영가설을 기각하고 대립가설을 채택한다.

앞서 예제에서 구한 검정통계량은 $t_{(9)}=0.80$으로, 이는 $-2.2621< t <2.2621$인 채택역에 포함된다. 따라서 영가설을 채택하는 의사결정을 할 수 있다. 즉, A반 유아 10명의 신장은 우리나라 5세 유아 평균신장과 차이가 없다는 결론을 내릴 수 있다.

(2) 확률(p-value)을 바탕으로 해석하기

검정통계량과 임계치를 비교하는 것을 유의확률(p-value, p값)과도 연결지어 해석할 수 있다.

앞서 자유도와 유의수준에 따른 임계치를 확인하였다. 왜 임계치를 구할 때 유의수준을 참고하는 것일까?

유의수준은 '영가설이 참이지만, 이를 기각할 확률'이며, 연구자가 유의수준만큼의 오류(1종오류)는 범할 수 있다고 설정하는 정도를 의미한다. 따라서 유의수준은 연구자가 설정하는 정도에 따라 달라지며 가설의 기각기준인 임계치를 구할 때에도 자유도와 더불어 유의수준의 값을 참고한다.

이를 확률의 관점에서 다시 살펴보자. 만약 검정통계량이 나타날 확률(유의확률, p-value)이 유의수준보다 작다면, 1종오류가 발생할 가능성이 유의수준(연구자가 미리 설정한 오류의 확률)보다 작음을 의미한다. 따라서 연구자는 영가설을 기각하고 대립가설을 채택하는 의사결정을 한다.

이와 같은 논리로 유의확률(p-value)과 유의수준 α를 비교함으로써 의사결정을 한다. 예제의 유의확률 p값을 구해 보자.

예제에서 구한 검정통계량 $t_{(9)}=0.80$에 가장 근사한 값을 t분포표에서 찾아보면 양측검정 $\alpha=0.45$일 때의 $t=0.7897$이다. 이는 $t<-0.7897$이거나 $t>0.7897$일 확률이 0.45라는 것을 의미한다. 다시 말하면, $t>0.7897$의 확률(면적)은 $\frac{\alpha}{2}=0.225(0.45/2)$이며, $t<-0.7987$의 확률도 0.225이다. 즉, |그림 4-3| 그래프의 음영 부분의 면적이자, $|t|>0.7897$일 확률이 0.45이다. 따라서 검정통계량 $t_{(9)}=0.80$의 확률은 0.45, 즉 45%에 근접하다는 것을 알 수 있다.

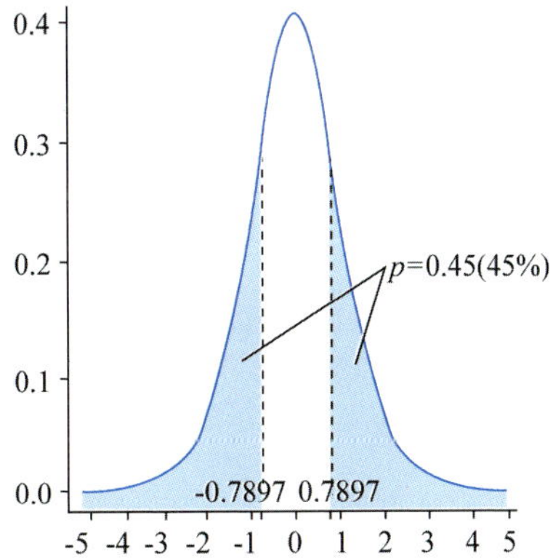

|그림 4-3|

산출된 확률 p값을 유의수준 .05와 비교해 보면, $p>.05$다. 즉, 검정통계량이 나타날 확률은 유의수준보다 훨씬 크기에 연구자는 영가설을 채택하여, A반 유아의 신장과 우리나라 5세 유아의 신장은 다르지 않으며 나타난 키 차이(0.78cm = 110.93cm−110.2cm)는 유의미하지 않다고 결론 내릴 수 있다.

이렇듯 유의수준 α와 유의확률 p-value의 관계를 알면 p-value에 따른 의사결정의 원리를 쉽게 이해할 수 있다. 검정통계량 t가 나타날 확률(p-vaule)은 t분포상에서 $|t|$값이 검정통계량보다 큰 부분의 면적을 의미한다.

|그림 4-4|는 모두 자유도가 10인 t분포와 검정통계량에 따른 확률을 나타낸 것이다. t분포표상에서 다음의 검정통계량에 해당하는 양측검정 α를 찾아보자. $t_{(10)}=0.6998$가 되는 α는 0.5, $t_{(10)}=1.812$의 $\alpha=0.1$, $t_{(10)}=3.169$의 $\alpha=.01$이다. 찾아낸 α값은 그래프에서 제시된 확률값과 동일하다.

즉, 검정통계량을 기준으로 양 꼬리 부분의 면적이 확률(p-value)이며, 이는 분포표상의 α와 같다. 따라서 t값이 커질수록(양쪽 꼬리에 가까워질수록) 그 값이 나타날 확률(p-value)은 줄어든다는 것도 확인할 수 있다.

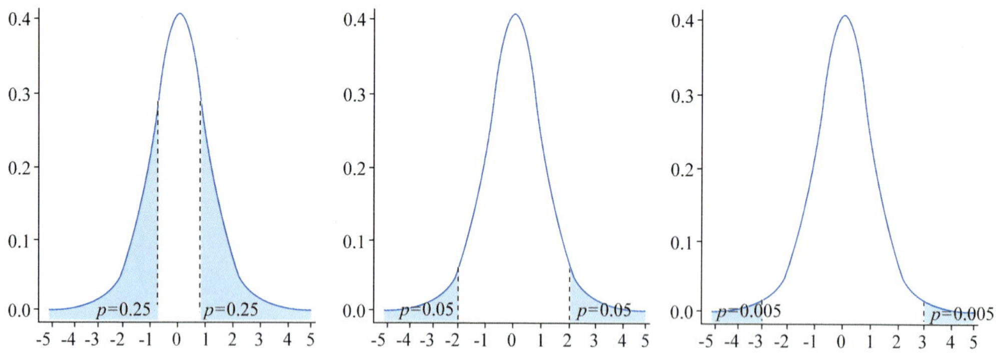

$\alpha=0.5$, df=10
$t(10)=0.6998$일 때, 확률=0.5
$t<-0.6698$의 확률=0.25
$t>0.6698$의 확률=0.25

$\alpha=0.1$, df=10
$t(10)=1.812$일때의 확률=0.1
$t<-1.812$의 확률=0.05
$t>1.812$의 확률=0.05

$\alpha=.01$, df=10
$t(10)=3.169$일 확률=0.01
$t<-3.169$의 확률=0.005
$t>3.169$의 확률=0.005

|그림 4-4| 유의수준에 따른 확률과 기각역의 차이

(3) 신뢰구간을 기준으로 의사결정하기

신뢰구간이 0을 포함하는지 여부에 따라 영가설의 기각 여부를 판단할 수 있다. 신뢰구간이 0을 포함한다면 영가설을 채택하고, 신뢰구간이 0을 포함하지 않는다면 영가설을 기각하는 것이다.

신뢰구간을 구하는 방법은 다음과 같다.

$$\text{신뢰구간}: MEAN_{dif} \pm t_{df,\alpha} \times SE$$

위 공식에 의거하여 예제의 신뢰구간을 구해 보자. $MEAN_{dif}$는 평균의 차이를 의미하며 예제에서의 평균의 차이는 110.93cm−110.20cm로 0.73이다. $t_{df,\alpha}$는 자유도가 df, 유의수준이 α인 t값으로 예제에서는 자유도가 9, 유의수준이 .05일 때의 t값이다. 이를 t분포표에서 찾으면 $t=2.2621$이다. SE는 표준오차로 앞서 0.91로 구하였다.

이를 대입하면 다음과 같다.

$$\begin{aligned} MEAN_{dif} \pm t_{df,\alpha} \times SE &= 0.73 \pm 2.2621 \times 0.91 \\ &= 0.73 \pm 2.0585 \\ &= -1.3285,\ 2.2785 \end{aligned}$$

따라서 -1.3285 < 신뢰구간 < 2.2785임을 알 수 있다. 산출된 신뢰구간은 0을 포함하고 있으므로 연구자는 A반 유아 10명의 신장은 우리나라 5세 유아 평균신장과 차이가 없다는 영가설을 채택할 수 있다.

4) jamovi 실습하기

통계 프로그램 jamovi를 활용하면 위의 통계량을 쉽게 구할 수 있다. jamovi를 사용하여 단일표본 t검정을 실시해 보자.

(1) 데이터 입력하기

사용파일 : 'onesample t test.omv' 또는 데이터 직접 입력
결과파일 : 'onesample t test-결과.omv' 또는 데이터 직접 입력

한 개의 셀은 관측된 데이터를 입력하는 난으로 줄(row)에는 각각의 관측값, 열(column)에는 각 변수를 입력한다.

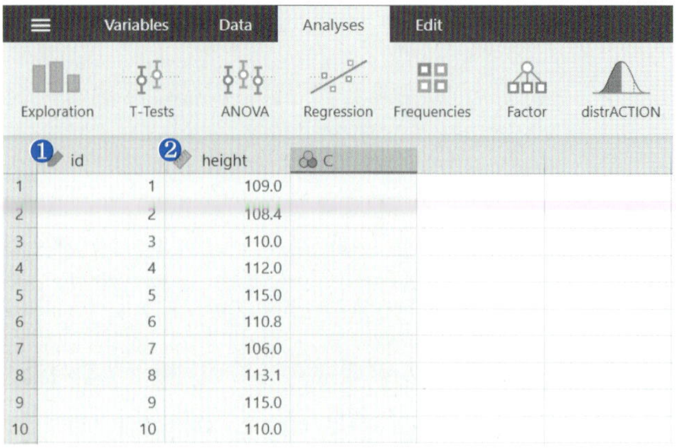

❶ id : 각각의 데이터에 id를 입력한 것으로 총 사례 수는 10개임을 알 수 있다.

❷ height : 예제에서 제시된 데이터를 키(height) 변수로 입력한다.

(2) 단일표본 t 검정 실시

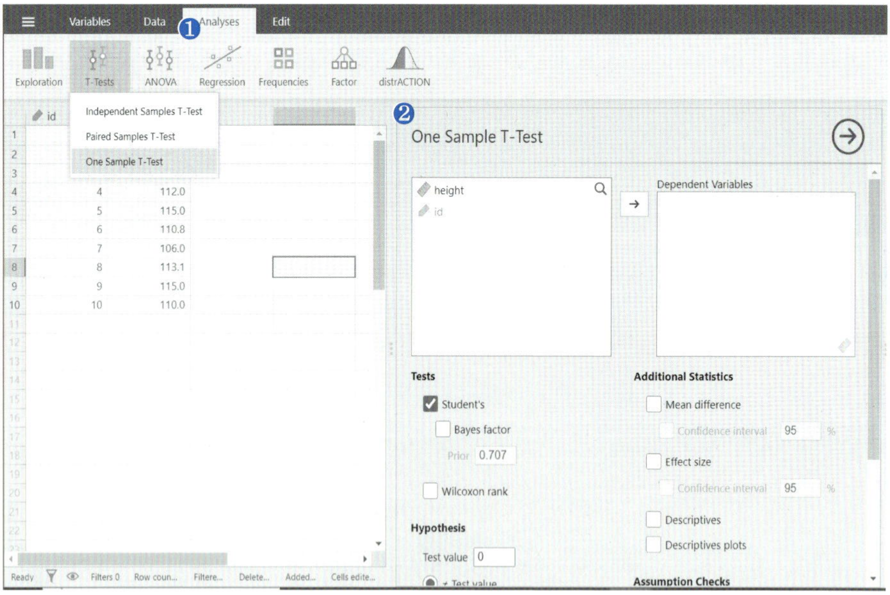

❶ [Analyses] – [T–Tests] - [One sample T–Test] 순서로 클릭한다.

❷ 분석창 : ❶을 실시하면 화면 좌측에 단일표본 T–Test의 분석창이 자동으로 나타난다.

(3) 분석창

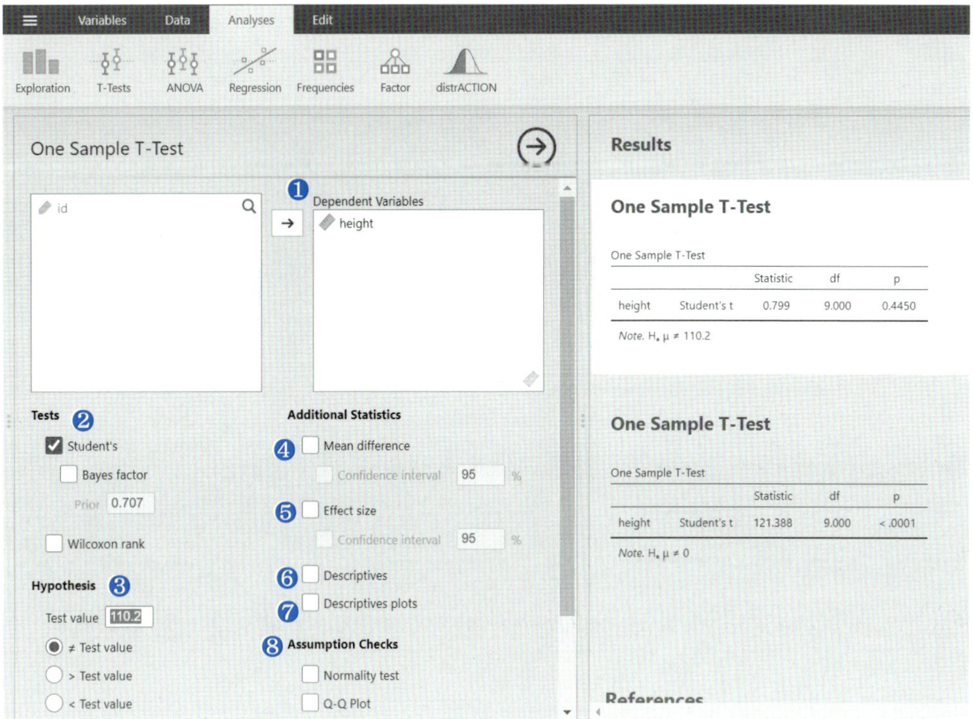

❶ Dependent Variables : 분석하고자 하는 종속변수를 입력한다. 예제는 A반 유아의 키를 우리나라 5세 평균키와 비교하는 것이기에 종속변수는 'height'가 된다.

❷ Test : 검정 방법을 선택할 수 있다. 표본이 정규성을 확보할 경우에는 Student's를 선택하여 Student의 t검정을 실시하고, 그렇지 못할 경우에는 Wilcoxon rank를 선택해 Wilcoxon의 순위검정을 실시한다.

❸ Hyphothesis : 가설이 되는 기준수치를 입력한다. 예제에서 기준이 되는 수치는 우리나라 5세 유아 키평균인 110.2cm이기에 이를 Test value에 입력한다. 만약 양측검정이 아닌 단측검정을 할 경우 <, >의 부등호를 선택할 수 있다.

❹ Mean difference : 평균의 차이를 의미한다. 본 옵션을 클릭하면 결과와 더불어 평균의 차이가 나타난다. 본 예제에서 평균의 차이는 0.73으로, 이는 표본의 평균($\overline{X}$) 110.93과 기준이 되는 값 110.2(μ)와의 차이 값이다.

❺ Effect size : jamovi는 Cohen의 d를 효과크기로 보여준다. Cohen's d값은 0.2 이하이면 작은, 0.5 이상이면 중간효과, 0.8 이상이면 큰 효과로 해석한다.

❻ Descriptives : 변수의 기술통계량을 나타낸다. Descriptives를 클릭하면 사례 수, 평균, 중앙값, 표준편차, 표준오차를 표로 제시한다. 더 자세한 기술통계가 필요할 경우 [Exploration] - [Descriptives]를 클릭하면 된다.

Descriptives

	N	Mean	Median	SD	SE
height	10	110.93	110.40	2.89	0.91

❼ Descriptives plots : 기술통계량을 그래프로 나타내 제시한다.

그래프의 세로선의 양 끝은 각각 최솟값(109)과 최댓값(115)을 의미한다. 동그라미는 평균(110.93), 네모는 중위값(110.40)의 위치를 나타낸다. 가로 점선은 가설검정에서 입력한 기준선을 의미한다. 즉, 예시의 110.2값이며 가설검정에서 수치를 변경하면 가로 점선의 위치도 변경되어 나타난다.

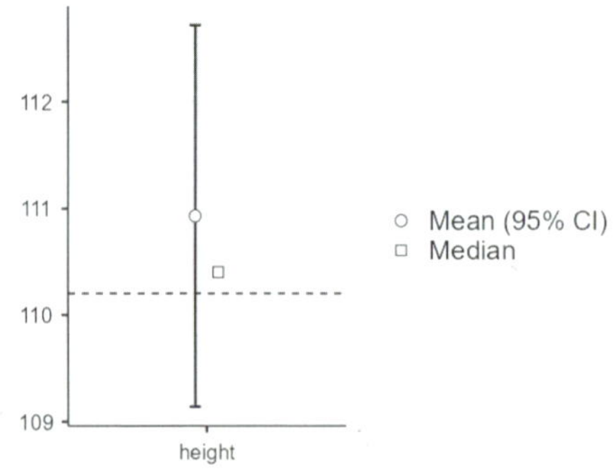

❽ Assumption Checks : 단일표본 t검정은 정규성과 기본으로 가정한다. 만약 가정이 충족되지 않는다면, 앞서 ❷에서 알아본 비모수검정인 Wilcoxon의 순위검정을 활용한다. 정규성 확보 여부를 확인하기 위해서는 Shapiro-Wilk의 Nomality Test를 실시해야 한다. 정규성 검정은 표본분포가 정규분포를 따른다는 영가설을 검정하는 것이다. 정규성 검정의 영가설과 대립가설은 다음과 같다.

영가설 : H_0 = 표본분포는 정규분포를 따른다.
대립가설 : H_1 = 표본분포는 정규분포를 따르지 않는다.

jamovi를 활용해 실시한 Shapiro－Wilk의 정규성 검정결과 $W=0.959(p=0.7774)$로 $p=.05$ 수준에서 영가설을 기각하지 못한다. 즉, 영가설을 채택해 표본분포가 정규분포를 따르는 것을 확인할 수 있다. 이렇듯 정규성 검정의 확률(p-value)이 낮다면, 표본이 정규분포 가정을 위반하는 것으로 해석한다.

Normality Test (Shapiro-Wilk)

	W	p
height	0.959	0.7774

Note. A low p-value suggests a violation of the assumption of normality

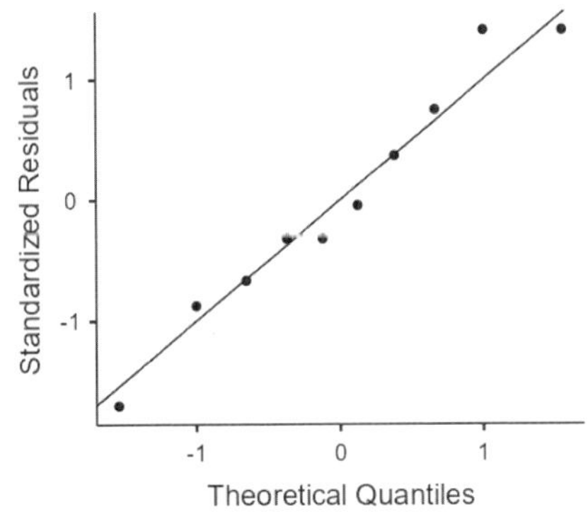

〈정규성 검정결과와 Q-Q Plot〉

또한 Q－Q Plot은 데이터의 정규성을 그래프의 형태로 나타내는 옵션이다. Q－Q Plot은 각 축을 분위수로 나타낸 것으로써, 점으로 표현되는 표본데이터가 실선을 따라 위치할수록 그 표본은 정규성을 확보하는 것으로 볼 수 있다.

(4) Results : 결과확인

jamovi에서 실시한 height 변수에 대한 단일표본 t검정결과이다.

One Sample T-Test

One Sample T-Test

		Statistic	df	p
height	Student's t	0.799	9.000	0.4450

Note. H_a $\mu \neq 110.2$

총 표본은 10개이므로 자유도는 9(=10−1), 검정통계량은 0.799, 유의확률(p)은 0.45이다. 이는 $t_{(9)} = 0.799(p=0.45)$로 기술할 수 있다.

산출된 검정통계량과 확률은 앞서 직접 계산한 값과 유사하다.

결과를 바탕으로 해석을 해보자.

단일표본 t검정결과 $p>.05$이므로 .05 수준에서 통계적으로 유의미한 차이가 나타났다고 할 수 없다. 따라서 귀무가설을 기각하고 영가설을 채택한다.

즉, A반 유아 10명의 키는 우리나라 유아의 평균과 다르지 않다는 결론을 내릴 수 있다.

5) 더 알아보기 : Wilcoxon의 순위검정

지금까지 알아본 t검정(Student's t−test)은 모수통계로 표본의 정규성이 확보되어야 활용할 수 있다.

만약 표본이 정규분포를 이루지 않는다면 평균, 표준편차를 이용한 통계적 검정이 적합하지 않다. 이런 경우 평균이 아닌 중위수를 비교하는 **Wilcoxon의 순위검정**을 실시한다. 순위검정 통계량은 편차의 절댓값에 따라 순위를 부여하고, 편차가 양수인 경우의 부호순위를 모두 더한 값을 바탕으로 통계적 유의성을 검정하는 방법이다.

예제를 통해 Wilcoxon의 순위검정을 실시하는 방법을 알아보자.

Wilcoxon 순위검정 예제

올해 우리나라 전체 유아를 대상으로 조사를 한 결과 5세 유아의 평균신장은 110.2cm이다. A반 담임교사는 자신의 반 아이들의 키가 위 조사결과와 같은지 알아보고자 한다. A반 5세 유아 10명의 키는 우리나라 5세 유아의 평균신장과 같은가?

[데이터]

유아	1	2	3	4	5	6	7	8	9	10
신장	109	108.4	110	112	115	110.8	106	113.1	115	110

(1) 가설 수립

통계적 검정의 시작은 가설 수립에서 시작된다. 위 예제의 영가설과 대립가설은 다음과 같다.

> 영가설 : H_0 = 표본의 중위수는 110.2과 같다.
> 대립가설 : H_1 = 표본의 중위수는 110.2과 같지 않다.

위 가설을 바탕으로 검정통계량을 구하고, 그 결과가 기각역에 해당한다면 영가설을 기각, 채택역에 해당한다면 영가설을 채택할 것이다.

(2) 검정통계량

Wilcoxon의 순위검정의 검정통계량은 편차를 바탕으로 순위를 매기고, 순위값을 더하여 구한다.

이를 위해 먼저 표본의 편차를 바탕으로 순위를 매겨보자. 각 표본을 기준이 되는 수(=110.2)와 비교하여 편차를 구하면 다음과 같다.

i	1	2	3	4	5	6	7	8	9	10
X_i	109	108.4	110	112	115	110.8	106	113.1	115	110
편차	−1.2	−1.8	−0.2	1.8	4.8	0.6	−4.2	2.9	4.8	−0.2

다음 산출한 편차의 절댓값의 크기에 따라 오름차순으로 재정렬하면 다음과 같이 나타낼 수 있다. 만약 순위부여 시 결과가 같다면 해당 순위의 평균값을 부여한다.

i	3	10	6	1	2	4	8	7	9	5
X_i	110	110	110.8	109	108.4	112	113.1	106	115	115
편차 부호	−	−	+	−	−	+	+	−	+	+
편차 절댓값	0.2	0.2	0.6	1.2	1.8	1.8	2.9	4.2	4.8	4.8
순위	1.5	1.5	3	4	5.5	5.5	7	8	9.5	9.5

편차의 크기에 따라 순위를 부여한 후, 편차가 양수인 경우의 순위합을 모두 더하면, 그 값이 Wilcoxon의 검정통계량이다. 즉, $W=3+5.5+7+9.5+9.5=34.5$으로 $W=34.5$임을 알 수 있다.

(3) 가설 검정 및 의사결정

Wilcoxon의 검정통계량을 구했다면, 이를 바탕으로 어느 가설을 채택할 것인지 의사결정을 해야 한다. 이를 위해 z분포를 활용한다. 즉, 검정통계량을 바탕으로 z값을 구하고, 그 값의 위치에 따라 의사결정을 하면 된다.

이때 z값을 구하는 공식은 다음과 같다.

$$Z=\frac{W-\frac{n(n+1)}{4}}{\sqrt{\frac{n(n+1)(2n+1)}{24}}}$$

위 공식을 바탕으로 $W=34.5$, $n=10$일 때의 z를 구하면 다음과 같다.

$$Z=\frac{34.5-\frac{10(10+1)}{4}}{\sqrt{\frac{10\times11\times21}{24}}}=\frac{7}{9.81}=0.714$$

z분포에서 유의수준 .05, 양측검정의 경우 임계치는 $z=1.96$이다. 즉, $z<-1.96$, $z>1.96$은 기각역, $-1.96<z<1.96$는 채택역이다. 따라서 산출된 $z=0.714$는 채택역에 포함되므로 영가설을 기각하지 못한다.

결과적으로 표본의 중위수는 110.2과 같으며, 집단 간 유의미한 차이는 나타나지 않았다고 해석할 수 있다.

(4) jamovi 결과 확인하기

jamovi를 활용하면 Wilcoxon의 순위검정 통계량과 더불어 유의확률까지 쉽게 구할 수 있다. 다음은 jamovi를 통해 구한 검정통계량이다.

One Sample T-Test

One Sample T-Test

		Statistic	p
height	Wilcoxon W	34.5	0.507

Note. H_a μ ≠ 110.2

검정통계량은 앞서 구한 $W=34.5$와 동일하다. 유의확률은 $p=0.507$로 .05 수준에서 통계적으로 유의하지 못함을 알 수 있다.

따라서 표본은 110.2와 통계적으로 유의미한 차이가 없으며, A반 학생의 키는 우리나라 5세 유아의 평균키와 동일하다는 결론을 내릴 수 있다.

3. 독립표본 t검정

단일표본 t검정이 하나의 기준과 표본의 평균을 비교하는 것이었다면, 독립표본 t검정(independent sample t-test)은 독립된 두 표본의 평균을 비교할 때 실시한다. 독립되었다는 것은 두 집단 간의 연관성이 없이 각 표본이 서로 다른 모집단을 대표한다는 것을 의미한다. 독립된 집단의 대표적인 예로는 남자와 여자, 실험집단과 통제집단 등이 있다. 즉, '유아의 자기조절력이 남녀에 따라 다른가?' 등과 같이 연관성이 없는 두 집단의 평균을 비교할 때 독립표본 t검정을 실시할 수 있다.

독립표본 t검정통계량을 구하는 공식은 다음과 같다.

$$t=\frac{\overline{X_1}-\overline{X_2}}{\sqrt{s_p^2\left(\frac{1}{n_1}+\frac{1}{n_2}\right)}}$$

단일표본 t검정통계량을 구하는 수식에서 분모값이 표준오차($SE=s/\sqrt{n}=\sqrt{\frac{s^2}{n}}$)임을 고려하면 독립표본 t검정통계량의 분모값도 유사한 형태임을 알 수 있다. 이때 유념할 점은 독립표본 t검정은 독립된 두 집단에 대한 분산이 산출되기에 통합분산을 활용한다는 것이다. 통합분산은 각 집단의 분산과 자유도의 곱을 각각 더하고 이를 두 집단의 자유도의 합으로 나눈 값으로, 이를 수식으로 표현하면 다음과 같다.

$$s_p^2 = \frac{df_1 \times s_1^2 + df_2 \times s_2^2}{df_1 + df_2} = \frac{(n_1 - 1)s_1^2 + (n_2 - 1)s_2^2}{(n_1 - 1) + (n_2 - 1)}$$

독립표본 t검정을 실시하기 위해서는 정규성과 등분산성 가정을 충족해야 한다. 정규성은 모수통계를 위한 기본가정이며, 등분산성은 두 집단의 동질성을 확인하기 위함이다. jamovi에서는 가정 충족 여부를 확인하기 위해 Shapiro-Wilk의 정규성 검정과 Levene의 동질성 검정을 제공한다.

표본의 등분산성과 정규성 확보 여부에 따라 다음과 같이 검정방법을 달리 할 수 있다.

- **표본의 정규성은 확보되나 등분산성이 확보되지 못하는 경우** : Welch의 t검정
- **표본의 정규성을 충족하지 못 할 경우** : Mann-Whiteny U
- **표본의 정규성, 등분산성 모두 충족하는 경우** : Student의 t검정

Welch의 t검정과 Mann-Whiteny U 검정은 114쪽 '7) 더 알아보기'와 116쪽 '8) 더 알아보기'에서 다룬다.

여기에서는 예제를 통해 독립표본 t검정에 대해 살펴본다.

예제

우리나라 유아를 대상으로 키와 몸무게를 조사하였다. D시의 유아 5명과 S시의 유아 5명의 몸무게의 평균은 서로 같은가?

[데이터]

지역	D시					S시				
유아	1	2	3	4	5	6	7	8	9	10
체중	20.6	23.4	22.4	23.3	23.5	20.7	21.3	19.8	22.1	20.9

예제는 D시 유아 5명의 체중과 S시 유아 5명의 체중을 비교하는 것이다. D시와 S시는 서로 독립된 집단이며, 비교하고자 하는 체중은 연속형 변수임으로 독립표본 t검정을 실시하여 두 집단 간 체중의 차이를 비교할 수 있다.

1) 기술통계량

예제 데이터의 평균, 분산, 표준편차, 표준오차 등 기술통계량을 알아보자.

(1) 평균 계산하기

D시와 S시 유아의 체중 평균은 다음과 같다.

$$\overline{X_{D시}} = \frac{20.6 + 23.4 + 22.4 + 23.3 + 23.5}{5} = 22.64$$

$$\overline{X_{S시}} = \frac{20.7 + 21.3 + 19.8 + 22.1 + 20.9}{5} = 20.96$$

(2) 분산 계산하기

D시와 S시 유아 체중 분산은 각각 다음과 같다.

$$s^2_{D시} = \frac{(20.6-22.64)^2 + (23.4-22.64)^2 + (22.4-22.64)^2 + (23.3-22.64)^2 + (23.5-22.64)^2}{5-1}$$

$$= \frac{4.1616 + 0.5776 + 0.0576 + 0.4356 + 0.7396}{4}$$

$$= \frac{5.972}{4} = 1.493$$

$$s^2_{S시} = \frac{(20.7-20.96)^2 + (21.3-20.96)^2 + (19.8-20.96)^2 + (22.1-20.96)^2 + (20.9-20.96)^2}{5-1}$$

$$= \frac{0.0676 + 0.1156 + 1.3456 + 1.2996 + 0.0036}{4}$$

$$= \frac{2.832}{4} = 0.708$$

(3) 표준편차, 표준오차 계산하기

D시와 S시 유아 체중의 표준편차, 표준오차는 다음과 같다.

$$SD_{D시} = \sqrt{s^2_{D시}} = \sqrt{1.493} = 1.122$$

$$SD_{S시} = \sqrt{s^2_{S시}} = \sqrt{0.708} = 0.841$$

$$SE_{D시} = SD_{D시} / \sqrt{n_D} = 1.222 / \sqrt{5} = 0.546$$

$$SE_{S시} = SD_{S시} / \sqrt{n_S} = 0.841 / \sqrt{5} = 0.376$$

i	D시 체중 (X_i)	D시 편차 $(X_i - \overline{X_{D시}})$	D시 편차제곱 $(X_i - \overline{X_{D시}})^2$	S시 체중 X_i	S시 편차 $(X_i - \overline{X_{S시}})$	S시 편차제곱 $(X_i - \overline{X_{S시}})^2$
1	20.6	−2.04	4.1616	20.7	−0.26	0.0676
2	23.4	0.76	0.5776	21.3	0.34	0.1156
3	22.4	−0.24	0.0576	19.8	−1.16	1.3456
4	23.3	0.66	0.4356	22.1	1.14	1.2996
5	23.5	0.86	0.7396	20.9	−0.06	0.0036
합	113.2	0	5.972	104.8	0	2.832
평균	22.64($\overline{X_{D시}}$)			20.96($\overline{X_{S시}}$)		
분산	1.493($s^2_{D시}$)			0.708($s^2_{S시}$)		

이를 정리하면 다음과 같다.

변수	집단	사례 수(N)	평균(MEAN)	표준편차(SD)	표준오차(SE)
체중	D시	5	22.64	1.222	0.546
	S시	5	20.96	0.841	0.376

2) 검정통계량

예제 데이터의 기술통계량을 바탕으로 통합분산과 t검정통계량을 구해 보자. 예제에서 D시 유아의 체중 분산은 1.493이었으며, S시 유아의 체중 분산은 0.708이었다. 두 집단 모두 사례 수는 5로 자유도는 4임을 알 수 있다. 이를 통합분산을 구하는 공식에 대입하면 다음과 같다.

$$s_p^2 = \frac{df_1 \times s_1^2 + df_2 \times s_2^2}{df_1 + df_2} = \frac{(n_1 - 1)s_1^2 + (n_2 - 1)s_2^2}{(n_1 - 1) + (n_2 - 1)}$$

$$= \frac{4 \times 1.493 + 4 \times 0.708}{4 + 4}$$

$$= \frac{5.972 + 2.832}{8}$$

$$= 1.100$$

산출된 통합분산 1.1과 각 집단의 평균 22.64, 20.96을 검정통계량을 구하는 공식에 대입해 보자.

$$t_{(8)} = \frac{\overline{X_1} - \overline{X_2}}{\sqrt{s_p^2\left(\frac{1}{n_1} + \frac{1}{n_2}\right)}}$$

$$= \frac{22.64 - 20.96}{\sqrt{1.1 \times \left(\frac{1}{5} + \frac{1}{5}\right)}}$$

$$= \frac{1.68}{0.663}$$

$$= 2.532$$

즉, 검정통계량은 $t_{(8)}=2.532$이다.

3) 가설검정 및 의사결정

산출된 통계량을 바탕으로 유의수준(α)=.05에서 가설을 검정해 보자. 예제의 영가설과 대립가설, 검정통계량은 다음과 같다.

> 영가설 : H_0 = D시의 유아 5명의 체중과 S시의 유아 5명의 체중은 같다.
> 대립가설 : H_1 = D시의 유아 5명의 체중과 S시의 유아 5명의 체중은 같지 않다.
> 검정통계량 : $t_{(8)}=2.532$

(1) 임계치에 따라 의사결정하기

t분포표에서 영가설을 기각, 채택하는 기준점인 임계치를 찾고 산출된 검정통계량의 위치를 파악하는 방법이다. 임계치를 기준으로 기각역과 채택역으로 나뉘고, 검정통계량이 기각역에 포함되면 영가설을 기각한다. t분포표에서 df=8, α=.05인 t값을 찾으면 2.306이다. 이는 ±2.306을 기준으로 양 꼬리 부분은 기각역, 가운데 부분은 채택역이 됨을 의미한다. 다시 말하면, $t<-2.306$ 또는 $t>2.306$일 경우 영가설을 기각하고, $-2.306< t <2.306$일 경우 영가설을 채택하는 것이다.

D시와 S시의 유아 체중을 비교한 예제의 검정통계량은 $t_{(8)}=2.532$이며, 이는 2.306보다 큰 값이다. 이는 기각역에 포함된다. 따라서 연구자는 영가설을 기각하고 D시와 S시의 유아의 체중이 다르다는 대립가설을 채택한다. 이를 그래프로 표현하면 |그림 4-5|와 같다. 그래프에서 음영 부분($2.306<t<2.306$)은 영가설을 채택하는 채택역이며, 그 외 부분은 기각역이다.

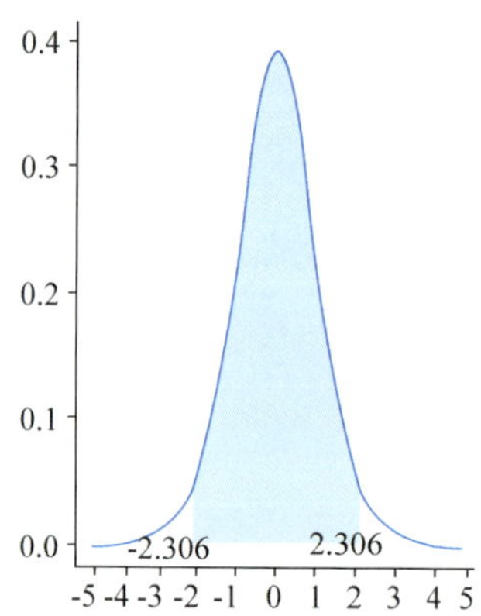

|그림 4-5|

즉, D시의 유아 체중과 S시의 유아 체중은 각각 $M=22.64(SD= 1.222)$, $M=20.96(SD=0.8414)$이며, 이를 비교한 결과 두 집단의 체중 차이는 유의미함을 알 수 있다.

(2) 확률(p-value)을 바탕으로 해석하기

검정통계량이 기각역에 포함된다면, 그 값이 나타날 확률은 유의수준보다 작다는 것을 의미한다. 이는 기각역과 채택역을 나누는 기준인 임계치가 나타날 확률이 바로 유의수준이기 때문이다.

df=8, 유의수준 =.05의 임계치는 2.306이다. 즉, $t=\pm 2.306$을 기준으로 양 꼬리의 면적이 0.05이라는 것이다. 따라서 검정통계량이 t값 2.306보다 크다면 p값은 자동적으로 0.05보다 작아지는 것을 알 수 있다. 이를 그래프로 나타내면 |그림 4-6|과 같다.

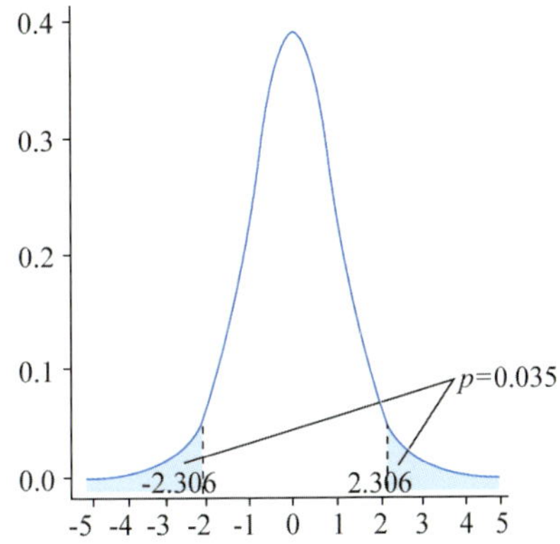

|그림 4-6|

t분포표를 통해서도 검정통계량의 대략적인 확률을 파악할 수 있다. 예제의 검정통계량 $t=2.352$는 df=8인 t분포표상 2.306보다는 크고, 2.8965보다는 작은 수이다. $t=2.306$은 $\alpha=.05$일 때의 값이며, $t=2.8965$는 $\alpha=.02$의 값이다. 유의수준 α는 확률은 p값을 의미하는 것이므로, $0.02<t=2.352$가 나타날 확률<0.05임을 알 수 있다.

정리하면, 검정통계량 t는 2.306과 2.8965 사이의 값이므로, 그 확률은 0.05와 0.02 사이의 값이다. 실제로 jamovi를 통해서 예제의 확률을 산출해 보면, $t(8)=2.532$, $p=.035$이다.

[t분포표]

α(양측검정)	.5	.45	.1	.05	.02	.01	.005	.002
df								
8	0.7064	0.7942	1.8595	2.306	2.8965	3.3554	3.8325	4.5008

이를 바탕으로 본 예제의 결과를 해석하면, p는 0.05보다 작으므로, 영가설을 기각하고 대립가설을 채택한다. 즉, D시 유아와 S시 유아의 체중 차이는 통계적으로 유의미하며, D시 유아가 S시 유아보다 몸무게가 더 높다.

(3) 신뢰구간을 바탕으로 의사결정하기

신뢰구간을 바탕으로도 가설을 검정할 수 있다. 신뢰구간이 0을 포함하면 영가설을 채택하고, 0을 포함하지 않으면 대립가설을 채택한다. 예제의 신뢰구간을 계산해 보자.

$$
\begin{aligned}
\text{신뢰구간} &= MEAN_{dif} \pm t_{df,\alpha} \times SE \\
&= 1.680 \pm 2.306 \times 0.6635 \\
&= 1.680 \pm 1.530
\end{aligned}
$$

0.15 < 신뢰구간 < 3.21이므로 0을 포함하지 않는다. 따라서 '지역에 따른 체중 차이가 없다'는 영가설을 기각하고 '지역에 따른 체중 차이가 있다'는 대립가설을 채택한다. 즉, D시 유아의 체중이 S시 유아의 체중보다 유의미하게 높다고 할 수 있다.

4) jamovi 실습하기

지금까지 실시한 독립표본 t검정을 jamovi에서 수행하는 방법을 알아보고, 그 결과가 동일한지 확인해 보자.

(1) 데이터 입력하기

사용파일 : 'IndependentT. omv' 또는 데이터 직접 입력
결과파일 : 'IndependentT-결과. omv'

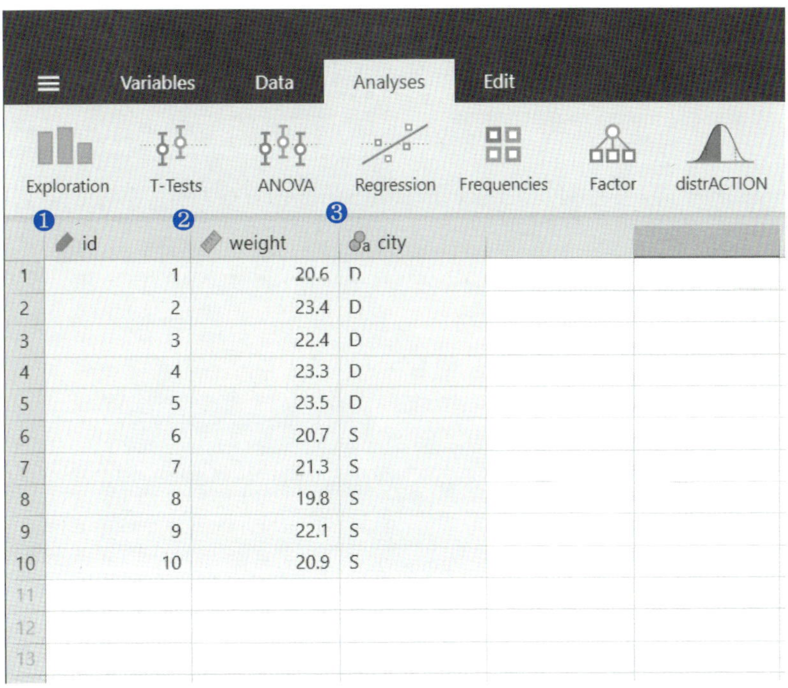

❶ id : 총 사례 수는 10개임을 알 수 있다.

❷ weight : 유아 체중 데이터를 입력한다.

❸ city : D시에 거주하고 있는 경우는 D, S시에 거주하고 있는 경우는 S라고 코딩할 수 있다. D시와 S시로 구분된 각 표본은 서로 연관성이 없으며 독립적이다. 따라서 독립표본 t검정을 실시한다.

(2) 독립표본 *t*검정 실시하기

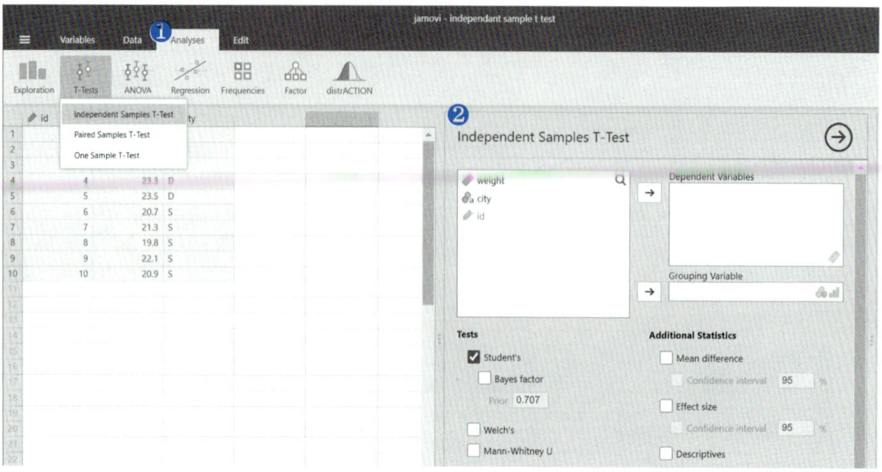

❶ [Analyses] – [T–Tests] - [Independent Samples T–Test] 순서로 클릭한다.

❷ 분석창 : ❶을 실시하면 화면 우측에 독립표본 T–Test의 분석창이 자동으로 나타난다.

(3) 분석창

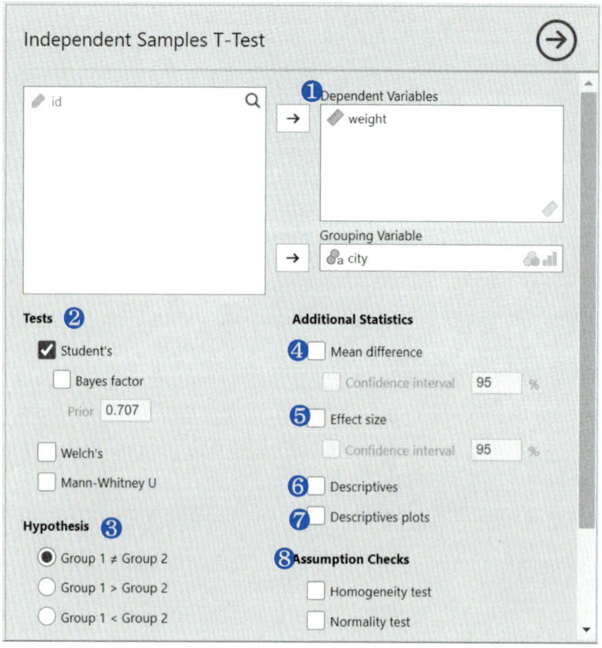

❶ 변수입력 : 본 예제는 지역에 따른 체중의 차이가 있는지 알아보는 것이므로, 독립변수는 지역, 종속변수는 체중이다. 따라서 Dependent Variables(종속변수)에는 weight를 입력하고, Grouping Variable에는 독립변수인 city를 입력한다.

❷ Tests : 검정방법을 선택한다. 표본의 특성에 따라 검정방법을 달리하여 분석을 실시해야 한다.

- Student's : Student의 t검정을 의미한다. 등분산성과 정규성이 모두 확보될 경우 사용한다.
- Welch's : Welch의 t검정을 의미한다. 표본의 정규성은 확보되나 등분산성 가정이 충족되지 않을 때 사용한다. Welch의 t검정은 교정된 자유도 공식을 사용한다.
- Mann–Whiteny U : 표본이 정규분포를 이루지 않거나 서열형일 때 사용한다.

❸ Hypothesis : 가설을 선택한다. 양측검정일 때는 Group1≠Group2를 선택하고, 단측검정일때는 부등호가 있는 것을 선택한다.

본 예제의 영가설은 "D시의 유아 5명의 체중과 S시의 유아 5명의 체중은 같다"로 두 집단이 같은지 다른지 확인하는 것이기에 Group1≠Group2 옵션을 선택한다.

만약 영가설이 'D시 유아의 체중이 S시 유아의 체중보다 크다'였다면 Group1 > Group2를 선택하여 가설을 검정한다.

❹ Mean difference : 두 집단 간의 평균의 차이를 제시한다.

❺ Effect size(효과크기) : Cohen d값을 제시한다. Cohen d값은 0.2 이하면 작은, 0.5 이상이면 중간효과, 0.8 이상이면 큰 효과로 해석한다.

❻ Descriptives(기술통계) : 변수의 기술통계량을 나타낸다. Descriptives를 클릭하면 집단별 사례 수, 평균 중앙값, 표준편차, 표준오차를 표로 제시한다. 더 자세한 기술통계가 필요할 경우 [Exploration] - [Descriptives]를 실행하면 된다.

❼ Descriptives plots(기술통계도표) : 기술통계량을 그래프로 보고자 할 때 선택할 수 있다. 가로축에는 독립변수인 집단, 세로축에는 종속변수인 몸무게를 나타내는 그래프가 제시된다. ○은 집단의 평균값, □은 집단의 중앙값을 나타내며, 각 집단 간의 차이를 가시적으로 확인할 수 있다.

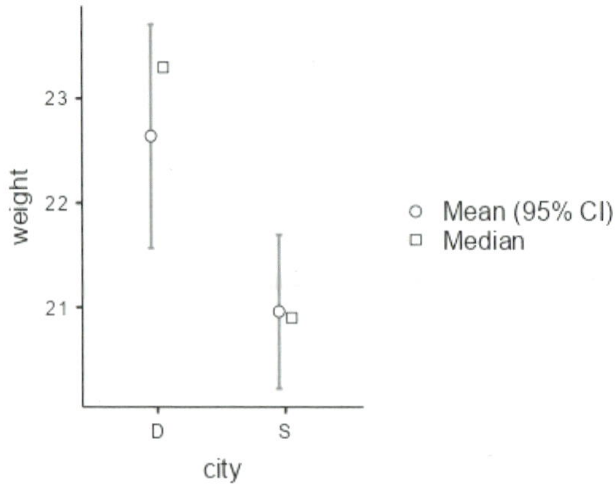

❽ Assumption Checks : t검정을 실시하기 전 표본에 대한 가정 충족 여부를 확인할 때 사용한다. Homogeneity test는 동질성(등분산성)을, Nomalily test는 정규성을 확인하는 검정이다.

5) 가정확인

t검정 실시를 위해 가정을 확인한 결과이다.

Assumptions

Normality Test (Shapiro-Wilk)

	W	p
weight	0.9123	0.297

Note. A low p-value suggests a violation of the assumption of normality

Homogeneity of Variances Test (Levene's)

	F	df	df2	p
weight	0.7079	1	8	0.425

Note. A low p-value suggests a violation of the assumption of equal variances

[3]

Shapiro-Wilk의 정규성 검정결과 $W=0.9123(p=0.297)$로 .05 수준에서 정규성을 확보하는 것으로 볼 수 있다. 정규성 검정 시 p값이 낮은 경우, 영가설을 기각하고 대립가설을 채택해 정규성을 위반하는 것으로 해석한다. 정규성 검정의 영가설과 대립가설은 다음과 같다.

> 영가설 : H_0 = 표본분포는 정규분포를 따른다.
> 대립가설 : H_1 = 표본분포는 정규분포를 따르지 않는다.

Levene의 등분산성 검정결과 또한 $F=0.7079(p=0.425)$로 .05 수준에서 등분산성 가정을 충족한다.

등분산 검정의 영가설과 대립가설은 아래와 같으므로, p값이 유의수준보다 작을 경우 등분산성을 위반하는 것으로 해석한다.

> 영가설 : H_0 = 두 집단의 분산은 같다.
> 대립가설 : H_1 = 두 집단의 분산은 같지 않다.

표본에 대한 가정을 확인해 본 결과 표본은 정규성과 등분산성 가정을 모두 충족하기에 Student의 t검정을 실시할 수 있다.

6) Results : 결과확인

D시와 S시의 유아 10명의 체중 평균의 차이를 알아보기 위해 Student의 t검정을 실시한 결과는 다음과 같다.

Independent Samples T-Test

Independent Samples T-Test

		Statistic	df	p	Mean difference	SE difference		Effect Size
weight	Student's t	2.532	8.000	0.035	1.680	0.6635	Cohen's d	1.601

Note. H_a $\mu_D \neq \mu_S$

Group Descriptives

	Group	N	Mean	Median	SD	SE
weight	D	5	22.64	23.30	1.222	0.5464
	S	5	20.96	20.90	0.8414	0.3763

D시의 유아 5명의 체중 평균은 22.64, 표준편차는 1.222이며, S시의 유아 5명의 체중 평균은 20.96, 표준편차는 0.8414이다. 독립검정 t검정을 실시한 결과 $t_{(8)} = 2.532(p = .035)$이다. 효과크기는 1.601로 나타났다.

이를 바탕으로 결과를 해석하면, $p = .035$로 .05 유의수준에서 영가설을 기각한다. 즉, D시와 S시 유아의 체중에는 통계적으로 유의미한 차이가 있으며, D시 유아가 S시 유아보다 체중이 더 높다.

7) 더 알아보기 : Welch's t-test

지금까지 알아본 독립표본 t검정은 등분산성과 정규성을 모두 확보하는 경우 사용할 수 있는 통계기법이다. 만약 표본의 정규성은 확보되나 등분산성이 확보되지 않는다면 Welch의 t검정을 사용할 수 있다. Welch의 t검정 공식은 다음과 같으며, 자유도 또한 교정된 공식을 사용한다.

$$\text{Welch's } t = \frac{\overline{X_A} - \overline{X_B}}{\sqrt{\frac{s_A^2}{n_A} + \frac{s_B^2}{n_B}}}, \qquad df = \frac{(s_A^2/n_A + s_B^2/n_B)^2}{\frac{(s_A^2/n_A)^2}{(n_A - 1)} + \frac{(s_B^2/n_B)^2}{(n_B - 1)}}$$

예제를 통해 Welch의 t검정을 알아보자.

Welch의 t검정 예제

우리나라 유아를 대상으로 키와 몸무게를 조사하였다. D시의 유아 5명과 S시의 유아 5명의 몸무게의 평균은 서로 같은가?

[데이터]

지역	D시					S시				
유아	1	2	3	4	5	6	7	8	9	10
체중	20.6	23.4	22.4	23.3	23.5	20.7	21.3	19.8	22.1	20.9

(1) 검정통계량

예제 데이터의 기술통계량은 다음과 같다.

변수	집단	사례 수(N)	평균(MEAN)	표준편차(SD)	표준오차(SE)
체중	D시	5	22.64	1.222	0.546
	S시	5	20.96	0.841	0.376

이를 Welch의 t검정 공식에 대입하여 검정통계량을 구해 보자.

$$t=\frac{22.64-20.96}{\sqrt{\frac{1.493}{5}+\frac{0.708}{5}}}=\frac{1.68}{\sqrt{0.2986+0.1416}}=2.53$$

$$\mathrm{df}=\frac{(1.493/5+0.708/5)^2}{\frac{(1.493/5)^2}{(5-1)}+\frac{(0.708/5)^2}{(5-1)}}=\frac{(0.4402)^2}{0.02229+0.005013}=\frac{0.193776}{0.027303}=7.10$$

계산 결과, Welch의 t검정통계량은 $t_{(7.10)}=2.53$이다.

(2) 가설검정 및 의사결정

t분포를 바탕으로 유의수준 .05, 자유도 7.1의 임계치를 구하면 $t=2.36$이다. 즉, $-2.35\leq t\leq 2.35$는 영가설의 채택역, $t<-2.35$, $t>2.35$는 영가설의 기각역임을 알 수 있다.

검정통계량 $t_{(7.10)}=2.53$은 채택역에 해당되므로 영가설을 기각하고 대립가설을 채택한다. 따라서 S시와 D시의 평균은 통계적으로 유의미한 차이가 있다는 결론을 내릴 수 있다.

(3) jamovi 결과 확인하기

jamovi를 사용하여 Welch의 t검정을 실시한 결과는 다음과 같다.

Independent Samples T-Test

		Statistic	df	p
weight	Welch's t	2.53	7.10	0.039

Note. H_a $\mu_D \neq \mu_S$

그 결과 검정통계량은 $t_{(7.10)}=2.53$, $p=.039$이다. 이는 .05 수준에서 통계적으로 유의하다. 따라서 D시 유아의 체중이 S시 유아의 체중보다 더 높으며, 이는 통계적으로 유의한 차이가 있음을 알 수 있다.

8) 더 알아보기 : Mann-Whiteny U

만약 표본이 정규분포를 이루지 않거나 서열형 데이터일 경우, 평균과 표준편차를 바탕으로 하는 모수통계를 활용할 수 없다. 이 경우 Mann-Whiteny U를 실시하여 집단 간의 차이를 비교한다. Mann-Whiteny U는 단일표본 t검정에서 살펴본 Wilcoxon Rank와 같이 표본의 순위를 바탕으로 분석하는 비모수통계기법이다.

Mann-Whiteny U 검정은 아래 공식에 따라 집단별 순위합(U_i)과 검정통계량(U)을 계산한다. 계산된 검정통계량은 표준화하여 z값을 산출하고, 통계적 유의성을 검정할 수 있다.

$$\text{집단별 순위합 : } U_i = n_1 n_2 + \frac{n_i(n_i+1)}{2} - R_i$$

$$\text{검정통계량 : } U = \min(U_1,\ U_2)$$

다음 데이터를 바탕으로 Mann-Whiteny U 검정통계량을 계산해 보자. 예제 데이터는 Welch의 t검정과 동일하다.

Mann-Whiteny U 예제 데이터

지역	D시					S시				
유아	1	2	3	4	5	6	7	8	9	10
체중	20.6	23.4	22.4	23.3	23.5	20.7	21.3	19.8	22.1	20.9

(1) 가설수립

이때의 수립하는 영가설과 대립가설은 다음과 같다.

영가설 : H_0 = S시와 D시의 중앙값은 같다. 대립가설 : H_1 = S시와 D시의 중앙값은 같지 않다.

(2) 검정통계량

Mann-Whiteny U는 순위를 바탕으로 검정하는 비모수검정이다. 따라서 다음 표와 같이 주어진 데이터를 순서대로 재정렬한 후, 순위를 매겨 검정통계량을 구한다. 만약 같은 값이 있을 경우 순위의 평균을 입력한다.

지역	S	D	S	S	S	S	D	D	D	D
X_i	19.8	20.6	20.7	20.9	21.3	22.1	22.4	23.3	23.4	23.5
순위	1	2	3	4	5	6	7	8	9	10

이를 바탕으로 각 지역별 순위합과 검정통계량 U값을 구해 보자.

	D지역	S지역
사례 수(n_i)	5	5
순위합(R_i)	2+9+7+8+10=36	1+3+4+5+6= 19
U_i	$5\times5+\frac{5\times6}{2}-36=4$	$5\times5+\frac{5\times6}{2}-19=21$
U	$\min(4,\ 21)=4$	

검정통계량 U값은 $U=\min(U_1,\ U_2)$로 U_i의 최솟값을 의미한다. 따라서 U=4임을 알 수 있다.

(3) 가설검정 및 의사결정

산출된 검정통계량 U=4의 통계적 유의성을 파악하기 위해서는 z값으로 표준화한다.

$Z=\frac{X-\mu}{\sigma}$ 이므로, Mann-Whiteny U 검정통계량을 바탕으로 z값을 산출하기 위해서는

$Z = \dfrac{U - \mu_U}{\sigma_U}$에 근거함을 유추할 수 있다.

다음 공식에 따라 U, μ_U, σ_U를 구하고, 표준화하여 z값을 구해 보자.

$$U = \min(U_1, U_2), \qquad \mu_U = \frac{n_1 n_2}{2}, \qquad \sigma_U = \sqrt{\frac{n_1 \times n_2 (n_1 + n_2 + 1)}{12}}$$

$$Z = \frac{U - \mu_U}{\sigma_U}$$

$$\mu_U = \frac{5 \times 5}{2} = 12.5$$

$$\sigma_U = \sqrt{\frac{5 \times 5 \times 11}{12}} = 4.79$$

$$Z = \frac{U - \mu_U}{\sigma_U} = \frac{4 - 12.5}{4.79} = -1.78$$

계산 결과 $z = -1.78$이다.

z분포 .05 수준에서의 임계치는 ± 1.96이므로 $z < -1.96$, $z > 1.96$값이 기각역에 해당된다. 산출된 z값은 -1.78이므로 기각역이 아닌 채택역에 해당한다.

이러한 결과를 바탕으로 연구자는 영가설을 채택하고 대립가설을 기각하는 의사결정을 내릴 수 있다.

정리하면 S시와 D시의 중위수는 같으며, 두 집단은 차이가 없다.

(4) jamovi 결과 확인하기

jamovi를 사용하여 Mann−Whiteny U 검정결과는 다음과 같다.

Independent Samples T-Test

		Statistic	p
weight	Mann-Whitney U	4.00	0.095

Note. H_a $\mu_D \neq \mu_S$

jamovi로 산출한 결과에서도 $U=4$, $p=.095$로 나타나 .05 수준에서 통계적으로 유의하지 못함을 알 수 있다.

Mann−Whiteny U 검정과 Welch의 t검정 모두 동일한 데이터, 유의수준(.05 수준)에서 가설을 검정했지만, 상의한 결과가 나타났다. Welch의 t검정을 바탕으로 했을 때는 영가설을 기각한 반면, Mann−Whiteny U 검정을 바탕으로 했을 때는 영가설을 채택하는 의사결정이 합리적이었다.

이는 동일한 데이터라도 어떤 통계법을 사용하는지에 따라 결과가 달라질 수 있음을 보여주는 예이다. 따라서 연구자는 수집된 표본의 특징을 파악하고, 표본에 적합한 통계방법을 활용하여 의사결정의 오류를 최소화해야 할 것이다.

4. 대응표본 t검정

대응표본 t검정(paired t−test)은 두 모집단이 종속적인 경우 두 표본집단의 평균을 비교하는 검정방법이다. 사전검사와 사후검사를 비교하는 것이나 보호자와 자녀의 표본을 비교하는 등 짝지어진 경우에 대응표본 t검정을 활용한다. 대응표본 t검정은 종속된 표본의 평균차를 비교하기에 짝지어진 표본 t검정이라 부르기도 한다.

대응표본 t검정은 다른 t검정과 마찬가지로 평균과 표준편차를 바탕으로 계산하기에 정규성을 기본가정으로 삼는다.

이러한 대응표본 t검정통계량을 구하는 공식은 다음과 같다.

$$t = \frac{\bar{d}}{\sqrt{s_d^2/n}}$$

대응표본 t검정통계량은 두 집단 간 차이의 평균 $\overline{X_d}(=\bar{d})$를 표준오차(SE)로 나눔으로써 구할 수 있다. 이는 사전−사후검사 간의 차이에 대한 새로운 변수(X_d)의 평균을 0과 비교하는 것과 같은 개념이다.

만약 두 집단 간 차이의 평균인 $\overline{X_d}$가 0과 같다면 두 집단의 차이는 없는 것이며, $\overline{X_d}$가 0과 같지 않다면 두 집단 간 차이가 있다는 해석이 가능하다. 이러한 해석을 바탕으로 대응표본 t검정통계량의 분자값이 $\bar{d}-0=\bar{d}$라는 것을 유추할 수 있다.

예제를 통해 대응표본 t검정을 실시해 보자.

예제

햇살반 교사는 그림책을 활용한 언어프로그램이 효과가 있는지 궁금하다. 이를 알아보기 위해 그림책 활용 언어프로그램을 실시하기 전후로, 학급 구성원 10명의 언어능력을 측정하였다. 과연 햇살반 유아 10명의 언어능력은 그림책 활용 언어교육프로그램 실시 전과 후의 차이가 있을까?

[데이터]

유아	1	2	3	4	5	6	7	8	9	10
사전검사	70	77	78	80	67	76	79	81	75	72
사후검사	82	81	80	80	72	79	79	82	79	80

예제는 그림책 활용 언어교육프로그램의 효과를 알아보고자 하는 것이다. 햇살반 교사는 프로그램 실시 전후로 사전검사와 사후검사를 실시하였으며, 만약 사전−사후검사 간의 차이가 있다면 그 프로그램은 효과가 있는 것으로 해석할 수 있다.

따라서 사전검사와 사후검사라는 두 집단 간 차이를 비교하는 t검정을 사용하여 본 예제를 풀 수 있다. 또한 사전검사와 사후검사의 모집단은 서로 종속적인 것(연결되어 있는 것)이기에, t검정 중에서도 대응표본 t검정을 실시하여 통계적 유의성을 검정한다.

1) 기술통계량

대응표본 t검정은 변량의 차이에 대해 t검정을 실시함으로써 계산할 수 있다.

사전검사와 사후검사 간의 차이 점수(X_d)를 새로운 변수로 설정하고, 이에 대한 평균($\overline{X_d}$), 분산(s_d^2), 표준편차(SD_d), 표준오차(SE_d)를 계산해 보자.

유아 (i)	사전점수	사후점수	차이점수 (X_{di})	편차 $(X_{di}-\overline{X_d})$	편차제곱 $(X_{di}-\overline{X_d})^2$
1	70	82	−12	−8.1	65.61
2	77	81	−4	−0.1	0.01
3	78	80	−2	1.9	3.61
4	80	80	0	3.9	15.21
5	67	72	−5	−1.1	1.21
6	76	79	−3	0.9	0.81
7	79	79	0	3.9	15.21
8	81	82	−1	2.9	8.41
9	75	79	−4	−0.1	0.01
10	72	80	−8	−4.1	16.81

합	−39	합	$126.9(SS_d)$
$/n(10)$	$-3.9(\overline{X_d})$	$/n-1(9)$	$14.1(s_d^2)$

(1) 평균 계산하기

$$\overline{X_d} = \frac{-12-4-2+0-5-3+0-1-4-8}{10} = -\frac{39}{10} = -3.9$$

(2) 분산 계산하기

$$s_d^2 = \frac{SS_d}{n-1}$$

$$= \frac{(-8.1)^2+(-0.1)^2+(1.9)^2+(3.9)^2+(-1.1)^2+(0.9)^2+(3.9)^{2+}(2.9)^2+(-0.1)^2+(-4.1)^2}{9}$$

$$= \frac{65.61+0.01+3.6+15.21+1.21+0.81+15.21+8.41+0.01+16.81}{9}$$

$$= \frac{126.9}{9}$$

$$= 14.1$$

(3) 표준편차, 표준오차 계산하기

$SD_d = \sqrt{(s^{2_d})} = \sqrt{14.1} = 3.755$

$SE_d = SD_d / \sqrt{n} = 3.755 / \sqrt{10} = 1.1874$

위 내용을 표로 정리하면 다음과 같다

변수	사례 수(N)	평균(MEAN)	표준편차(SD)	표준오차(SE)
사전-사후검사 차이	10	−3.9	3.755	1.1874

2) 검정통계량

기술통계량을 바탕으로 사전-사후검사 간의 차이를 검정하기 위해 t검정을 실시해 보자. 공식에 따라 검정통계량을 계산해 보자.

$$t_{(9)} = \frac{\bar{d}}{\sqrt{s_d^2/n}} = \frac{-3.9}{\sqrt{\frac{14.1}{10}}} = \frac{-3.9}{1.1874} = -3.284$$

3) 가설검정 및 의사결정

예제의 데이터에서 산출한 검정통계량은 $t_{(9)} = -3.284$이다. 이를 $\alpha = .05$ 수준에서 가설을 검정해 보자. 예제의 영가설과 대립가설, 검정통계량은 다음과 같다.

> 영가설 : H_0 = 사전검사와 사후검사 사이에는 차이가 없다($\mu_1 = \mu_2$).
> 대립가설 : H_1 = 사전검사와 사후검사 사이에는 차이가 있다($\mu_1 \neq \mu_2$).
> $t_{(9)} = -3.284(p = .009)$

(1) 임계치를 바탕으로 의사결정하기

자유도가 9인 t분포에서 $\alpha = .05$ 되는 지점의 t값은 2.2621이다. 이는 기각역과 채택역의 기준이 되는 값이 $t = 2.2621$임을 의미한다. 따라서 채택역은 $-2.2621 < t < 2.2621$, 기각역은 $t < -2.2621$ 또는 $t > 2.2621$이다. 예제의 검정통계량은 $t_{(9)} = -3.284$로 -2.2621보다 작은 값으로 기각역에 해당된다.

이에 따라 연구자는 영가설을 기각하고, 햇살반 유아 10명의 언어능력 사전–사후검사 간에는 차이가 있다는 대립가설을 채택한다.

따라서 햇살반 유아의 사전검사와 사후검사에는 통계적으로 유의미한 차이가 있으며, 사후검사에서 더 높은 점수가 나타난 바, 그림책 활용 프로그램은 효과적이라는 해석이 가능하다.

(2) 확률(p-value)을 바탕으로 의사결정하기

$t(9)=-3.284$의 검정통계량이 나올 확률은 얼마일까? t분포표상에서 3.284와 가까운 값을 찾으면 $\alpha=.01$일 때의 $t=3.2498$이 검정통계량과 가장 가깝다. 그렇다면 $t=3.284$가 나타날 확률(p-value)은 약 0.01이며, .01보다는 적다는 것을 알 수 있다.

이를 유의수준 .05와 비교해 보자. $t=-3.284$가 나타날 확률은 0.01이며 이는 .05보다 훨씬 작은 수치이므로, 연구자는 영가설을 기각하고 대립가설을 채택할 수 있다.

따라서 연구자는 햇살반 유아의 사전–사후검사를 비교한 결과, 두 검사 간에는 통계적으로 유의한 차이가 있다는 결론을 내릴 수 있다.

(3) 신뢰구간을 기준으로 의사결정하기

이번에는 신뢰구간을 구해 보고, 그 값의 '0' 포함 여부에 따라 의사결정을 실시해 보자. 신뢰구간은 $MEAN_{dif} \pm t_{df,\alpha} \times SE$로 예제의 신뢰구간은 다음과 같다.

$$
\begin{aligned}
\text{신뢰구간} &= MEAN_{df} \pm t_{df,\alpha} \times SE \\
&= -3.9 \pm -2.2621 \times 1.187 \\
&= -3.9 \pm 2.686 \\
&= -6.586,\ -1.214
\end{aligned}
$$

신뢰구간은 -6.586과 -1.214 사이 값으로 모두 음수이다. 따라서 신뢰구간이 0을 포함하지 않으므로 영가설을 기각하는 의사결정을 할 수 있다. 즉, 연구자는 햇살반 유아 10명의 사전검사와 사후검사에는 차이가 있다는 대립가설을 채택하여, 처치(그림책 활용 프로그램)가 효과가 있다고 주장할 수 있다.

4) jamovi 실습하기

지금까지 사전검사와 사후검사의 차이 값을 새로운 변수로 만들어 대응표본 t검정통계량을 구하고 의사결정 방법을 알아보았다. 이번에는 jamovi를 통해서 대응표본 t검정을 실시해 보자.

(1) 데이터 입력하기

사용파일 : 'PairedT. omv' 또는 데이터 직접 입력
결과파일 : 'PairedT-결과. omv'

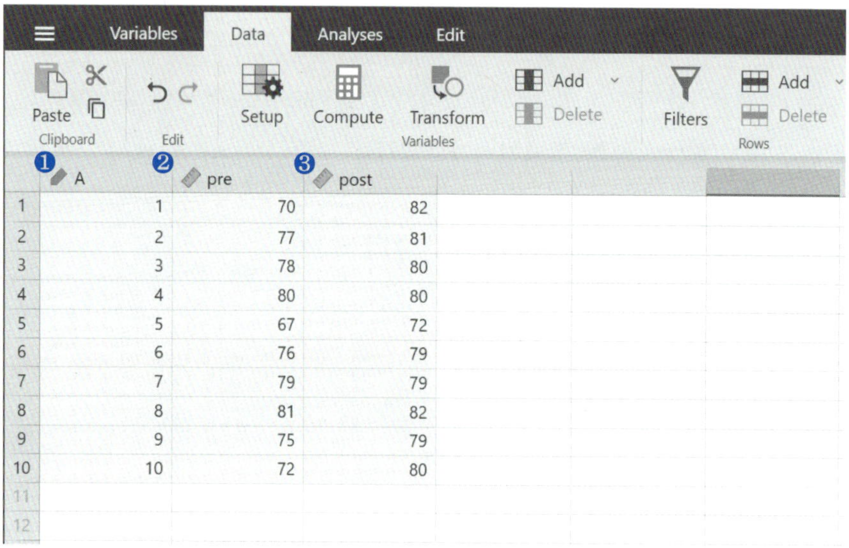

	A	pre	post
1	1	70	82
2	2	77	81
3	3	78	80
4	4	80	80
5	5	67	72
6	6	76	79
7	7	79	79
8	8	81	82
9	9	75	79
10	10	72	80

❶ id : 총 사례 수는 10개임을 알 수 있다.

❷ pre : 햇살반 유아 10명의 언어능력 사전검사 점수를 입력한다.

❸ post : 그림책 활용 프로그램 적용 후 실시한 언어능력 사후검사 점수를 입력한다.

(2) 대응표본 t검정 실시하기

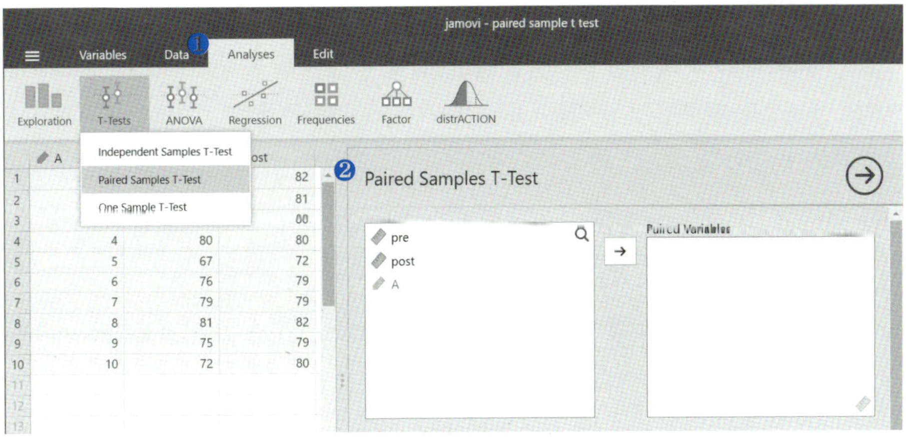

❶ [Analyses] – [T–Tests] – [Paired Samples T–test] 순서로 클릭한다.

❷ 분석창 : ❶을 실시하면 화면 좌측에 대응표본 T–Test의 분석창이 자동으로 나타난다.

(3) 분석창

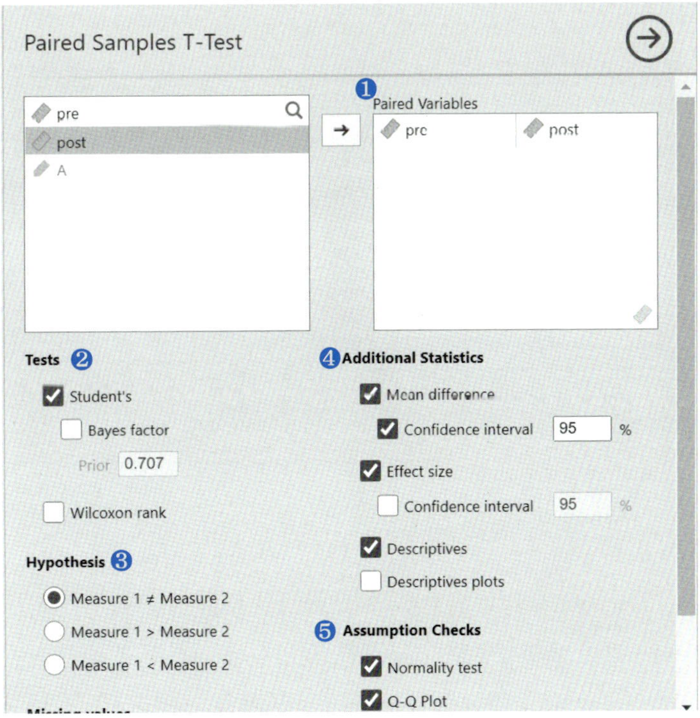

❶ Paired Variables : 짝지어진 2개의 변수를 입력한다. 이 경우 사전검사와 사후검사를 짝지어서 입력한다.

❷ Tests : 정규성 가정이 충족될 경우 Student's를 선택하여 Student의 t검정을 실시할 수 있다. 정규성을 만족하지 못하는 경우 Wilcoxon rank를 클릭해 Wilcoxon의 순위검정을 할 수 있다.

❸ Hypothesis : 가설을 선택한다. 양측검정일 때는 Group1 ≠ Group2를 선택하고, 단측검정일 때는 부등호가 있는 것을 선택한다.

❹ Additional Statistics : 평균의 차이(Mean difference), 효과크기(Effect size), 기술통계(Descriptives), 기술통계도표(Descriptives plots)를 알고자 할 때 원하는 항목을 체크한다.

❺ Assumption Checks : t검정은 정규성과 등분산성을 기본으로 가정한다. 가정이 충족되는지 확인할 때 활용한다. Nomalily test는 Shapiro−Wilk의 정규성 검정을 실시한 값을 보여준다. Q−Q Plot은 데이터의 정규성을 그래프의 형태로 나타낸다.

(4) 가정확인

대응표본 t검정을 실시하기 전 정규성이 확보되었는지 확인해야 한다. 이를 위해 Nomality test를 클릭해 Shapiro−Wilk의 정규성 검정결과를 살펴볼 수 있다.

Normality Test (Shapiro-Wilk)

			W	p
pre	-	post	0.8954	0.195

Note. A low p-value suggests a violation of the assumption of normality

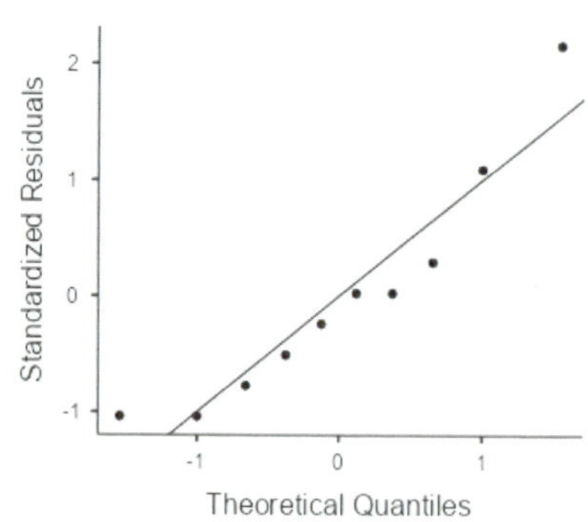

검정결과 W=0.8954(p=0.195)로 p=.05 수준에서 정규성을 확보하는 것으로 볼 수 있다. 정규성 검정 시 p값이 유의수준보다 낮으면, 영가설을 기각하고 대립가설을 채택해 정규성을 위반하는 것으로 해석한다. 정규성 검정의 영가설과 대립가설은 다음과 같다.

영가설 : H_0 = 표본분포는 정규분포를 따른다.
대립가설 : H_1 = 표본분포는 정규분포를 따르지 않는다.

(5) Results : 결과확인

가설확인 결과 표본은 정규분포를 형성하기에 다음과 같이 Student의 t검정을 실시할 수 있다.

Paired Samples T-Test

Paired Samples T-Test

			statistic	df	p	Mean difference	SE difference		Effect Size
pre	post	Student's t	−3.284	9.000	0.009	−3.900	1.187	Cohen's d	−1.039

Note. H_a $\mu_{\text{Measure 1 - Measure 2}} \neq 0$

햇살반 유아의 언어능력 사전검사 점수와 사후검사 점수의 차이를 비교하기 위해 대응표본 t검정을 실시한 결과 $t_{(9)} = -3.284(p = .009)$, 효과크기는 -1.039로 나타났다. 따라서 햇살반 유아의 사전– 사후검사는 통계적으로 유의미한 차이가 있으며, 그림책 활용 언어교육 프로그램이 유아의 언어능력을 높이는 데 효과가 있다고 볼 수 있다.

5) jamovi 실습하기(2)

사용파일 : 'PairedT. omv' 또는 데이터 직접 입력

지금까지 jamovi 프로그램에서 제공하는 대응표본 t검정을 활용하여 실습해 보았다.

앞서 대응표본 t검정은 짝지어진 2개 표본의 차이를 새로운 변수로 하여 0과 비교하는 것이라고 하였다. 즉, 표본의 차이와 0이 같다면 두 표본의 차이는 유의미하지 않은 것이며, 표본의 차이와 0이 같지 않다면 두 집단 간의 차이는 0이 아닌 유의미한 차이가 있다는 것이다.

이는 표본의 차이를 새로운 변수로 두었을 때, 0이라는 특정 기준과 새로운 변수의 평균을 비교하는 단일표본 t검정과 동일한 개념임을 알 수 있다.

이제 예제의 데이터를 바탕으로 단일표본 t검정을 실시하고, 대응표본 t검정을 결과와 같은지 확인해 보자.

(1) 변수 생성하기

사전-사후점수 간의 차이를 새로운 변수로 생성해야 한다. 이를 위해 Compute 기능을 활용한다.

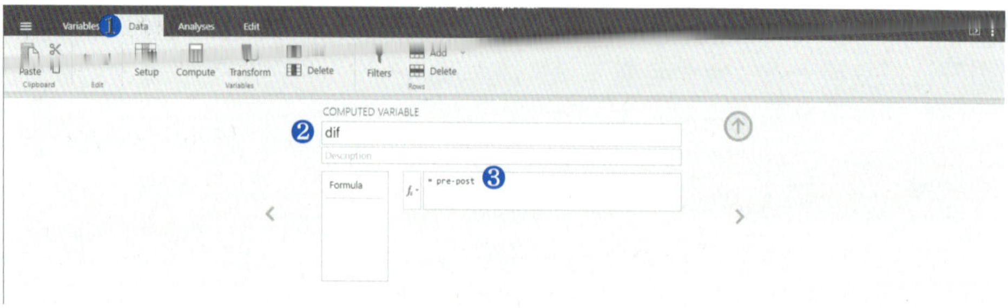

❶ [Data]-[Compute]를 클릭한다.

❷ 변수명 입력 : 사전-사후검사의 차이를 의미하는 새로운 변수 'dif' 이름을 입력한다.

❸ 수식 입력 : pre-post를 입력해 'dif'라는 변수를 계산하는 수식을 만든다.

(2) 단일표본 t검정 실시하기

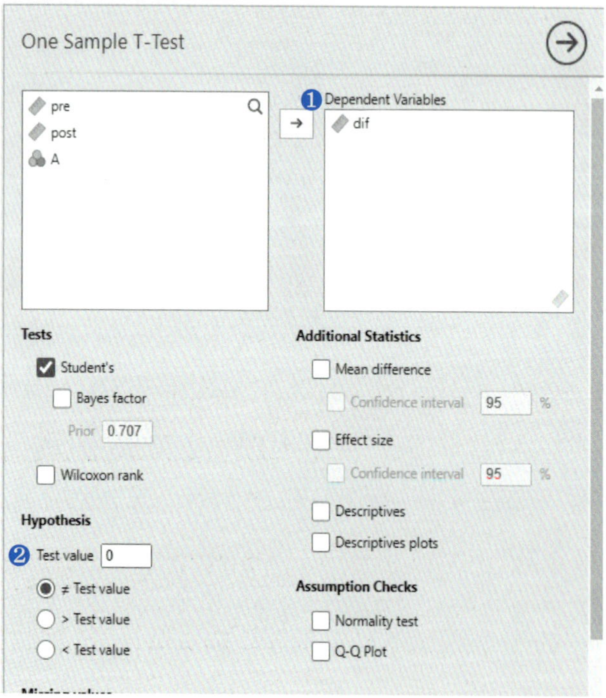

❶ Dependent Variables에 dif를 입력한다.

❷ Test value에 0을 입력한다. 사전-사후 검사 간의 차이가 없다면 차이변수(dif)는 0과 같을 것이다.

(3) 결과확인

One Sample T-Test

One Sample T-Test

		Statistic	df	p
dif	Student's t	−3.28	9.00	0.009

Note. H_a μ ≠ 0

햇살반 유아의 언어능력 사전-사후검사 간의 차이를 알아보기 위해 두 집단 간의 차이를 0과 비교한 결과이다. 단일표본 t검정결과 검정통계량은 $t_{(9)}=-3.28(p=.009)$로 .05 수준에서 영가설을 기각한다. 즉, 두 집단 간의 차이는 0이 아니고 두 집단은 유의미한 차이가 있어 그림책을 활용한 언어교육프로그램이 효과가 있음을 알 수 있다.

또한 나타난 결과는 대응표본 t검정 실습을 한 것과 동일한 값이다. 이를 통해 대응표본 t검정은 두 표본의 차이에 대한 검정결과임을 확인할 수 있다.

연습문제

1

국내 자동차의 리터당 주행거리는 약 11.4km이다. A 자동차 회사는 소속 자동차 30대의 연비를 조사하였다. A 회사 자동차의 연비를 국내 자동차의 연비와 비교하여라.

사용데이터 : '연습문제-4장(1).omv' 또는 직접 입력

ID	유종	연비
1	디젤	10.9
2	디젤	10.2
3	디젤	9.8
4	디젤	11.4
5	디젤	11.3
6	디젤	11.7
7	디젤	12.6
8	디젤	12.4
9	디젤	11.5
10	디젤	11.8
11	디젤	10.4
12	디젤	11
13	디젤	12.7
14	디젤	13.9
15	디젤	13.2

ID	유종	연비
16	가솔린	12.5
17	가솔린	12.8
18	가솔린	11.9
19	가솔린	10.9
20	가솔린	10.2
21	가솔린	9.5
22	가솔린	8.3
23	가솔린	12
24	가솔린	11.9
25	가솔린	11.7
26	가솔린	10.6
27	가솔린	9.5
28	가솔린	8.3
29	가솔린	11.3
30	가솔린	11.8

2

A 자동차 회사에 소속된 디젤차량과 가솔린차량의 연비를 비교하고자 한다. 유종에 따라 연비에 차이가 있는가?

사용데이터 : '연습문제-4장(1).omv' 또는 직접 입력

3

한 연구자는 청소년의 탄산음료 섭취와 우울 간의 관계에 대해 관심을 가지고 총 245명의 아동을 대상으로 일주일간의 탄산음료 섭취 횟수와 우울감에 대한 자료를 수집하였다. 탄산음료 섭취 횟수는 3회를 기준으로 주 3회 미만 섭취, 3회 이상 섭취로 구분하였으며, 우울은 총 11개 문항으로 구성된 우울감 측정도구를 사용하여 자료를 수집하였다. 과연 일주일 동안 탄산음료 섭취가 3회 미만인 청소년과 3회 이상인 청소년 사이의 우울감의 차이가 있는가?

사용데이터 : '연습문제-4장(3).omv'

* softdrink 변수= 탄산음료 섭취 횟수
* depression1~11 변수 = 우울감 검사의 문항별 측정결과

4

아동의 애착형성에 관심이 있는 연구자는 260명의 아동을 대상으로 아버지, 어머니와 형성한 애착 정도에 대한 조사를 실시하였다. 부모와의 애착은 12문항으로 구성된 애착 측정도구를 사용하였으며 아버지, 어머니 각각에 대해 애착을 검사하였다. 검사점수가 높을수록 긴밀한 애착이 형성된 것을 의미한다. 수집된 자료를 바탕으로 아동의 어머니와의 애착과 아버지와의 애착 간에 차이가 있는시 알아보아라.

사용데이터 : '연습문제-4장(4).omv'

*'attachmentF' 변수 = 아버지와의 애착 정도
*'attachmentM' 변수 = 어머니와의 애착 정도
*단, 6번, 9번, 11번 문항은 역채점하여라.

5

연구자 A는 협동프로그램을 활용한 집단상담이 내담자의 우울감을 낮출 수 있는지 알아보고자 한다. 이에 122명의 연구참여자를 대상으로 실험연구를 설계하였다. 연구자는 연구참여자를 실험집단 59명과 통제집단 63명으로 구분하고 우울감의 사전점수를 측정하였다. 사전검사 점수 비교를 통해 연구자 A가 구분한 실험집단과 통제집단에 차이가 있는지 확인하여라.

사용데이터 : '연습문제-4장(5).omv'

*pre-depression1~11 변수 : 11개 문항의 우울 사전검사 결과
*Group 변수 : 실험집단(E), 통제집단(C)로 구성

6

실험연구를 설계한 연구자 A는 연습문제 5의 결과를 바탕으로 우울감의 사전검사 결과 두 집단은 유의미한 차이가 없는 것을 확인하였다. 이에 연구자는 설계한 실험을 진행하려고 한다. 실험설계에 따라 실험집단에는 1:1 상담과 더불어 협동프로그램을 활용한 집단상담, 통제집단에는 1:1 상담만을 실시하였다. 그리고 6개월이 지난 후 실험집단, 통제집단 모두에 대해 다시 한번 우울감 사후검사를 실시하였다. 과연 협동프로그램을 활용한 집단상담이 내담자의 우울감을 낮추는 효과가 있는가?

사용데이터 : '연습문제-4장(5).omv'

*post-depression1~11 변수 : 11개 문항의 우울 사후검사 결과
*Group 변수 : 실험집단(E), 통제집단(C)로 구성

연습문제 풀이

1 (풀이파일 : '[풀이]4장. 연습문제1번.omv')

A 회사에 소속된 차량 30대의 연비를 조사한 결과 전체 평균은 11.2, 표준편차는 1.32로 나타났다. 국내 자동차 연비 평균인 11.4와 비교하기 위해 단일표본 t검정을 실시한 결과 $t_{(29)} = -0.938(p = 0.356)$로 .05 수준에서 유의미한 차이가 없는 것으로 나타났다. 즉, A 회사 소속 사동차는 연비 측면에서 국내 자동차와 차이가 없음을 알 수 있다.

〈A 회사 소속 자동차 연비 기술통계량〉

유종	N	Mean	Median	SD
디젤	30	11.3	11.4	1.34

〈단일표본 t검정 결과〉

변수	Statistic	df	p
연비	−0.546	29.0	0.589

2 (풀이파일 : '[풀이]4장. 연습문제2번.omv')

A 회사에 소속된 디젤차량의 연비는 평균 11.7, 표준편차 1.14이며, 가솔린차량의 평균은 10.9, 표준편차는 1.44로 나타났다. 이 두 차종에 대한 차이를 알아보기 위해 독립표본 t검정을 실시한 결과 $t_{(28)} = 1.63(p = 0.114)$으로 .05 수준에서 유의한 차이가 없다. 즉, A 회사 소속 자동차의 디젤차량과 가솔린차량은 연비의 차이가 없다.

〈유종에 따른 연비 기술통계분석 결과〉

유종	N	Mean	Median	SD
디젤	15	11.7	11.5	1.14
가솔린	15	10.9	11.3	1.44

〈독립표본 t검정 결과〉

변수	Statistic	df	p
유종	1.63	28.0	0.115

3 (풀이파일 : '[풀이]4장. 연습문제3번.omv')

아동 245명을 대상으로 탄산음료 섭취량과 우울감에 대해 조사한 결과 탄산음료를 주 3회 미만 섭취하는 아동의 우울감은 평균 1.74, 표준편차 0.289로 나타났다. 탄산음료를 주 3회 이상 섭취하는 아동의 우울감은 평균 1.74, 표준편차 0.343으로 나타났다.

탄산음료 섭취	N	Mean	Median	SD
3회 미만	121	1.74	1.73	0.289
3회 이상	122	1.74	1.64	0.343

두 집단 간을 비교하기 위해 독립표본 t검정을 실시한 결과 $t(241)=0.113(p=0.910)$으로 두 집단 간 유의미한 차이는 없는 것으로 나타났다. 즉, 탄산음료 섭취에 따른 우울감의 변화는 유의하지 않다는 결론을 내릴 수 있다.

변수	Statistic	df	p
우울	0.113	241	0.910

4 (풀이파일 : '[풀이]4장. 연습문제4번.omv')

아동 260명에 대해 조사한 아버지와의 애착은 M=3.25, SD=0.549이며, 어머니와의 애착은 M=3.52, SD=0.444로 나타났다. 부모에 따른 애착 정도의 차이가 있는지 알아보기 위해 대응표본 t검정을 실시한 결과 $t=-9.44$, $p<.001$로 .05 유의수준에서 유의한 차이가 있는 것으로 나타났다. 이를 바탕으로 아동은 아버지보다 어머니와 조금 더 긴밀한 애착관계를 형성하고 있는 것을 유추할 수 있다.

변수		Statistic	df	p
어머니와의 애착	아버지와의 애착	−9.44	259	<.001

5 (풀이파일 : '[풀이]4장. 연습문제5번.omv')

타당하고 신뢰할 수 있는 실험연구가 진행되기 위해서는 동일한 실험집단, 통제집단을 바탕으로 실험처치가 이루어져야 할 것이다. 즉, 사전검사에서는 차이가 없는 실험집단, 통제집단이 실험처치 후에 차이가 발생한다면, 이는 실험처치가 유의미한 영향을 미친 변수라 해석할 수 있다. 따라서 연구자 A는 실험처치를 가하기 전 각 집단 간의 우울감 사전검사 점수를 비교함으로써 두 집단이 동일한지 확인하는 과정이 필요하다.

실험집단과 통제집단의 사전검사 점수의 기술통계량은 다음과 같다.

	N	Mean	Median	SD
실험집단	59	1.66	1.55	0.273
통제집단	63	1.67	1.64	0.301

사전검사 결과에 대한 정규성과 등분산성을 검정한 결과 W=0.910(p<.001), F=0.411(p=0.84)로 등분산성은 확보하나 정규성은 확보하지 못한다. 따라서 독립표본 t검정이 아닌 Mann-Whitney U 검정을 통해 실험집단과 통제집단의 사전검사 점수를 비교할 수 있다.
그 결과 U=1,810, p=0.802로 두 집단 간에 유의한 차이는 없는 것으로 나타났다.

	Statistic	p
정규성검정(Shapiro-Wilk)	0.910	<.001*
등분산성 검정(Levene's)	0.0411	0.840
Mann-Whitney U	1,810	0.802

따라서 실험집단과 통제집단은 동일한 집단으로 구성되어 있으며, 실험연구를 진행할 수 있다.

6 (풀이파일 : '[풀이]4장. 연습문제6번.omv')

사전검사에서 실험집단과 통제집단의 차이가 없었지만, 사후검사에서 두 집단 간의 차이가 발생했다면, 이는 실험처치가 유의미한 영향을 미친 것으로 해석할 수 있다. 따라서 실험처치(협동프로그램을 활용한 집단상담)가 효과가 있었는지 확인하기 위해 우울감 사후검사 간의 차이를 비교해야 한다.
실험집단의 우울감 사후검사는 M=1.43, SD=0.281이며, 통제집단은 M=1.57, SD=0.296이다. 두 집단 간 사후검사의 차이 유무에 대해 Mann-Whitney U 검정을 실시한 결과 U=1,294, p=.004로 나타나 두 집단 간 유의미한 차이가 있는 것으로 나타났다.

	사전검사			사후검사		
	N	Mean	SD	N	Mean	SD
실험집단	59	1.66	0.273	59	1.43	0.281
통제집단	63	1.67	0.301	63	1.57	0.296

실험집단과 통제집단 간 우울감 사후검사 결과의 유의미한 차이가 있는 것으로 보아 협동프로그램을 활용한 집단상담이 우울감 완화에 영향을 미치는 것으로 볼 수 있다.

제 5 장

분산분석

1. F검정의 주요 개념
2. 일원분산분석
3. 이원분산분석

제 5 장 분산분석

앞서 제4장에서 두 표본의 평균을 비교하는 t검정에 대해 살펴보았다. 하지만 비교하는 집단이 2개 이상일 때는 표본의 분산을 활용하여 통계적 유의성을 검정할 수 있다. 이렇게 표본의 분산을 활용하여 집단 간 분산의 차이를 검증하는 것을 분산분석이라고 하며, 분산분석의 대표적인 방법으로 F검정이 있다. 이 장에서는 F검정에 대해서 자세히 살펴보자.

1. F검정의 주요 개념

F검정은 집단 내에서 발생한 분산과 집단 간에서 발생한 분산을 비교하여 그 처치효과를 분석하는 통계기법이다. 집단 간 분산은 각 집단 사이에서 발생되는 분산으로, 종속변수에 대한 독립변수(집단) 간 평균 차이에서 산출되는 분산추정치라 할 수 있다. 반대로 집단 내 분산은 같은 집단 내에서 발생되는 분산추정치로, 피험자 혹은 연구대상 간의 차이에서 산출되는 분산추정치 혹은 집단 내 피험자들 간의 편차라고 할 수 있다.

이러한 집단 내 분산과 집단 간 분산을 비교하는 것이 F검정의 핵심 내용이다.

예를 들어, A집단은 강의식 방법으로 B집단은 토론식 방법으로 한 학기 강의를 수강했다고 가정해 보자. 학기가 끝난 후 학업성취도를 비교하였을 때, A집단과 B집단의 차이(집단 간 분산)가 각 집단 내 구성원 사이의 차이(집단 내 분산)보다 크다면, 교수법에 따른 학업성취도의 차이가 있다고 해석할 수 있을 것이다. 한편 두 집단 간 차이(집단 간 분산)가 각 집단 내 구성원 사이의 차이보다도 크지 않거나 그 차이가 미미하다면 교수법에 따른 학업성취도의 차이는 없다고 해석할 수 있다.

이처럼 분산분석은 집단 내 분산과 집단 간 분산을 비교하여, 그 값이 크면 집단 간의 차이도 크다고 보는 것이다. 따라서 분산분석의 독립변수는 집단으로 나눌 수 있는 범주형, 종속변수는 분산을 산출할 수 있는 연속형이어야 한다. 그리고 각 집단에 해당하는 모집단의 분포가 정규분포이고, 모집단들의 분산이 같다는 정규성과 등분산성이 충족되어야 F검정을 사용할 수 있다.

F검정은 F분포에 기초하고 있으며, F분포는 집단 내, 집단 간 자유도에 따라 변하는 형태를 지닌다. 또한 분산은 편차제곱합(SS)을 활용한 값이므로 음수가 나올 수가 없다. 따라서 분산의 비율 형태로 표시된 F값도 양수의 범위를 지닌다.

자유도에 따른 F분포의 형태는 다음과 같다.

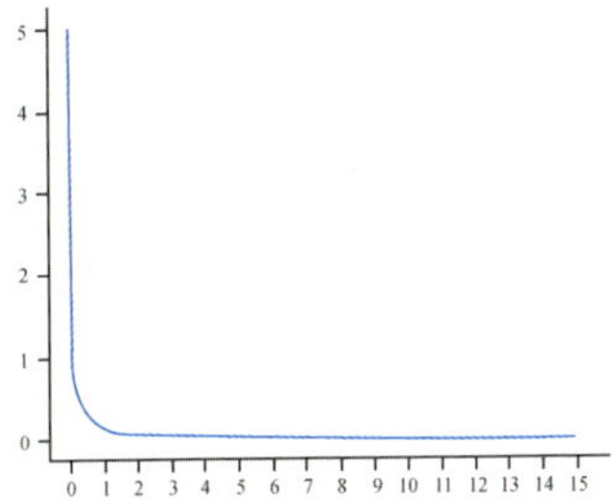

집단 간 자유도=1,
집단 내 자유도=1인 F분포

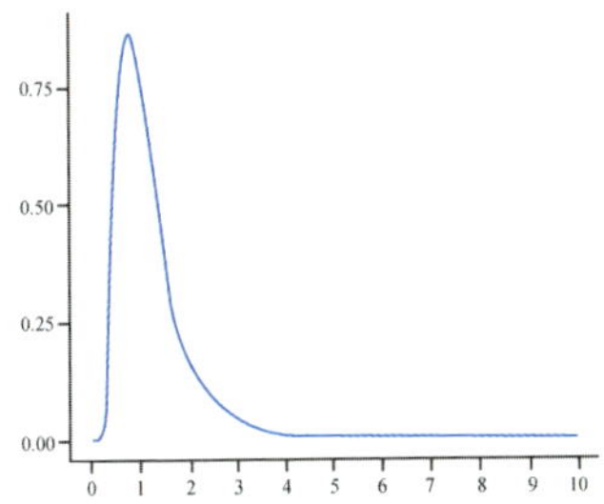

집단 간 자유도=3,
집단 내 자유도=10인 F분포

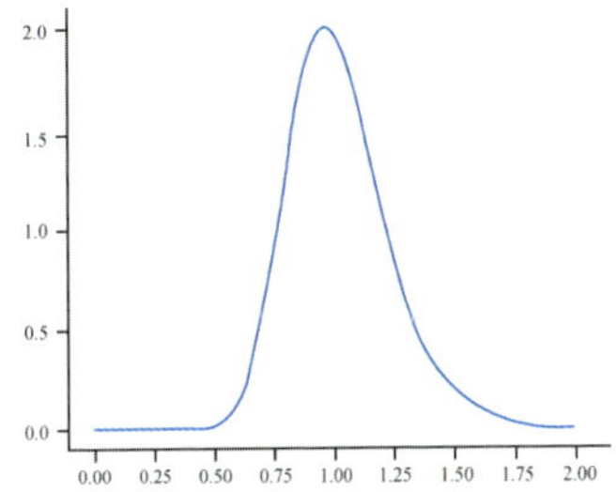

집단 간 자유도=100,
집단 내 자유도=100인 F분포

|그림 5-1|

분산분석에는 대표적으로 다음과 같은 종류가 있다.

- **일원분산분석(One−Way ANOVA)** : 독립변수와 종속변수가 1개일 때 평균의 차이를 비교하는 것이다.
- **이원분산분석(Two−Way ANOVA)** : 독립변수가 2개이고 종속변수가 1개인 경우 집단 간 평균을 비교하는 것으로, 주효과와 더불어 두 독립변수 간의 상호작용 효과를 살펴볼 수 있다.
- **공변량분석(ANCOVA)** : 독립변수 외에 종속변수에 영향을 미치는 공변인의 영향을 통제하거나 설명하는 것이다.
- **다변량분석(MANOVA)** : 종속변수가 2개 이상인 경우 집단 간의 차이를 비교하는 것이다.

F검정을 이해하기 위해서는 다음과 같은 개념에 대한 숙지가 필요하다.

– **편차** : 각 점수가 평균으로부터 떨어진 정도를 의미한다. 관측값 $X_i - \overline{X}$로 표현할 수 있다. 편차가 0이라는 것은 평균과 그 값이 같다는 것을 의미하고, 모든 편차의 합은 0이다.

– **편차제곱합(SS : Sum of Squres)** : 편차를 모두 더해 합을 구하면 0이 되기 때문에 각 점수가 평균으로부터 떨어진 정도를 알기 위해서는 각 편차를 그대로 더하지 않고 편차를 제곱한 값을 활용한다. 이를 편차제곱합이라 한다.

- **집단 내 편차제곱합(SSW : Sum of Squres Within samples)** : 각 집단 내 평균과 각 자료값의 차이에 대한 제곱합이다. i 집단에 속하는 j개의 각 자료값(x_{ij})과 i 집단의 평균($\overline{x_i}$)의 차이를 제곱하여 더한 값이다. 즉, $SSW = \sum_{i=1}^{i}\sum_{j=1}^{j}(x_{ij} - \overline{x_i})^2$이라 표현할 수 있다. 집단 내 편차는 처치효과 외에 집단 내에서 발생되는 편차를 의미하기에 집단 내 오차(SSE)라고 하기도 한다.
- **집단 간 편차제곱합(SSB : Sum of Squres Between samples)** : 각 집단의 평균과 전체 평균의 차이의 합을 의미한다. $SSB = \sum n_i(\overline{x_i} - \overline{x})^2$으로 집단 i의 평균($\overline{x_i}$)과 전체 평균($\overline{x}$)과의 편차를 제곱하고 표본의 개수를 고려해 각 집단의 사례 수만큼 곱하여 구한다. SSB는 각각의 집단 사이의 편차를 의미하기에 처치효과의 크기로 볼 수 있다.
- **총 편차제곱합(SST : Sum of Squres Total)** : 각 자료값과 전체 평균과의 차이의 제곱합이다. 전체 평균을 $\overline{x}$, i 집단의 j번째 자료값을 $\overline{x_{ij}}$라고 한다면, $SST = \sum_{i=1}^{i}\sum_{j=1}^{j}(x_{ij} - \overline{x})^2$이라고 할 수 있다. SST=SSW+SSB로 총 편차제곱합은 집단 내 편차제곱합과 집단 간 편차제곱합의 합과 같다. 이를 그래프로 표현하면 |그림 5–2|와 같다.

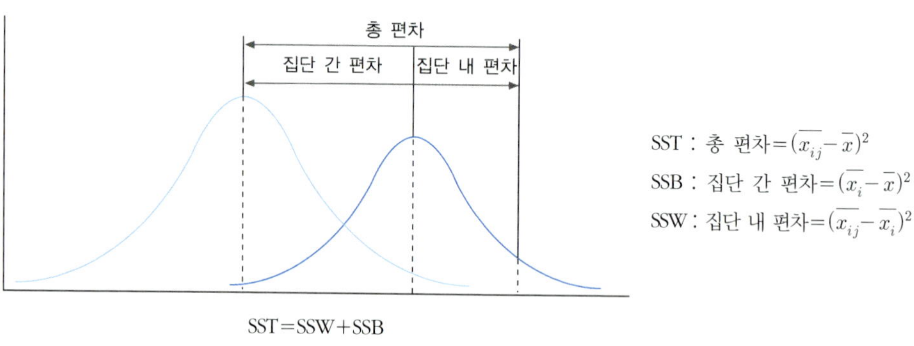

|그림 5-2|

– **분산** : 편차제곱합(SS)을 자유도로 나눈 값을 의미한다. 분산은 변량이라고도 한다.

- **집단 간 분산(MSB : Mean Squares Between groups)** : 집단 간 편차제곱합(SSB)에 대한 분산 값을 의미한다. 분산은 편차제곱합을 자유도($n-1$)로 나눈 값으로, 분산의 공식이 $\frac{SS}{n-1}$임을 고려하면, 집단 간 분산 또한 집단 간 편차제곱합을 $i-1$로 나누는 것임을 알 수 있다. 즉, $MSD=\frac{SSB}{i-1}$로 표현할 수 있다.
- **집단 내 분산(MSW : Mean Squares Within groups)** : 집단 내 편차제곱합(SSW)에 대한 분산 값을 의미한다. 전체 표본의 사례 수가 n개, 집단이 i개일 때, 즉 SSW를 $n-i$로 나눈 것이다. 따라서 $MSW=\frac{SSW}{n-i}$로 나타낼 수 있다.

– **분산비율(F)** : 집단 간 분산과 집단 내 분산의 상대적 비율을 의미한다. $F=\frac{MSB}{MSW}$로 집단 내 분산에 대한 집단 간 분산의 정도를 확인하는 것이다. 만약 처치효과가 크다면 MSB가 높으므로 F값이 높게 나타날 것이나. 만약 처치효과가 작고 집단 내 오차가 크다면 분모값이 커져 F비율은 상대적으로 낮게 나타날 것이다. 따라서 분산비율은 분산의 차이를 비교함으로써 평균의 차이가 집단 내(MSW)에서 기인한 것인지 집단 간 차이(MSB)에서 기인한 것인지 분석하는 것이라 할 수 있다.

나타난 수식을 정리하면 다음과 같다.

	편차제곱합 (SS : Sum of Squares)	분산 (MS : Mean Squares)	F ratio
집단 간 (Between)	$SSB=\sum n_i(\overline{x}_i-\overline{x})^2$	$MSB=\frac{SSB}{i-1}$	$F=\frac{MSB}{MSW}$
집단 내 (Within)	$SSW=\sum_{i=1}^{i}\sum_{j=1}^{j}(x_{ij}-\overline{x}_i)^2$	$MSW=\frac{SSW}{n-i}$	
전체 (Total)	$SST=\sum_{i=1}^{i}\sum_{j=1}^{j}(x_{ij}-\overline{x})^2$		

2. 일원분산분석

분산분석 중에서 독립변수, 종속변수가 모두 1개인 경우 일원분산분석(One-Way ANalysis Of VAriance)을 실시할 수 있다. 일원분산분석은 일원배치분산분석 혹은 One-Way ANOVA라 하기도 한다. 이는 ANalysis Of VAriance의 약자인 ANOVA에 독립변수가 1개임을 나타내는 One-Way를 덧붙인 말이다.

예제를 통해 일원분산분석의 개념을 익혀보자.

예제

A교사는 교수법에 따라 수학성적에 차이가 있는지 궁금하다. 이에 한 학기 동안 1반은 강의식, 2반은 토론식, 3반은 놀이식으로 수업을 진행하고 수학시험을 실시하였다. 과연 교수법에 따른 수학성적에는 차이가 있는가?

[데이터]

학생	1반(강의식)	2반(토론식)	3반(놀이식)
1	77	60	80
2	76	61	82
3	78	61	80
4	75	59	82
5	80	65	85
6	75	70	78
7	81	64	77
8	78	64	84
9		67	81
10			82

예제는 서로 다른 교수법을 실시한 3개 반의 수학성적의 차이를 비교하는 것이기에 독립변수는 교수법으로 집단(수준)이 3개인 범주형, 종속변수는 수학성적으로 연속형 변수이다. 따라서 교수법에 따른 수학성적의 차이를 일원분산분석을 실시하여 알아볼 수 있다.

1) 검정통계량

검정통계량(F)을 구하기 위해서는 집단 내 분산, 집단 간 분산에 대한 정보가 필요하다. 먼저 집단 내 분산, 집단 간 분산을 구하기 위해 필요한 평균, 편차를 알아보자.

(1) 평균 계산하기

분산은 편차를 제곱하여 구하는 것으로 분산을 알기 위해서는 평균에 대한 정보가 요구된다. 평균은 전체 데이터의 평균($\overline{x}$)과 각 집단별 평균($\overline{x_1}$, $\overline{x_2}$, $\overline{x_3}$)으로 구분할 수 있다. 주어진 데이터의 평균을 구하면 다음과 같다.

반(i)	유아(j)	점수(x_{ij})	합	평균($\overline{x_i}$)
1반	1	77	620	$\overline{x_1} = 77.50$
	2	76		
	3	78		
	4	75		
	5	80		
	6	75		
	7	81		
	8	78		
2반	1	60	571	$\overline{x_2} = 63.44$
	2	61		
	3	61		
	4	59		
	5	65		
	6	70		
	7	64		
	8	64		
	9	67		
3반	1	80	811	$\overline{x_3} = 81.10$
	2	82		
	3	80		
	4	82		
	5	85		
	6	78		
	7	77		
	8	84		
	9	81		
	10	82		
합		2,002		$\overline{x} = 74.15$

$$\overline{x} = \frac{77+76+78+\cdots+84+81+82}{27} = 74.15$$

$$\overline{x_1} = \frac{77+76+78+75+80+75+81+78}{8} = 77.50$$

$$\overline{x_2} = \frac{60+61+61+59+65+70+64+64+67}{9} = 63.44$$

$$\overline{x_3} = \frac{80+82+80+82+85+78+77+84+81+82}{10} = 81.10$$

(2) 편차 이해하기

평균을 구했다면 편차를 구할 수 있다. 분산분석에서 편차는 집단 간 편차, 집단 내 편차, 총 편차로 구분할 수 있으며, 총 편차는 집단 간 편차와 집단 내 편차의 합과 같다.

이를 확인하기 위해 직접 계산한 결과는 다음의 표와 같다.

반 (i)	유아 (j)	점수 (x_{ij})	평균$(\overline{x_i})$	총 편차 (Total)		집단 간 편차 (Between)		집단 내 편차 (Within)		편차합
				$(x_{ij}-\overline{x})$		$(\overline{x_i}-\overline{x})$		$(x_{ij}-\overline{x_i})$		
1반	1	77	$\overline{x_1}=$ 77.50	2.85		3.35	+	−0.50	=	2.85
	2	76		1.85		3.35	+	−1.50	=	1.85
	3	78		3.85		3.35	+	0.50	=	3.85
	4	75		0.85	=	3.35	+	−2.50	=	0.85
	5	80		5.85		3.35	+	2.50	=	5.85
	6	75		0.85		3.35	+	−2.50	=	0.85
	7	81		6.85		3.35	+	3.50	=	6.85
	8	78		3.85		3.35	+	0.50	=	3.85
2반	1	60	$\overline{x_2}=$ 63.44	−14.15		−10.70	+	−3.44	=	−14.15
	2	61		−13.15		−10.70	+	−2.44	=	−13.15
	3	61		−13.15		−10.70	+	−2.44	=	−13.15
	4	59		−15.15		−10.70	+	−4.44	=	−15.15
	5	65		−9.15	=	−10.70	+	1.56	=	−9.15
	6	70		−4.15		−10.70	+	6.56	=	−4.15
	7	64		−10.15		−10.70	+	0.56	=	−10.15
	8	64		−10.15		−10.70	+	0.56	=	−10.15
	9	67		−7.15		−10.70	+	3.56	=	−7.15
3반	1	80	$\overline{x_3}=$ 81.10	5.85		6.95	+	−1.10	=	5.85
	2	82		7.85		6.95	+	0.90	=	7.85
	3	80		5.85		6.95	+	−1.10	=	5.85
	4	82		7.85		6.95	+	0.90	=	7.85
	5	85		10.85	=	6.95	+	3.90	=	10.85
	6	78		3.85		6.95	+	−3.10	=	3.85
	7	77		2.85		6.95	+	−4.10	=	2.85
	8	84		9.85		6.95	+	2.90	=	9.85
	9	81		6.85		6.95	+	−0.10	=	6.85
	10	82		7.85		6.95	+	0.90	=	7.85
$\overline{x}=74.15$										

표에서 나타난 바와 같이 각 관측값과 총 평균의 차이($x_{ij} - \overline{x}$)는 집단 간 편차(Between, $\overline{x_i} - \overline{x}$)와 집단 내 편차(Within, $x_{ij} - \overline{x_i}$)의 합과 같음을 확인할 수 있다.

총 편차는 집단 간 편차와 집단 내 편차의 합과 같지만, 총 편차를 모두 더하면 0의 값이 나오기에 분산분석을 실시할 때는 편차를 제곱한 개념을 활용한다.

이어지는 내용에서 각 편차를 제곱하여 총 편차제곱합(SST), 집단 간 편차제곱합(SSB), 집단 내 편차제곱합(SSW)을 구해 보자.

(3) 총 편차제곱합(SST) 계산하기

총 편차제곱합은 각 자료의 전체 평균($\overline{x}$ =74.15)을 뺀 것의 제곱합이다. 공식에 따라 총 편차제곱합을 구하면 다음과 같다.

$$SST = \sum_{i=1}^{i} \sum_{j=1}^{j} (x_{ij} - \overline{x})^2$$

$$= (77 - 74.15)^2 + (76 - 74.15)^2 + (78 - 74.15)^2 + \ldots + (81 - 74.15)^2 + (78 - 74.15)^2$$

$$+ (60 - 74.15)^2 + (61 - 74.15)^2 + (61 - 74.15)^2 + \ldots + (64 - 74.15)^2 + (67 - 74.15)^2$$

$$+ (80 - 74.15)^2 + (82 - 74.15)^2 + (80 - 74.15)^2 + \ldots + (81 - 74.15)^2 + (82 - 74.15)^2$$

$$= 1795.41$$

반(i)	유아(j)	점수(x_{ij})	평균($\overline{x_i}$)	총 편차(SST)	
				$x_{ij}-\overline{x}$	$(x_{ij}-\overline{x})^2$
1반	1	77	$\overline{x_1}=77.50$	2.85(=77−74.15)	8.13
	2	76		1.85(=76−74.15)	3.43
	3	78		3.85(=78−74.15)	14.84
	4	75		0.85(=75−74.15)	0.73
	5	80		5.85(=80−74.15)	34.24
	6	75		0.85(=75−74.15)	0.73
	7	81		6.85(=81−74.15)	46.95
	8	78		3.85(=78−74.15)	14.84
2반	1	60	$\overline{x_2}=63.44$	−14.15(=60−74.15)	200.17
	2	61		−13.15(=61−74.15)	172.87
	3	61		−13.15(=51−74.15)	172.87
	4	59		−15.15(=59−74.15)	229.47
	5	65		−9.15(=65−74.15)	83.69
	6	70		−4.15(=70−74.15)	17.21
	7	64		−10.15(=64−74.15)	102.98
	8	64		−10.15(=64−74.15)	102.98
	9	67		−7.15(=67−74.15)	51.10
3반	1	80	$\overline{x_3}=81.10$	5.85(=80−74.15)	34.24
	2	82		7.85(=82−74.15)	61.65
	3	80		5.85(=80−74.15)	34.24
	4	82		7.85(=82−74.15)	61.65
	5	85		10.85(=85−74.15)	117.76
	6	78		3.85(=78−74.15)	14.84
	7	77		2.85(=77−74.15)	8.13
	8	84		9.85(=84−74.15)	97.06
	9	81		6.85(=81−74.15)	46.95
	10	82		7.85(=82−74.15)	61.65
			$\overline{x}=74.15$	합	1,795.41

(4) 집단 내 편차제곱합(SSW) 계산하기

다음으로 집단 내 편차제곱합을 구해 보자. 집단 내 편차제곱합을 구하는 방법은 다음과 같다.

반(i)	유아(j)	점수(x_{ij})	평균($\overline{x_i}$)	SSW	
				$(x_{ij} - \overline{x_i})$	$(x_{ij} - \overline{x_i})^2$
1반	1	77	$\overline{x_1} = 77.50$	−0.50(=77−77.50)	0.25
	2	76		−1.50(=76−77.50)	2.25
	3	78		0.50(=78−77.50)	0.25
	4	75		−2.50(=75−77.50)	6.25
	5	80		2.50(=80−77.50)	6.25
	6	75		−2.50(=75−77.50)	6.25
	7	81		3.50(=81−77.50)	12.25
	8	78		0.50(=78−77.50)	0.25
2반	1	60	$\overline{x_2} = 63.44$	−3.44(=60−63.44)	11.86
	2	61		−2.44(=61−63.44)	5.98
	3	61		−2.44(=61−63.44)	5.98
	4	59		−4.44(=59−63.44)	19.75
	5	65		1.56(=65−63.44)	2.42
	6	70		6.56(=70−63.44)	42.98
	7	64		0.56(=64−63.44)	0.31
	8	64		0.56(=64−63.44)	0.31
	9	67		3.56(=67−63.44)	12.64
3반	1	80	$\overline{x_3} = 81.10$	−1.10(=80−81.10)	1.21
	2	82		0.90(=82−81.10)	0.81
	3	80		−1.10(=80−81.10)	1.21
	4	82		0.90(=82−81.10)	0.81
	5	85		3.90(=85−81.10)	15.21
	6	78		−3.10(=78−81.10)	9.61
	7	77		−4.10(=77−81.10)	16.81
	8	84		2.90(=84−81.10)	8.41
	9	81		−0.10(=81−81.10)	0.01
	10	82		0.90(=82−81.10)	0.81
			$\overline{x} = 74.15$	합	191.12

$$SSW = \sum_{i=1}^{i}\sum_{j=1}^{j}(x_{ij} - \overline{x_i})^2$$

$$= \sum_{j=1}^{j}(x_{1j} - \overline{x_1})^2 + \sum_{j=1}^{j}(x_{2j} - \overline{x_2})^2 + \sum_{j=1}^{j}(x_{3j} - \overline{x_3})^2$$

$$= (77-77.50)^2 + (76-77.50)^2 + (78-77.50)^2 + ... + (81-77.50)^2 + (78-77.50)^2 +$$

$$(60-63.44)^2 + (61-63.44)^2 + (61-63.44)^2 + ... + (64-63.44)^2 + (67-63.44)^2 +$$

$$(80-81.10)^2 + (82-81.10)^2 + (80-81.10)^2 + ... + (81-81.10)^2 + (82-81.10)^2$$

$$= 34 + 102.22 + 54.9$$

$$= 191.12$$

(5) 집단 간 편차제곱합(SSB) 계산하기

다음으로 집단 간 편차제곱합을 구해 보자.

반(i)	유아(j)	점수(x_{ij})	평균($\overline{x_i}$)	SSB	
				$(\overline{x_i}-\overline{x})$	$(\overline{x_i}-\overline{x})^2$
1반	1	77	$\overline{x_1}=77.50$	3.35(=77.50−74.15)	11.23
	2	76		3.35(=77.50−74.15)	11.23
	3	78		3.35(=77.50−74.15)	11.23
	4	75		3.35(=77.50−74.15)	11.23
	5	80		3.35(=77.50−74.15)	11.23
	6	75		3.35(=77.50−74.15)	11.23
	7	81		3.35(=77.50−74.15)	11.23
	8	78		3.35(=77.50−74.15)	11.23
2반	1	60	$\overline{x_2}=63.44$	−10.70(=63.44−74.15)	114.57
	2	61		−10.70(=63.44−74.15)	114.57
	3	61		−10.70(=63.44−74.15)	114.57
	4	59		−10.70(=63.44−74.15)	114.57
	5	65		−10.70(=63.44−74.15)	114.57
	6	70		−10.70(=63.44−74.15)	114.57
	7	64		−10.70(=63.44−74.15)	114.57
	8	64		−10.70(=63.44−74.15)	114.57
	9	67		−10.70(=63.44−74.15)	114.57
3반	1	80	$\overline{x_3}=81.10$	6.95(=81.10−74.15)	48.33
	2	82		6.95(=81.10−74.15)	48.33
	3	80		6.95(=81.10−74.15)	48.33
	4	82		6.95(=81.10−74.15)	48.33
	5	85		6.95(=81.10−74.15)	48.33
	6	78		6.95(=81.10−74.15)	48.33
	7	77		6.95(=81.10−74.15)	48.33
	8	84		6.95(=81.10−74.15)	48.33
	9	81		6.95(=81.10−74.15)	48.33
	10	82		6.95(=81.10−74.15)	48.33
평균			$\overline{x}=74.15$	합	1604.29

$$SSB = \sum n_i(\overline{x_i} - \overline{x})^2$$
$$= n_1(\overline{x_1} - \overline{x})^2 + n_2(\overline{x_2} - \overline{x})^2 + n_3(\overline{x_3} - \overline{x})^2$$
$$= 8(77.5 - 74.14)^2 + 9(63.44 - 74.14)^2 + 10(81.10 - 74.14)^2$$
$$= 89.88 + 1031.12 + 483.28$$
$$= 1604.29$$

총 편차제곱합(SST)은 집단 간 편차제곱합(SSB)과 집단 내 편차제곱합(SSW)의 합과 같다. 1604.29(집단 간 편차제곱합, SSB) + 191.12(집단 내 편차제곱합, SSW) = 1795.41로 앞서 구한 SST와 같음을 확인할 수 있다.

(6) 분산 및 분산비율 계산하기

산출된 총 편차를 바탕으로 집단 간 분산, 집단 내 분산을 구해 보자.

분산은 편차제곱합을 자유도로 나눈 값으로, 집단 간 분산의 자유도와 집단 내 분산의 자유도를 알아야 한다.

집단 간 분산의 자유도는 $i-1$로 나타내며, 이때 i는 범주의 수를 의미한다. 예제의 경우 1반(강의식), 2반(토론식), 3반(놀이식) 총 3개의 범주이므로 자유도는 3−1=2가 된다.

집단 내 분산의 자유도는 $n-i$로 나타낸다. 즉, 총 27명 중에서 집단 수 3을 빼면 27−3=24가 된다. 이는 (8−1)+(9−1)+(10−1)=24와 같은 의미이다.

집단 간 분산의 자유도는 df1 혹은 분자의 자유도로, 집단 내 분산의 자유도는 df2 혹은 분모의 자유도로 표기하기도 한다.

이를 바탕으로 집단 간 분산(MSB)과 집단 내 분산(MSW)을 구해 보자.

$$MSB = \frac{SSB}{i-1} = \frac{1604.29}{3-1} = 802.14$$

$$MSW = \frac{SSW}{n-i} = \frac{191.122}{27-3} = 7.96$$

이를 바탕으로 분산비율 F를 구하면 다음과 같다.

$$F = \frac{MSB}{MSW} = \frac{802.14}{7.96} = 100.73$$

즉, 예제 데이터의 일원분산분석 결과 F=100.73임을 알 수 있다.

2) 가설검정 및 의사결정

앞서 계산한 일원분산분석 검정통계량을 바탕으로 α=.05 수준에서 가설검정을 실시해 보자.

예제의 영가설과 대립가설, 검정통계량은 다음과 같다.

영가설 : H_0 = 교수법에 따른 수학성적에는 차이가 없다($\mu_1 = \mu_2 = \mu_3$). 대립가설 : H_1 = 교수법에 따른 수학성적에는 차이가 있다($\mu_1 \neq \mu_2 \neq \mu_3$). 검정통계량 : F=100.7

(1) 임계치를 바탕으로 의사결정하기

분산분석은 t검정과 마찬가지로 자유도에 따라 형태가 상이한 F분포에 근거한다. 따라서 t검정처럼 자유도와 유의수준에 따른 임계치를 찾고 그 값을 검정통계량과 비교하며 영가설의 기각 여부를 판단할 수 있다.

분산분석에서의 자유도는 분자의 자유도, 분모의 자유도로 2개이다. 분자는 $i-1$(i=집단의 수)이며, 분모는 $n-i$(n=사례 수)이다. 따라서 F분포표에도 분자, 분모의 자유도에 따른 값이 나타나 있다.

다음은 α=.05일 때의 F분포표이다.

[F분포표(α=.05)]

분자 분모	1	2	3	4	5	6	7	8
1	161.45	199.50	215.71	224.58	230.16	233.99	236.77	238.88
2	18.51	19.00	19.16	19.25	19.30	19.33	19.35	19.37
3	10.13	9.55	9.28	9.12	9.01	8.94	8.89	8.85
4	7.71	6.94	6.59	6.39	6.26	6.16	6.09	6.04
5	6.61	5.79	5.41	5.19	5.05	4.95	4.88	4.82
6	5.99	5.14	4.76	4.53	4.39	4.28	4.21	4.15
7	5.59	4.74	4.35	4.12	3.97	3.87	3.79	3.73
8	5.32	4.46	4.07	3.84	3.69	3.58	3.50	3.44
9	5.12	4.26	3.86	3.63	3.48	3.37	3.29	3.23
10	4.96	4.10	3.71	3.48	3.33	3.22	3.14	3.07
11	4.84	3.98	3.59	3.36	3.20	3.09	3.01	2.95
12	4.75	3.89	3.49	3.26	3.11	3.00	2.91	2.85
13	4.67	3.81	3.41	3.18	3.03	2.92	2.83	2.77
14	4.60	3.74	3.34	3.11	2.96	2.85	2.76	2.70
15	4.54	3.68	3.29	3.06	2.90	2.79	2.71	2.64
16	4.49	3.63	3.24	3.01	2.85	2.74	2.66	2.59
17	4.45	3.59	3.20	2.96	2.81	2.70	2.61	2.55
18	4.41	3.55	3.16	2.93	2.77	2.66	2.58	2.51
19	4.38	3.52	3.13	2.90	2.74	2.63	2.54	2.48
20	4.35	3.49	3.10	2.87	2.71	2.60	2.51	2.45
21	4.32	3.47	3.07	2.84	2.68	2.57	2.49	2.42
22	4.30	3.44	3.05	2.82	2.66	2.55	2.46	2.40
23	4.28	3.42	3.03	2.80	2.64	2.53	2.44	2.37
24	4.26	3.40	3.01	2.78	2.62	2.51	2.42	2.36
25	4.24	3.39	2.99	2.76	2.60	2.49	2.40	2.34
26	4.23	3.37	2.98	2.74	2.59	2.47	2.39	2.32
27	4.21	3.35	2.96	2.73	2.57	2.46	2.37	2.31
28	4.20	3.34	2.95	2.71	2.56	2.45	2.36	2.29
29	4.18	3.33	2.93	2.70	2.55	2.43	2.35	2.28
30	4.17	3.32	2.92	2.69	2.53	2.42	2.33	2.27

예제에서 분자의 자유도(df1)는 2, 분모의 자유도(df2)는 24였다. α =.05인 F분포표에서 분자=2, 분모=24인 경우의 임계치를 찾아보면 F=3.40이다. 따라서 기각역과 채택역을 나누는 기준이 되는 F값은 3.40이다.

F분포는 모두 양수의 값을 띠고 있으므로, F<3.40 영역은 채택역이 되며, 이 영역에 검정통계량이 위치한다면 영가설을 채택한다. 반면 F>3.40인 경우 기각역이 되므로 영가설을 기각하고 대립가설을 채택할 수 있다.

이를 그래프로 표현하면 다음과 같다. F=3.40을 기준으로 오른쪽은 기각역, 왼쪽은 채택역이 된다.

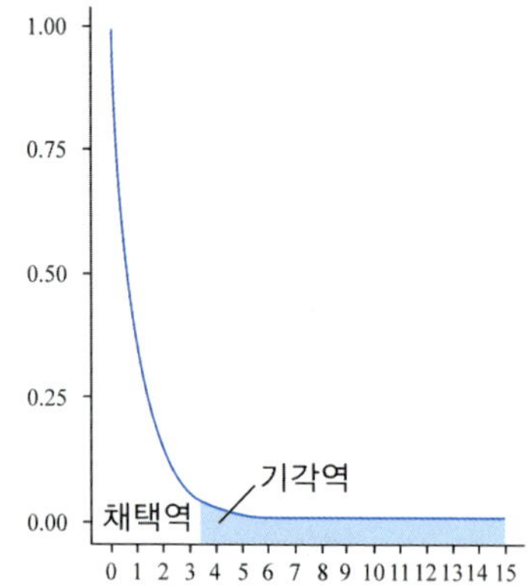

|그림 5-3|

예제의 검정통계량은 F=100.7로 임계치인 3.40보다 큰 값이다. 따라서 연구자는 영가설을 기각하고 대립가설을 채택한다. 즉, 교수법에 따라 수학성적에는 유의미한 차이가 있다고 볼 수 있다.

(2) 확률(p-value)을 바탕으로 의사결정하기

의사결정의 기준이 되는 유의수준 α는 '영가설이 참인데도 기각할 확률'로, 연구자가 1종 오류를 범할 확률을 의미한다. 달리 말하면 α보다 작은 확률의 경우, 그 의사결정이 틀릴 수 있더라도 영가설을 기각할 것이라는 뜻이다. 따라서 검정통계량 F가 나타날 확률이 α보다 작을 경우 영가설을 기각한다.

또한 F분포에서의 면적은 그 값이 일어날 확률을 의미한다. 따라서 $\alpha=.05$인 F분포표에서 분자의 자유도가 2, 분모의 자유도가 24인 임계치는 $F=3.40$이며, 이 값이 나타날 확률은 .05이다. 이는 $F \geq 3.40$인 영역의 면적은 .05라는 것과 일치한다. 따라서 F값이 3.40보다 커질수록 그 값이 나타날 확률은 α보다 작아진다.

즉, |그림 5-4| 그래프의 음영 부분이 임계치가 나타날 확률이며, 이는 α와 같다. 그리고 F값이 임계치보다 크면 클수록 그 값이 나타날 면적(확률)은 α보다 작아진다는 것을 알 수 있다.

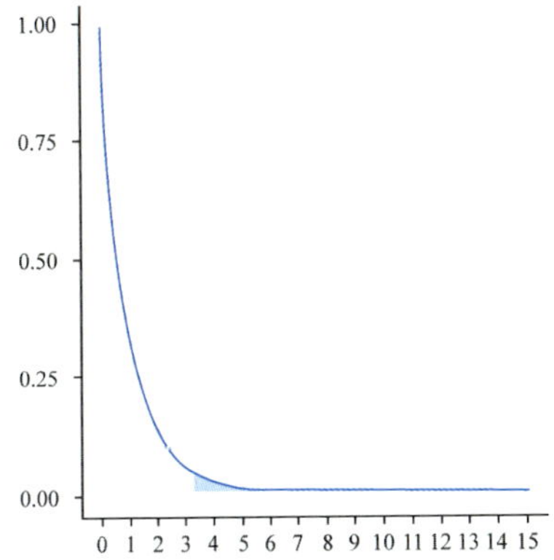

|그림 5-4|

예제의 경우 임계치는 $F=3.20(\alpha=.05)$인 반면 검정통계량은 $F=100.7$로 임계치보다 훨씬 큰 것을 알 수 있다. 이는 $F=100.7$이 나타난 확률이 0.05보다 훨씬 작다는 것을 의미한다.

따라서 확률을 기준으로 의사결정을 하면, p는 0.05보다 작으므로 영가설을 기각하고 대립가설을 채택한다. 즉, 서로 다른 교수법을 실시한 각 반별로 수학성적에는 차이가 있다는 것을 알 수 있다.

3) jamovi 실습하기

jamovi를 활용해 일원분산분석을 실시하고, 그 결과가 동일한지 확인해 보자.

(1) 데이터 입력하기

사용파일 : 'Oneway ANOVA.omv' 또는 데이터 직접 입력
결과파일 : 'Oneway ANOVA-결과.omv'

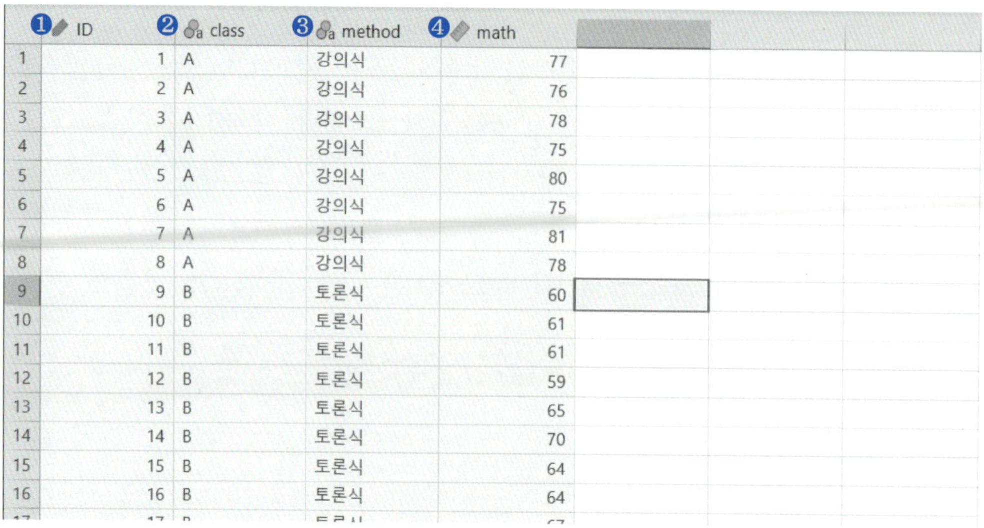

❶ ID	❷ class	❸ method	❹ math
1	A	강의식	77
2	A	강의식	76
3	A	강의식	78
4	A	강의식	75
5	A	강의식	80
6	A	강의식	75
7	A	강의식	81
8	A	강의식	78
9	B	토론식	60
10	B	토론식	61
11	B	토론식	61
12	B	토론식	59
13	B	토론식	65
14	B	토론식	70
15	B	토론식	64
16	B	토론식	64

❶ ID : 각 표본에 ID를 부여한다. 총 27개의 표본이 있음을 알 수 있다.

❷ class : 각 학생의 해당되는 학급을 입력한다.

❸ method : 강의식 교수법, 토론식 교수법, 놀이식 교수법을 코딩한다.

❹ math : 수학성적을 입력한다. 연속형 척도로 척도 유형을 변경한다.

(2) 일원분산분석 실시

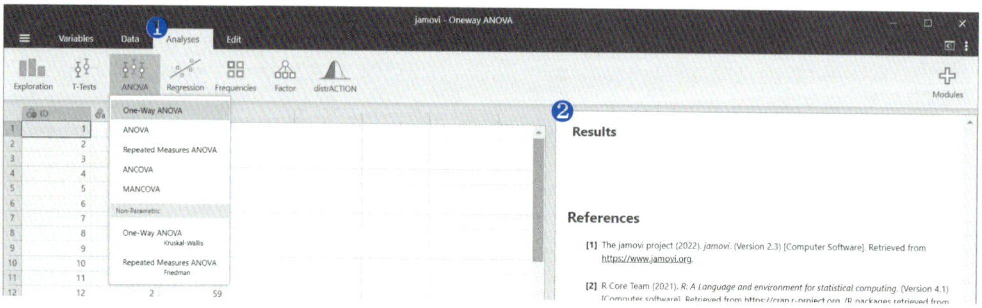

❶ [Analyses] – [ANOVA] – [One–Way ANOVA] 순서로 클릭한다.

❷ 분석창 : ❶을 실시하면 화면 좌측에 One–Way ANOVA 분석창이 자동으로 나타난다.

(3) 분석창

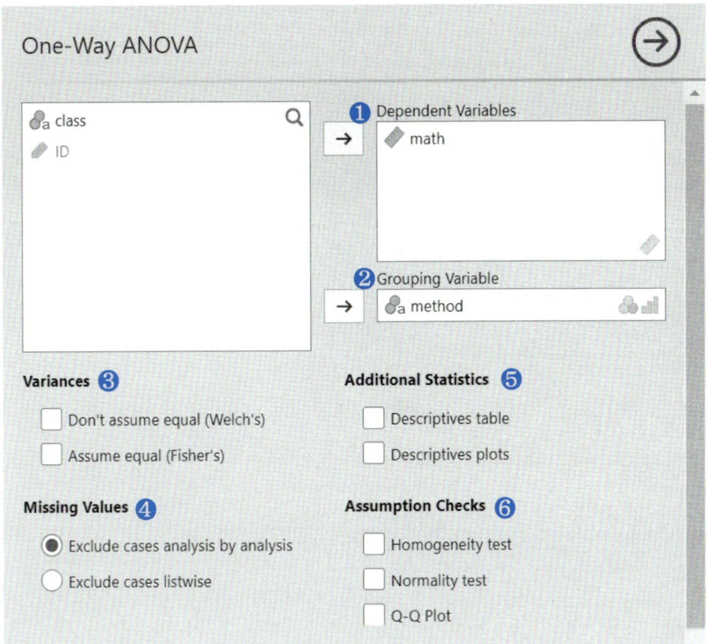

❶ Dependent Variables : 분석하고자 하는 종속변수를 입력한다. 예제에서의 종속변수는 학생들의 수학성적이기에 'math' 변수를 입력한다.

❷ Grouping Variable : 독립변수(범주형)를 입력한다. 예제에서의 독립변수는 교수법이므로 'method'를 입력한다.

❸ Variances : 분산분석 방법을 선택할 수 있다. 등분산가정을 충족할 경우, Assume equal을 선택해 Fisher의 F검정을 실시한다. 반면 등분산가정이 충족되지 않을 경우 Don't assume equal을 선택해 Welch의 교정공식을 활용한다.

❹ Missing Values : 결측값을 처리하는 방법을 선택할 수 있다. Exclude cases analysis by analysis는 결측값이 있는 데이터만 제외하고 분석을 하는 것이다. 반면 Exclude cases listwise는 결측값이 있는 표본을 완전히 제외하고 분석을 실시한다. 결측값을 처리하는 각 방법은 162쪽 '6) 더 알아보기'를 참고하자.

❺ Additional Statistics : 추가적인 통계정보를 제공한다. Descriptives table은 기술통계량을, Descriptives plots는 기술통계를 도표로 보여준다.

그 결과, 놀이식 교수법을 실시한 반의 수학성적이 가장 높고(M=81.1, SD=2.47), 다음으로 강의식 교수법을 실시한 반이 뒤를 이었다(M=77.5, SD=2.20). 반면 토론식 교수법을 실시한 반의 수학성적이 가장 낮음을 확인할 수 있다(M=63.4, SD=3.57). Plot에서도 놀이식과 강의식 교수법을 실시한 반이 상단에 위치하며, 토론식을 실시한 반의 수학성적 분포가 하단에 위치해 있다.

Group Descriptives

	method	N	Mean	SD	SE
math	강의식	8	77.5	2.20	0.779
	놀이식	10	81.1	2.47	0.781
	토론식	9	63.4	3.57	1.192

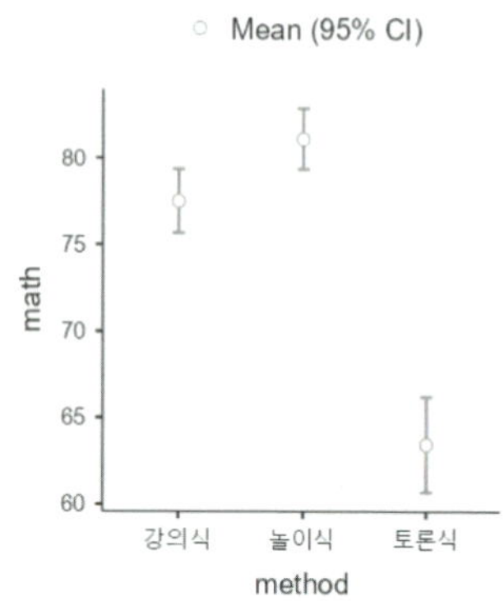

〈기술통계 결과〉

❻ Assumption Checks : 분산분석은 등분산성과 정규성을 기본으로 가정한다. 따라서 주어진 표본이 가정을 충족하는지 확인하고자 할 때 활용할 수 있다. Homogeneity test는 Levene의 등분산 검정을, Nomalily test는 Shapiro–Wilk의 정규성 검정을 실시한 값을 보여준다. Q–Q Plot은 데이터의 정규성을 그래프의 형태로 나타낸다.

(4) 가정확인

Assumption Checks

❶ Normality Test (Shapiro-Wilk)

	W	p
math	0.9699	0.599

Note. A low p-value suggests a violation of the assumption of normality

❷ Homogeneity of Variances Test (Levene's)

	F	df1	df2	p
math	1.278	2	24	0.297

[3]

일원분산분석을 실시하기 전 기본가정이 충족되었는지 확인해야 한다.

❶ Shapiro-Wilk의 정규성 검정결과이다. 검정결과 $W=0.9699(p=0.599)$로 $\alpha=.05$ 수준에서 정규성을 확보하는 것으로 볼 수 있다. 정규성 검정 시 p값이 유의수준보다 낮으면 영가설을 기각하고 대립가설을 채택해 정규성을 위반하는 것으로 해석한다. 정규성 검정의 영가설과 대립가설은 다음과 같다.

> 영가설 : H_0 = 표본분포는 정규분포를 따른다.
> 대립가설 : H_1 = 표본분포는 정규분포를 따르지 않는다.

❷ Levene의 등분산 검정결과이다. 검정결과 $F=1.278(p=0.297)$로 $\alpha=.05$ 수준에서 등분산성을 확보하는 것으로 볼 수 있다. 등분산 검정 시 p값이 유의수준보다 낮으면 영가설을 기각하고 대립가설을 채택해 집단 간 분산이 상이한 것으로 해석한다. 등분산 검정의 영가설과 대립가설은 다음과 같다.

> 영가설 : H_0 = 집단 간 분산은 같다.
> 대립가설 : H_1 = 집단 간 분산은 같지 않다.

4) Results : 결과확인

표본이 정규분포를 이루고(정규성), 집단 간 분산이 같은 것을 확인하였으므로(등분산성), Assume equal을 선택해 Fisher의 F검정을 실시할 수 있다.

One-Way ANOVA (Fisher's)

	❶ F	❷ df1	❸ df2	p
math	100.7	2	24	< .001

❶ Fisher의 F검정결과, $F=100.7$이며, 그 값이 나타날 확률은 $p<.001$이다. 이는 앞서 직접 계산한 것과 동일한 값이다. 일원분산분석 결과 .05 수준에서 교수법에 따른 수학성적에 차이가 없다는 영가설을 기각한다. 따라서 교수법에 따라 수학성적의 차이는 통계적으로 유의미하다는 결론을 내릴 수 있다.

❷ df1 : 분자의 자유도, 즉 집단 간 분산의 자유도를 의미한다. 집단 수 $i-1$의 값으로, MSB(집단 간 분산)를 구할 때 사용한다.

❸ df2 : 분모의 자유도, 즉 집단 내 분산의 자유도를 의미한다. 총 사례 수 $n-i$의 값으로 MSW(집단 내 분산)를 구할 때 활용한다.

5) 사후검정

분산분석에서의 영가설은 '집단 간의 차이가 없다'라는 것이며, 대립가설은 '집단 간의 차이가 있다'라는 것이다. 만약 대립가설을 채택하여 '집단 간의 차이가 있다'라는 것이 밝혀졌으면, 구체적으로 어떤 집단이 상이한지 확인해 보아야 한다. 이때 활용하는 것이 사후검정(Post-Hoc Tests)이다. 사후검정은 독립변수를 이루는 각 집단을 2개씩 짝지어 t검정을 실시한 것이다. 만약 영가설을 채택한다면 집단 간의 유의한 차이가 없으므로 사후검정을 할 필요가 없다. 따라서 분산분석 결과 통계적으로 유의한 차이가 나타난 경우(대립가설을 채택한 경우) 사후검정을 실시한다.

예제에서 영가설을 기각하고 대립가설을 채택하였다. 이는 '교수법에 따른 수학성적에 차이가 있다'라는 대립가설을 채택한 것으로, $\overline{x_{\text{강의식}}} \neq \overline{x_{\text{토론식}}} \neq \overline{x_{\text{놀이식}}}$ 수식으로 표현할 수 있다. 즉, 대립가설은 세 집단의 평균이 다르다는 것을 의미할 뿐 어떤 교수법이 더 효과적인지 알 수는 없다.

따라서 사후검정을 통해서 차이가 나타난 교수법이 무엇인지 확인해 볼 필요가 있다.

(1) jamovi를 활용해 사후검정 실시하기

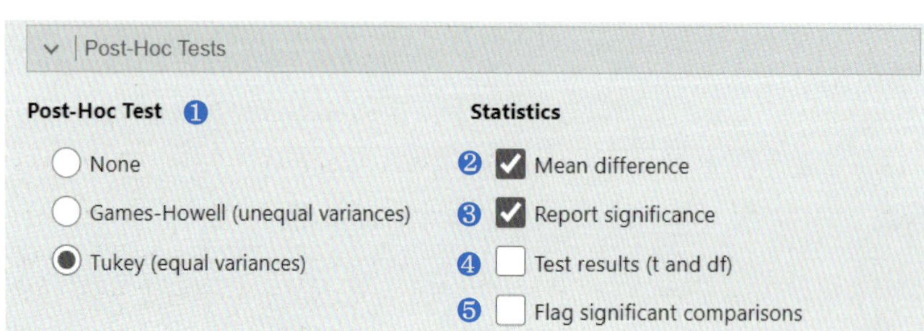

One−Way ANOVA 분석창 두 번째 탭의 [Post−Hoc Tests]를 클릭하면 사후검정을 실시할 수 있다. 사후검정을 실시하면 독립변수를 구성하는 집단을 2개씩 짝지어 집단 간 비교 결과를 보여준다.

❶ Post−Hoc Tests : 사후검정 방법을 선택할 수 있다. jamovi에서는 Games−Howell과 Tukey의 사후검정 방법을 지원한다. Games−Howell은 집단 간 분산이 같지 않을 때 사용하며, Tukey는 등분산가정이 충족될 때 활용한다. 예제는 등분산가정을 만족하기에 Tukey의 사후검정을 활용할 수 있다.

❷ Mean difference : 두 집단 간의 평균의 차이를 나타낸다. 예제에서는 강의식, 토론식, 놀이식의 세 가지 집단이 있기에 강의식−토론식, 강의식−놀이식, 토론식−놀이식 세 쌍의 평균의 비교값을 알 수 있다.

❸ Report significance : 검정통계량이 나타날 확률(p-value)을 제시한다. ❹에서 보여지는 t값이 나타날 확률을 의미한다.

❹ Test results : 두 집단 간의 t검정통계량과 자유도를 제시한다. 예제에서는 강의식−토론식, 강의식−놀이식, 토론식−놀이식 간의 t검정통계량이 제시된다.

❺ Flag significant comparisons : 집단 간 차이가 유의한 항목에 표시를 해주는 기능이다. $p<.05$인 경우 *, $p<.01$인 경우 **, $p<.001$인 경우 ***로 표시된다.

(2) 결과 해석하기

사후검정 결과 강의식−토론식, 토론식−놀이식, 강의식−놀이식 간의 차이가 모두 .05 수준에서 유의한 것으로 나타났다. 즉, 세 가지 교수법 모두 수학성적에 유의한 영향을 미친다는 결과를 얻을 수 있다.

사후검정 결과와 기술통계 그래프를 함께 살펴보자.

Tukey Post-Hoc Test – math

		강의식	토론식	놀이식
강의식	Mean difference	—	14.06 ***	−3.600 *
	t-value	—	10.25	−2.689
	df	—	24.00	24.00
	p-value	—	< .001	0.033
토론식	Mean difference		—	−17.656 ***
	t-value		—	−13.617
	df		—	24.00
	p-value		—	< .001
놀이식	Mean difference			—
	t-value			—
	df			—
	p-value			—

Note. * p < .05, ** p < .01, *** p < .001

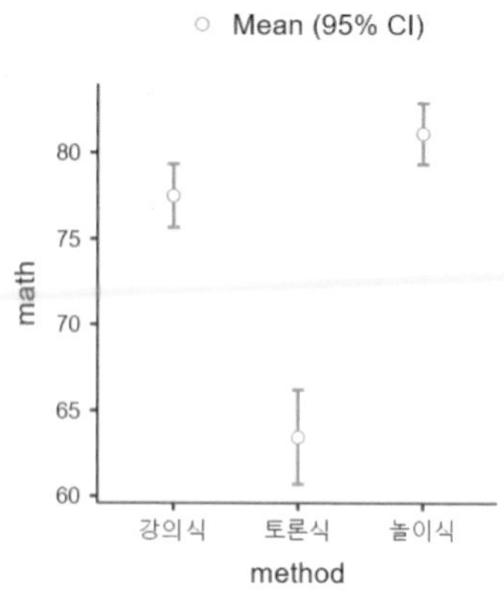

놀이식 교수법을 실시한 반이 수학성적이 가장 높았으며, 이는 강의식, 토론식 교수법을 실시한 반과 유의한 차이가 나타났다. 다음으로 강의식 교수법을 실시한 반의 수학성적이 두 번째로 높게 나타났다. 반면 토론식 교수법을 실시한 학급은 가장 낮은 성적을 기록했다. 구체적으로 토론식 교수법을 실시한 학급보다 14.06의 평균의 차이가 나타났으며, 놀이식 교수법을 실시한 학급보다는 17.656점이나 낮은 점수를 보였다. 따라서 교수법에 따라 수학성적에는 차이가 있으며, 놀이식 교수법이 가장 효과적이고, 토론식 교수법이 비효과적임을 알 수 있다.

6) 더 알아보기 : 결측값 처리방법

연구의 목적이나 자료 수집 방법에 따라 결측값(또는 결측치)이 발생하는 경우가 있다. 이 경우 연구자는 결측값이 있는 데이터를 불완전한 데이터로 보고 해당 데이터 전체를 제외하거나 결측값만 제외하고 분석을 실시하는 두 가지 방법을 취할 수 있다.

jamovi에서도 결측값을 처리하는 데 있어 두 가지 옵션을 제공한다. 예제를 바탕으로 각 방법에 대해서 살펴보자.

예제 데이터

교사 A는 자신의 반 학생 3명의 언어, 수리성적의 평균을 구하고자 한다. 학생 3의 언어성적은 당일 결석으로 인해 측정하지 못하였다. 결측값을 처리하는 두 가지 방법에 따라 학생들의 성적의 평균을 구하여라.

	학생 1	학생 2	학생 3
언어성적	70	65	–
수리성적	78	72	63

(1) 결측값이 있는 데이터 모두를 제외하는 방법(exclude cases listwise)

exclude cases analysis by analysis는 결측값이 있는 케이스를 제외하고 분석을 하는 방법이다. 즉, 학생 3의 데이터는 언어성적 누락으로 완전하지 않기에, 이를 제외하고 분석을 실시한다.

해당 옵션에 따라 언어성적과 수리성적의 평균을 구하면 다음과 같다.

– **언어성적 평균** $= (70+65)/2 = 67.5$

– **수리성적 평균** $= (78+72)/2 = 75.0$

이와 같이 결측값이 없는 표본인 학생 1과 학생 2의 데이터로만 분석을 실시하는 방법이다.

(2) 결측값만 제외하고 분석하는 방법(exclude cases analysis by analysis)

앞서 listwise 방법이 결측값이 있는 표본 전체를 제외했다면, exclude cases analysis by analysis는 결측값만 제외하고 분석을 실시하는 방법이다.

해딩 옵션에 따라 언어성적과 수리성적의 평균을 구하면 다음과 같다.

– **언어성적 평균** $= (70+65)/2 = 67.5$

– **수리성적 평균** $= (78+72+63)/3 = 71.0$

이와 같이 언어성적은 결측값인 학생 3의 언어성적 데이터를 제외하고 분석하였지만, 수리성적은 모든 학생의 데이터가 있기에 학생 1, 학생 2, 학생 3의 데이터를 전부 포함하여 계산한다. 해당 방법은 listwise 방법보다 제외되는 데이터 수가 적다는 특징이 있다.

3. 이원분산분석

이원분산분석(Two-Way ANalysis Of VAriance)은 독립변수가 2개일 경우 실시하는 분석 방법이다. 이원분산분석에서는 2개의 독립변수의 주효과 외에 두 독립변수 간의 상호작용 효과까지 살펴볼 수 있다는 특징이 있다.

예제를 통해 이원분산분석을 실시해 보자.

예제

3개 학급에 서로 다른 교수법을 적용한 A교사는 강의를 진행하면서 교수법뿐 아니라 성별에 따라서도 학생의 집중도가 상이하다고 느꼈다. 따라서 교수법과 성별에 따른 수학성적에 차이가 있는지 알아보고자 한다.

[데이터]

학생	1반(강의식)		2반(토론식)		3반(놀이식)	
	성적	성별	성적	성별	성적	성별
1	77	여성	60	남성	80	여성
2	76	남성	61	여성	82	여성
3	78	여성	61	남성	80	여성
4	75	남성	59	남성	82	남성
5	80	여성	65	여성	85	남성
6	75	남성	70	여성	78	여성
7	81	여성	64	남성	77	여성
8	78	남성	64	여성	84	남성
9	76	여성	67	여성	81	남성
10	76	남성	62	남성	82	남성

예제는 서로 다른 교수법과 성별에 따라 수학성적의 차이가 있는지 알아보는 것이다. 따라서 독립변수는 범주형으로 교수법과 성별이며, 종속변수인 수학성적은 연속형으로 이원분산분석을 실시할 수 있다.

1) 검정통계량

(1) 평균 계산하기

분산분석을 실시하기에 앞서 제일 먼저 각 집단별 평균에 대한 정보가 필요하다.

필요한 평균은 전체평균($\overline{x}$), 집단별 평균($\overline{x_{강의식}}$, $\overline{x_{토론식}}$, $\overline{x_{놀이식}}$, $\overline{x_{남성}}$, $\overline{x_{여성}}$), 상호작용 집단평균($\overline{x_{강의식 \times 남성}}$, $\overline{x_{강의식 \times 여성}}$, $\overline{x_{토론식 \times 남성}}$, $\overline{x_{토론식 \times 여성}}$, $\overline{x_{놀이식 \times 남성}}$, $\overline{x_{놀이식 \times 여성}}$)이 있다.

각각을 구하면 다음과 같다.

$$\overline{x} = \frac{77+61+80+\cdots+64+81+82}{30} = 73.87$$

$$\overline{x_{강의식}} = \frac{77+78+80+81+76+76+75+75+78+76}{10} = 77.20$$

$$\overline{x_{토론식}} = \frac{61+65+70+64+67+60+61+59+64+62}{10} = 63.30$$

$$\overline{x_{놀이식}} = \frac{80+82+80+78+77+82+85+84+81+82}{10} = 81.10$$

$$\overline{x_{남성}} = \frac{76+75+75+\cdots+84+81+82}{15} = 73.33$$

$$\overline{x_{여성}} = \frac{77+78+80+\cdots+80+78+77}{15} = 74.40$$

$$\overline{x_{강의식 \times 남성}} = \frac{76+75+75+78+76}{5} = 76.00$$

$$\overline{x_{강의식 \times 여성}} = \frac{77+78+80+81+76}{5} = 78.40$$

$$\overline{x_{토론식 \times 남성}} = \frac{60+61+59+64+62}{5} = 61.20$$

$$\overline{x_{토론식 \times 여성}} = \frac{61+65+70+64+67}{5} = 65.40$$

$$\overline{x_{놀이식 \times 남성}} = \frac{82+85+84+81+82}{5} = 82.80$$

$$\overline{x_{놀이식 \times 여성}} = \frac{80+82+80+78+77}{5} = 79.40$$

주어진 데이터를 보기 쉽게 정리하면 다음과 같다.

<table>
<tr><th colspan="2" rowspan="2"></th><th colspan="3">교수법</th><th rowspan="2">평균</th></tr>
<tr><th>강의식</th><th>토론식</th><th>놀이식</th></tr>
<tr><td rowspan="12">성별</td><td rowspan="6">여성</td><td>77.00</td><td>61.00</td><td>80.00</td><td rowspan="6">$\overline{x_{여성}}=74.40$</td></tr>
<tr><td>78.00</td><td>65.00</td><td>82.00</td></tr>
<tr><td>80.00</td><td>70.00</td><td>80.00</td></tr>
<tr><td>81.00</td><td>64.00</td><td>78.00</td></tr>
<tr><td>76.00</td><td>67.00</td><td>77.00</td></tr>
<tr><td>$\overline{x_{강의식 \times 여성}}=78.40$</td><td>$\overline{x_{토론식 \times 여성}}=65.40$</td><td>$\overline{x_{놀이식 \times 여성}}=79.40$</td></tr>
<tr><td rowspan="6">남성</td><td>76.00</td><td>60.00</td><td>82.00</td><td rowspan="6">$\overline{x_{남성}}=73.33$</td></tr>
<tr><td>75.00</td><td>61.00</td><td>85.00</td></tr>
<tr><td>75.00</td><td>59.00</td><td>84.00</td></tr>
<tr><td>78.00</td><td>64.00</td><td>81.00</td></tr>
<tr><td>76.00</td><td>62.00</td><td>82.00</td></tr>
<tr><td>$\overline{x_{강의식 \times 남성}}=76.00$</td><td>$\overline{x_{토론식 \times 남성}}=61.20$</td><td>$\overline{x_{놀이식 \times 남성}}=82.80$</td></tr>
<tr><td colspan="2">평균</td><td>$\overline{x_{강의식}}=77.2$</td><td>$\overline{x_{토론식}}=63.3$</td><td>$\overline{x_{놀이식}}=81.10$</td><td>$\overline{x}=73.87$</td></tr>
</table>

(2) 집단 내 편차제곱합(SSW) 계산하기

산출한 평균을 바탕으로 집단 내 편차제곱합을 구해 보자. 집단 내 편차제곱합은 각 표본과 그 표본이 속한 집단과의 평균의 차이를 제곱해서 구했다. 이를 수식으로 표현하면 다음과 같다.

$$SSW=\sum_{i=1}^{i}\sum_{j=1}^{j}(x_{ij}-\overline{x_i})^2$$

이를 예제에 맞춰서 정리해 보자. 교수법과 성별에 따라 나뉘는 6개의 집단과 관측값의 편차를 구하고, 이를 제곱하여 더하면 된다. 즉, 다음과 같은 수식으로 정리할 수 있다.

$$SSW = \sum_{j=1}^{j}(x_{강의식 \times 여성 j} - \overline{x_{강의식 \times 여성}})^2 + \sum_{j=1}^{j}(x_{강의식 \times 남성 j} - \overline{x_{강의식 \times 남성}})^2$$
$$+ \sum_{j=1}^{j}(x_{토론식 \times 여성 j} - \overline{x_{토론식 \times 여성}})^2 + \sum_{j=1}^{j}(x_{토론식 \times 남성 j} - \overline{x_{토론식 \times 남성}})^2$$
$$+ \sum_{j=1}^{j}(x_{놀이식 \times 여성 j} - \overline{x_{놀이식 \times 여성}})^2 + \sum_{j=1}^{j}(x_{놀이식 \times 남성 j} - \overline{x_{놀이식 \times 남성}})$$
$$= (77-78.40)^2 + (78-78.40)^2 + (80-78.40)^2 + (81-78.40)^2 + (76-78.40)^2$$
$$+(76-76)^2 + (75-76)^2 + (75-76)^2 + (78-76)^2 + (76-76)^2$$
$$+(61-65.40)^2 + (65-65.40)^2 + (70-65.40)^2 + (64-65.40)^2 + (67-65.40)^2$$
$$+(60-61.20)^2 + (61-61.20)^2 + (59-61.20)^2 + (64-61.20)^2 + (62-61.20)^2$$
$$+(80-79.40)^2 + (82-79.40)^2 + (80-79.40)^2 + (78-79.40)^2 + (77-79.40)^2$$
$$+(82-82.80)^2 + (85-82.80)^2 + (84-82.80)^2 + (81-82.80)^2 + (82-82.80)^2$$
$$= 17.20 + 6.00 + 45.20 + 14.80 + 15.20 + 10.80$$
$$= 109.20$$

교수법	성별	점수(x_{ij})	평균($\overline{x_{ij}}$)	SSW	
				$(x_{ij} - \overline{x_{ij}})$	$(x_{ij} - \overline{x_{ij}})^2$
강의식	여성	77.00	$\overline{x_{강의식 \times 여성}}$ = 78.40	−1.40(=77.00−78.40)	1.96
		78.00		−0.40(=78.00−78.40)	0.16
		80.00		1.60(=80.00−78.40)	2.56
		81.00		2.60(=81.00−78.40)	6.76
		76.00		−2.40(=76.00−78.40)	5.76
	남성	76.00	$\overline{x_{강의식 \times 남성}}$ = 76.00	0.00(=76.00−76.00)	0.00
		75.00		−1.00(=75.00−76.00)	1.00
		75.00		−1.00(=75.00−76.00)	1.00
		78.00		2.00(=78.00−76.00)	4.00
		76.00		0.00(=76.00−76.00)	0.00

토론식	여성	61.00	$\overline{x}_{토론식 \times 여성} = 65.40$	−4.40(=61.00−65.40)	19.36
		65.00		−0.40(=65.00−65.40)	0.16
		70.00		4.60(=70.00−65.40)	21.16
		64.00		−1.40(=64.00−65.40)	1.96
		67.00		1.60(=67.00−65.40)	2.56
	남성	60.00	$\overline{x}_{토론식 \times 남성} = 61.20$	−1.20(=60.00−61.20)	1.44
		61.00		−0.20(=61.00−61.20)	0.04
		59.00		−2.20(=59.00−61.20)	4.84
		64.00		2.80(=64.00−61.20)	7.84
		62.00		0.80(=62.00−61.20)	0.64
놀이식	여성	80.00	$\overline{x}_{놀이식 \times 여성} = 79.40$	0.60(=80.00−79.40)	0.36
		82.00		2.60(=82.00−79.40)	6.76
		80.00		0.60(=80.00−79.40)	0.36
		78.00		−1.40(=78.00−79.40)	1.96
		77.00		−2.40(=77.00−79.40)	5.76
	남성	82.00	$\overline{x}_{놀이식 \times 남성} = 82.80$	−0.80(=82.00−82.80)	0.64
		85.00		2.20(=85.00−82.80)	4.84
		84.00		1.20(=84.00−82.80)	1.44
		81.00		−1.80(=81.00−82.80)	3.24
		82.00		−0.80(=82.00−82.80)	0.64
				합	109.20

(3) 집단 간 편차제곱합(SSB) 계산하기

집단 간 편차제곱합은 $SSB = \sum n_i(\overline{x_i} - \overline{x})^2$ 공식으로 구할 수 있다. 하지만 이원분산분석의 경우 독립변수가 2개이기에 집단의 유형도 두 가지로 나누어 살펴보아야 한다. 즉, 교수법의 집단 간 편차제곱합($SSB_{교수법}$), 성별의 집단 간 편차제곱합($SSB_{성별}$)과 더불어 두 독립변수의 상호작용 집단의 편차제곱합($SSB_{상호작용}$)으로 구분하여 집단 간 편차를 살펴보아야 한다.

예제를 통해서 교수법과 성별의 집단 간 편차제곱합을 구해 보자.

교수법	성별	점수(x_{ij})	$SSB_{교수법}$			$SSB_{성별}$		
			$\overline{x}_{교수법}$	$\overline{x}_{교수법}-\overline{x}$	편차제곱	$\overline{x}_{성별}$	$\overline{x}_{성별}-\overline{x}$	편차제곱
강의식	여성	77.00	$\overline{x}_{강의식}=77.20$	77.20−73.87	3.33^2	$\overline{x}_{여성}=74.40$	74.40−73.87	0.53^2
		78.00		77.20−73.87	3.33^2		74.40−73.87	0.53^2
		80.00		77.20−73.87	3.33^2		74.40−73.87	0.53^2
		81.00		77.20−73.87	3.33^2		74.40−73.87	0.53^2
		76.00		77.20−73.87	3.33^2		74.40−73.87	0.53^2
	남성	76.00		77.20−73.87	3.33^2	$\overline{x}_{남성}=73.30$	73.33−73.87	0.54^2
		75.00		77.20−73.87	3.33^2		73.33−73.87	0.54^2
		75.00		77.20−73.87	3.33^2		73.33−73.87	0.54^2
		78.00		77.20−73.87	3.33^2		73.33−73.87	0.54^2
		76.00		77.20−73.87	3.33^2		73.33−73.87	0.54^2
토론식	여성	61.00	$\overline{x}_{토론식}=63.30$	63.30−73.87	$(-10.57)^2$	$\overline{x}_{여성}=74.40$	74.40−73.87	0.53^2
		65.00		63.30−73.87	$(-10.57)^2$		74.40−73.87	0.53^2
		70.00		63.30−73.87	$(-10.57)^2$		74.40−73.87	0.53^2
		64.00		63.30−73.87	$(-10.57)^2$		74.40−73.87	0.53^2
		67.00		63.30−73.87	$(-10.57)^2$		74.40−73.87	0.53^2
	남성	60.00		63.30−73.87	$(-10.57)^2$	$\overline{x}_{남성}=73.30$	73.33−73.87	0.54^2
		61.00		63.30−73.87	$(-10.57)^2$		73.33−73.87	0.54^2
		59.00		63.30−73.87	$(-10.57)^2$		73.33−73.87	0.54^2
		64.00		63.30−73.87	$(-10.57)^2$		73.33−73.87	0.54^2
		62.00		63.30−73.87	$(-10.57)^2$		73.33−73.87	0.54^2
놀이식	여성	80.00	$\overline{x}_{놀이식}=81.10$	81.10−73.87	7.23^2	$\overline{x}_{여성}=74.40$	74.40−73.87	0.53^2
		82.00		81.10−73.87	7.23^2		74.40−73.87	0.53^2
		80.00		81.10−73.87	7.23^2		74.40−73.87	0.53^2
		78.00		81.10−73.87	7.23^2		74.40−73.87	0.53^2
		77.00		81.10−73.87	7.23^2		74.40−73.87	0.53^2
	남성	82.00		81.10−73.87	7.23^2	$\overline{x}_{남성}=73.30$	73.33−73.87	0.54^2
		85.00		81.10−73.87	7.23^2		73.33−73.87	0.54^2
		84.00		81.10−73.87	7.23^2		73.33−73.87	0.54^2
		81.00		81.10−73.87	7.23^2		73.33−73.87	0.54^2
		82.00		81.10−73.87	7.23^2		73.33−73.87	0.54^2
			합($SSB_{교수법}$)		1750.87	합($SSB_{성별}$)		8.58

$$SSB_{교수법} = \sum n_{강의식}(\overline{x_{강의식}} - \bar{x})^2 + \sum n_{토론식}(\overline{x_{토론식}} - \bar{x})^2 + \sum n_{놀이식}(\overline{x_{놀이식}} - \bar{x})^2$$

$$= 10(77.2 - 73.87)^2 + 10(63.3 - 73.87)^2 + 10(81.10 - 73.87)^2$$

$$= 111.11 + 1116.54 + 523.21$$

$$= 1750.87$$

$$SSB_{성별} = \sum n_{여성}(\overline{x_{여성}} - \bar{x})^2 + \sum n_{남성}(\overline{x_{남성}} - \bar{x})^2$$

$$= 15(74.40 - 73.87)^2 + 15(73.33 - 73.87)^2$$

$$= 4.21 + 4.37 = 8.58$$

따라서 $SSB_{교수법}$ =1750.87, $SSB_{성별}$ =8.58임을 알 수 있다.

다음으로 상호작용의 집단 간 편차제곱합을 구해 보자.

교수법	성별	점수 (x_{ij})	$\overline{x_{교수법 \times 성별}}$	$\overline{x_{교수법}}$	$\overline{x_{성별}}$	$SSB_{상호작용}$ 편차 $(\overline{x_{교수법\times성별}} - \overline{x_{교수법}} - \overline{x_{성별}} + \bar{x})$	편차제곱
강의식	여성	77.00	$\overline{x_{강의식\times여성}}$ =78.40	$\overline{x_{강의식}}$ =77.20	$\overline{x_{여성}}$ =74.40	0.67=78.4−77.2−74.40+73.87	0.44
		78.00				0.67=78.4−77.2−74.40+73.87	0.44
		80.00				0.67=78.4−77.2−74.40+73.87	0.44
		81.00				0.67=78.4−77.2−74.40+73.87	0.44
		76.00				0.67=78.4−77.2−74.40+73.87	0.44
	남성	76.00	$\overline{x_{강의식\times남성}}$ =76.00		$\overline{x_{남성}}$ =73.30	−0.66=76.0−77.2−73.30+73.87	0.44
		75.00				−0.66=76.0−77.2−73.30+73.87	0.44
		75.00				−0.66=76.0−77.2−73.30+73.87	0.44
		78.00				−0.66=76.0−77.2−73.30+73.87	0.44
		76.00				−0.66=76.0−77.2−73.30+73.87	0.44
토론식	여성	61.00	$\overline{x_{토론식\times여성}}$ =65.40	$\overline{x_{토론식}}$ =63.30	$\overline{x_{여성}}$ =74.40	1.57=65.40−63.3−74.4+73.87	2.45
		65.00				1.57=65.40−63.3−74.4+73.87	2.45
		70.00				1.57=65.40−63.3−74.4+73.87	2.45
		64.00				1.57=65.40−63.3−74.4+73.87	2.45
		67.00				1.57=65.40−63.3−74.4+73.87	2.45
	남성	60.00	$\overline{x_{토론식\times남성}}$ =61.20		$\overline{x_{남성}}$ =73.30	−1.56=61.2−63.3−73.3+73.87	2.44
		61.00				−1.56=61.2−63.3−73.3+73.87	2.44
		59.00				−1.56=61.2−63.3−73.3+73.87	2.44
		64.00				−1.56=61.2−63.3−73.3+73.87	2.44
		62.00				−1.56=61.2−63.3−73.3+73.87	2.44

놀이식	여성	80.00	$\overline{x_{놀이식 \times 여성}}=79.40$	$\overline{x_{놀이식}}=81.10$	$\overline{x_{여성}}=74.40$	−2.23=79.4−81.1−74.4+73.87	4.99
		82.00				−2.23=79.4−81.1−74.4+73.87	4.99
		80.00				−2.23=79.4−81.1−74.4+73.87	4.99
		78.00				−2.23=79.4−81.1−74.4+73.87	4.99
		77.00				−2.23=79.4−81.1−74.4+73.87	4.99
	남성	82.00	$\overline{x_{놀이식 \times 남성}}=82.80$		$\overline{x_{남성}}=73.30$	2.24=82.8−81.1−73.3+73.87	5.00
		85.00				2.24=82.8−81.1−73.3+73.87	5.00
		84.00				2.24=82.8−81.1−73.3+73.87	5.00
		81.00				2.24=82.8−81.1−73.3+73.87	5.00
		82.00				2.24=82.8−81.1−73.3+73.87	5.00
						합	78.87

앞서 알아본 집단 간 편차제곱합을 구하는 공식을 바탕으로 $SSB_{상호작용}$을 구하면 방법은 다음과 같다.

$$
\begin{aligned}
SSB_{상호작용} = \; & n_{강의식 \times 여성}(\overline{x_{강의식 \times 여성}} - \overline{x_{강의식}} - \overline{x_{여성}} + \overline{x})^2 \\
& + n_{강의식 \times 남성}(\overline{x_{강의식 \times 남성}} - \overline{x_{강의식}} - \overline{x_{남성}} + \overline{x})^2 \\
& + n_{토론식 \times 여성}(\overline{x_{토론식 \times 여성}} - \overline{x_{토론식}} - \overline{x_{여성}} + \overline{x})^2 \\
& + n_{토론식 \times 남성}(\overline{x_{토론식 \times 남성}} - \overline{x_{토론식}} - \overline{x_{남성}} + \overline{x})^2 \\
& + n_{놀이식 \times 여성}(\overline{x_{놀이식 \times 여성}} - \overline{x_{놀이식}} - \overline{x_{여성}} + \overline{x})^2 \\
& + n_{놀이식 \times 남성}(\overline{x_{놀이식 \times 남성}} - \overline{x_{놀이식}} - \overline{x_{남성}} + \overline{x})^2
\end{aligned}
$$

위 공식에 각 값을 대응하면 다음과 같다.

$$
\begin{aligned}
SSB_{상호작용} = \; & 5(78.40 - 77.20 - 74.40 + 73.87)^2 + 5(76.00 - 77.2 - 73.33 + 73.87)^2 \\
& + 5(65.40 - 63.3 - 74.40 + 73.87)^2 + 5(61.20 - 63.3 - 73.33 + 73.87)^2 \\
& + 5(79.40 - 81.1 - 74.40 + 73.87)^2 + 5(82.80 - 81.1 - 73.33 + 73.87)^2 \\
= \; & 2.22 + 2.22 + 12.27 + 12.27 + 24.94 + 24.94 \\
= \; & 78.87
\end{aligned}
$$

즉, 상호작용의 집단 간 편차제곱합($SSB_{상호작용}$)은 78.87이다.

(4) 총 편차제곱합(SST) 계산하기

총 편차제곱합은 각 자료 값에 전체 평균($\overline{x}$ =73.87)을 뺀 편차를 제곱합 것이다. 공식에 따라 총 편차제곱합을 구하면 다음과 같다.

교수법	성별	점수(x_{ij})	$\overline{x}$	편차 $(\overline{x_{교수법 \times 성별}} - \overline{x_{교수법}} - \overline{x_{성별}} + \overline{x})$	편차제곱
강의식	여성	77.00	73.87	3.13(=77.00−73.87)	0.44
		78.00	73.87	4.13(=78.00−73.87)	0.44
		80.00	73.87	6.13(=80.00−73.87)	0.44
		81.00	73.87	7.13(=81.00−73.87)	0.44
		76.00	73.87	2.13(=76.00−73.87)	0.44
	남성	76.00	73.87	2.13(=76.00−73.87)	0.44
		75.00	73.87	1.13(=75.00−73.87)	0.44
		75.00	73.87	1.13(=75.00−73.87)	0.44
		78.00	73.87	4.13(=78.00−73.87)	0.44
		76.00	73.87	2.13(=76.00−73.87)	0.44
토론식	여성	61.00	73.87	−12.87(=61.00−73.87)	2.45
		65.00	73.87	−8.87(=65.00−73.87)	2.45
		70.00	73.87	−3.87(=70.00−73.87)	2.45
		64.00	73.87	−9.87(=64.00−73.87)	2.45
		67.00	73.87	−6.87(=67.00−73.87)	2.45
	남성	60.00	73.87	−13.87(=60.00−73.87)	2.44
		61.00	73.87	−12.87(=61.00−73.87)	2.44
		59.00	73.87	−14.87(=59.00−73.87)	2.44
		64.00	73.87	−9.87(=64.00−73.87)	2.44
		62.00	73.87	−11.87(=62.00−73.87)	2.44
놀이식	여성	80.00	73.87	6.13(=80.00−73.87)	4.99
		82.00	73.87	8.13(=82.00−73.87)	4.99
		80.00	73.87	6.13(=80.00−73.87)	4.99
		78.00	73.87	4.13(=78.00−73.87)	4.99
		77.00	73.87	3.13(=77.00−73.87)	4.99
	남성	82.00	73.87	8.13(=82.00−73.87)	5.00
		85.00	73.87	11.13(=85.00−73.87)	5.00
		84.00	73.87	10.13(=84.00−73.87)	5.00
		81.00	73.87	7.13(=81.00−73.87)	5.00
		82.00	73.87	8.13(=82.00−73.87)	5.00
				합	78.87

$$SST = \sum_{i=1}^{i}\sum_{j=1}^{j}(x_{ij} - \bar{x})^2$$
$$=(77-73.87)^2 + (78-73.87)^2 + (80-73.87)^2 + \ldots + (81-73.87)^2 + (82-73.87)^2$$
$$= 1947.47$$

총 편차제곱합(SST)은 집단 간 편차제곱합(SSB)과 집단 내 편차제곱합(SSW)의 합과 같다. 즉, $SST = SSB_{교수법} + SSB_{성별} + SSB_{상호작용} + SSW$로 정리할 수 있으며, 1750.8/($SSB_{교수법}$), 8.53($SSB_{성별}$), 78.87($SSB_{상호작용}$), 109.2($SSW$)의 합이 1,945.47로 산출한 SST와 같다는 것을 확인할 수 있다.

(5) 분산 및 분산비율(F) 계산하기

산출된 편차제곱합을 바탕으로 집단 내 분산(MSW)을 구해 보자.

집단 내 분산의 자유도는 $n-i$로 총 사례 수에서 집단의 수를 뺀 값과 같다. 예제에서 사례 수는 $n=30$이며, 집단 수는 $6(=2\times3)$이므로 자유도는 24가 된다.

$$MSW = \frac{SSW}{n-i} = \frac{109.2}{30-6} = 4.55$$

이어서 집단 간 분산과 F값을 구해 보자.

집단 간 분산 또한 독립변수가 2개이고 상호작용항(교수법×성별)이 있기에 항목별로 나누어 살펴보아야 한다.

이때 유의할 점은 바로 자유도에 관한 것이다. 자유도는 기본적으로 $n-1$의 공식에 따른다. 이는 자유롭게 변할 수 있는 수를 의미하는 것이다. 따라서 교수법과 성별과 같은 상호작용항의 자유도이다. 교수법과 성별과 같은 단일요인의 자유도는 기본공식과 같이 $n-1$, 즉 집단수−1로 구할 수 있다.

따라서 본 예제에서 교수법의 자유도는 2(=3−1), 성별의 자유도는 1(=2−1)이다. 그리고 상호작용요인의 자유도는 단일요인의 자유도의 곱으로 이루어진다. 즉, **교수법의 자유도×성별의 자유도**로서 2×1=2로 구할 수 있다. 이때 자유도는 분산비율을 구할 때의 분자의 자유도가 된다.

이를 바탕으로 교수법, 성별, 상호작용의 집단 간 분산(MSB)과 분산비율(F비)을 구해 보자.

요인	교수법	성별	상호작용
분산	$MSB_{교수법} = \frac{SSB_{교수법}}{i-1} = \frac{1750.87}{3-1} = 875.435$	$MSB_{성별} = \frac{SSB_{성별}}{i-1} = \frac{8.58}{2-1} = 8.58$	$MSB_{상호작용} = \frac{SSB_{상호작용}}{df_1 \times df_2} = \frac{78.87}{2\times 1} = 39.435$
F비	$F_{교수법} = \frac{MSB_{교수법}}{MSW} = \frac{875.435}{4.55} = 192.403$	$F_{성별} = \frac{MSB_{성별}}{MSW} = \frac{8.58}{4.55} = 1.881$	$F_{상호작용} = \frac{MSB_{상호작용}}{MSW} = \frac{39.435}{4.55} = 8.667$

따라서 교수법에 대한 분산비율은 F=192.403, 성별에 대한 분산비율은 F=1.881, 상호작용항에 대한 분산비율은 F=8.667임을 알 수 있다.

2) 결과 해석하기

검정통계량을 바탕으로 α=.05 수준에서 결과를 해석해 보자.

첫째, 교수법에 대한 검정통계량은 F=192.403으로, 집단 간 자유도 2, 집단 내 자유도 24인 F임계치 3.40보다 큰 값이다. 따라서 검정통계량은 영가설을 기각하는 기각역에 포함된다. 따라서 교수법에 따라 수학성적에는 차이가 있다는 결론을 내릴 수 있다.

둘째, 성별항의 검정통계량은 F=1.881로, 집단 간 자유도 1, 집단 내 자유도 24인 F임계치 4.26보다 작은 값이다. 따라서 검정통계량은 영가설을 채택하는 채택역에 포함된다. 따라서 성별에 따른 수학성적의 차이는 없다.

마지막으로, 상호작용효과의 경우 F=8.667로 나타나 집단 간 자유도 2, 집단 내 자유도 24인 F임계치 3.40보다 큰 비율을 보였다. 이는 기각역에 포함되는 값이기에, 영가설을 기각하고 대립가설을 채택한다. 상호작용효과가 있다는 것은 종속변수에 대한 하나의 독립변수 효과가 다른 독립변수의 정도에 따라 달라지는 것을 의미한다. 따라서 교수법의 효과는 성별에 따라 달라지는 것으로 해석할 수 있다.

3) jamovi 실습하기

jamovi를 사용하여 이원분산분석을 실시해 보자.

(1) 데이터 입력하기

사용파일 : 'TwowayANOVA.omv' 또는 데이터 직접 입력
결과파일 : 'TwowayANOVA-결과.omv'

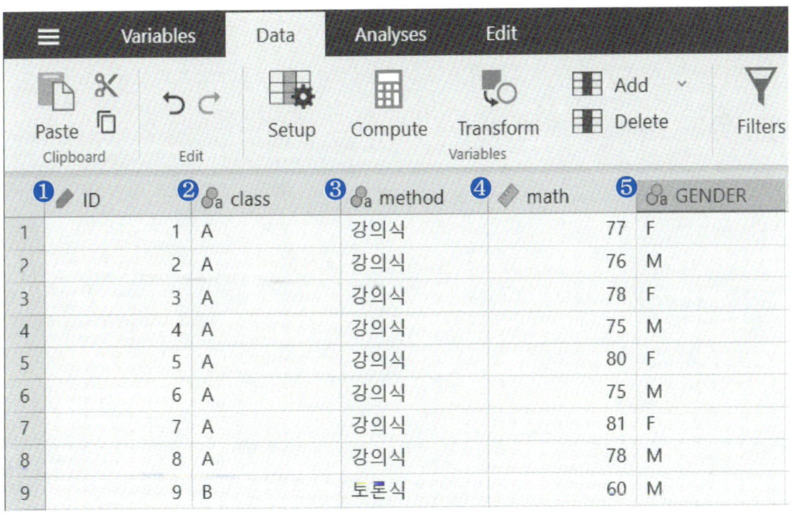

	❶ ID	❷ class	❸ method	❹ math	❺ GENDER
1	1	A	강의식	77	F
2	2	A	강의식	76	M
3	3	A	강의식	78	F
4	4	A	강의식	75	M
5	5	A	강의식	80	F
6	6	A	강의식	75	M
7	7	A	강의식	81	F
8	8	A	강의식	78	M
9	9	B	토론식	60	M

❶ ID : 각 표본에 ID를 부여한다. 총 30개의 표본이 있음을 알 수 있다.

❷ class : 각 학생의 해당되는 학급을 입력한다.

❸ method : 강의식 교수법, 토론식 교수법, 놀이식 교수법을 코딩한다.

❹ math : 수학싱직을 입력한다. 연속형 척도로 척도 유형을 변경한다.

❺ GENDER : 각 학생의 성별을 입력한다. 남자는 M, 여자는 F로 코딩할 수 있다.

(2) 이원분산분석 실시

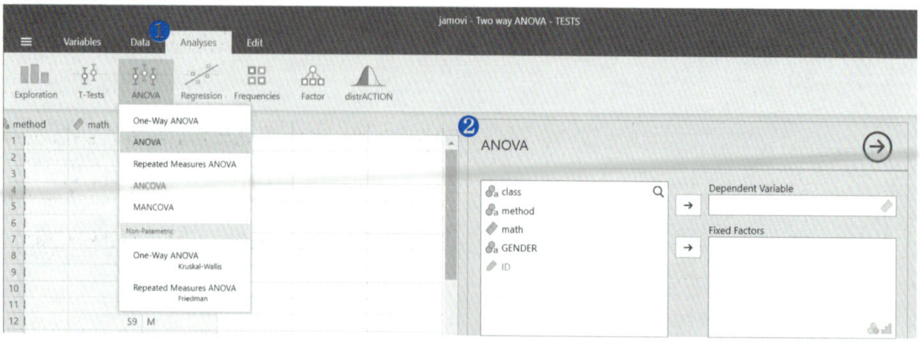

❶ [Analyses] – [ANOVA] – [ANOVA] 순서로 클릭한다.

❷ 분석창 : ❶을 실시하면 화면 좌측에 ANOVA 분석창이 자동으로 나타난다.

(3) 분석창

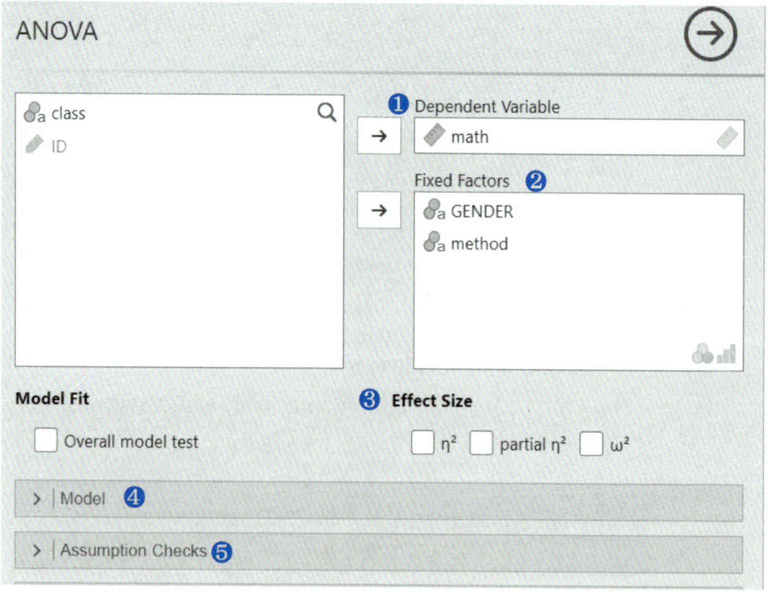

❶ Dependent Variable : 분석하고자 하는 종속변수를 입력한다. 예제에서의 종속변수는 학생들의 수학성적이기에 'math' 변수를 입력한다.

❷ Fixed Factors : 독립변수(범주형)를 입력한다. 예제에서의 독립변수는 교수법과 성별이므로 'method'와 'GENDER'를 입력한다.

❸ Effect Size : 효과크기를 보여준다. η^2, partial η^2, ω^2 중 원하는 항목을 선택해 분석할 수 있다.

- η^2(에타제곱) : 전체 제곱합 중 집단 간 제곱합이 차지하는 비율을 의미한다. 만약 '교수법'에 대한 η^2값이 0.8990이 나왔다면, 수학점수의 분산 중 89%가 교수법에 의한 것으로 해석할 수 있다.
- partial η^2 : 전체 제곱합에서 집단 간 제곱합이 차지하는 비율을 의미힌다. η^2과의 차이점은 다른 독립변수나 상호작용효과를 제거한 상황에서 특정 독립변수가 차지하는 비율을 나타낸 것이다.
- ω^2 : η^2보다는 덜 편파된 지수로 전체 분산에서 독립변수가 설명하는 비율을 의미한다. $-1 \leq \omega^2 \leq 1$의 값을 가지고, 0.01은 작은 크기, 0.06은 중간 크기 0.14 이상은 큰 효과크기라고 해석할 수 있다.

❹ Model : 이원분산분석 모델 및 분석항을 설정할 수 있다.

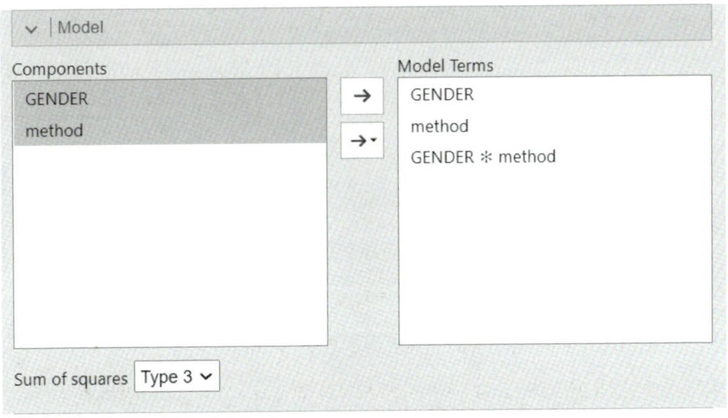

jamovi에서는 독립변수와 독립변수 간의 상호작용효과를 나디내는 Type 3를 기본 옵션으로 제공한다. 따라서 독립변수와 종속변수를 입력하면 자동으로 2개의 주효과와 상호작용효과에 대한 분석이 이루어진다. 만약 상호작용효과를 제거하고 싶다면 Model Terms에서 해당하는 항목(GENDER✻method)을 제외하면 결과창에서 상호작용항이 제거된다.

또한 Sum of squares를 클릭하여 제곱합을 추정하는 방식도 선택할 수 있다.

- Type 1 : 전체 제곱합은 각 독립변수의 제곱합과 잔차의 제곱합의 합으로 정의할 수 있다. 투입되는 독립변수의 순서에 따라 제곱합이 달라진다는 단점이 있다.
- Type 2 : 투입되는 독립변수의 순서에 관계없이 동일한 값이 산출된다. 하지만 상호작용항을 고려하지 않고, 독립변수의 제곱합과 잔차의 제곱합의 총합이 전체 제곱합으로 정의되지 않는다는 단점이 있다.
- Type 3 : 투입되는 독립변수의 순서에 관계없이 동일한 값이 산출되며, 상호작용효과를 고려한다는 장점이 있다. 하지만 독립변수의 제곱합과 잔차의 제곱합의 총합이 전체 제곱합으로 정의되지 않는다는 한계도 있다. jamovi에서는 Type 3를 기본 옵션으로 설정하고 있다.

❺ Assumption Checks : 분산분석은 등분산성과 정규성을 기본으로 가정한다. 따라서 주어진 표본이 가정을 충족하는지 확인할 때 필요하다. Homogeneity test는 Levene의 등분산 검정을, Nomalily test는 Shapiro−Wilk의 정규성 검정을 실시한 값을 보여준다. Q−Q Plot은 데이터의 정규성을 그래프의 형태로 나타낸다.

(4) 가정확인

Assumption Checks

❶ Homogeneity of Variances Test (Levene's)

F	df1	df2	p
1.196	5	24	0.341

[3]

❷ Normality Test (Shapiro-Wilk)

Statistic	p
0.9813	0.859

❶ 이원분산분석을 실시하기 전 기본가정이 충족되었는지 확인해야 한다. Levene의 등분산 검정결과이다.

검정결과 F=1.196(p=0.341)으로 α=.05 수준에서 등분산성을 확보하는 것으로 볼 수 있다. 등분산 검정 시 p값이 유의수준보다 낮을 경우, 영가설을 기각하고 대립가설을 채택해 집단 간 분산이 상이한 것으로 해석한다. 등분산 검정의 영가설과 대립가설은 다음과 같다.

> 영가설 : H_0 = 집단 간 분산은 같다.
> 대립가설 : H_1 = 집단 간 분산은 같지 않다.

❷ Shapiro–Wilk의 정규성 검정결과이다. 검정결과 $W=0.9813(p=0.859)$으로 $\alpha=.05$ 수준에서 정규성을 확보하는 것으로 볼 수 있다. 정규성 검정 시 p값이 유의수준보다 낮을 경우, 영가설을 기각하고 대립가설을 채택해 정규성을 위반하는 것으로 해석한다. 정규성 검정의 영가설과 대립가설은 다음과 같다.

> 영가설 : H_0 = 표본분포는 정규분포를 따른다.
> 대립가설 : H_1 = 표본분포는 정규분포를 따르지 않는다.

(5) Results : 결과확인

ANOVA - math

	Sum of Squares	df	Mean Square	F	p
GENDER	8.533	1	8.533	❶ 1.875	0.184
method	1750.867	2	875.433	❷ 192.403	< .001
GENDER ✻ method	78.867	2	39.433	❸ 8.667	0.001
Residuals ❹	109.200	24	4.550		

[3]

❶ 성별 요인에 대한 분석결과 $F=1.875(p=0.184)$임을 알 수 있다. 제곱합, 산출된 F값은 앞서 직접 계산한 것과 동일한 값이다. 집단 간 자유도는 집난 수 $i-1$로 2(남성, 여성)−1, 즉 1임을 알 수 있다. 분석결과 $\alpha=.05$ 수준에서 성별 요인에 따른 수학성적의 차이는 통계적으로 유의미하지 않다는 것을 알 수 있다.

❷ 교수법 요인에 대한 분석결과 $F=192.403(p<.001)$이다. 집단 간 자유도는 집단 수 $i-1$로 3(강의식, 토론식, 놀이식)−1, 즉 2이다. 분석결과 $\alpha=.05$ 수준에서 교수법 요인에 따른 수학성적의 차이는 통계적으로 유의미하여 교수법에 따라 수학성적이 달라짐을 알 수 있다.

❸ 성별과 교수법의 상호작용요인에 대한 분석결과 $F=8.667$, $p=.001$이다. 자유도는 2개의 독립변수의 자유도를 곱한 것으로 $2\times1=2$이다. 상호작용효과 역시 $\alpha=.05$ 수준에서 통계적으로 유의미하다.

❹ 잔차에 대한 분산추정치이다. 잔차는 설명할 수 없는 오차의 합으로, 앞서 계산한 집단 내 분산을 의미한다. 즉, SSW=10.2이며, df는 $n-i$로 30−6이다.

4) 사후검정

지금까지 이원분산분석을 실시하여 교수법과 교수법×성별의 상호작용효과가 수학성적에 유의미한 영향을 미치는 요인임을 확인하였다. 분산분석의 결과는 집단 간의 차이가 있는지에 대한 유무를 알려주는 것으로, 구체적으로 어떤 집단 간의 차이가 있는지 알아보기 위해서는 사후검정(Post Hoc Tests)을 실시할 필요가 있다.

또한 상호작용효과가 발생한 경우, 변수 간의 상호작용 양상을 확인함과 동시에 단순주효과 분석이 필요하다. jamovi를 통해 이원분산분석의 사후검정 및 상호작용항 분석방법을 알아보자.

(1) jamovi에서 사후검정 실시하기

사후검정은 이원분산분석창에서 [Post Hoc Tests] 탭을 클릭해 실시할 수 있다.

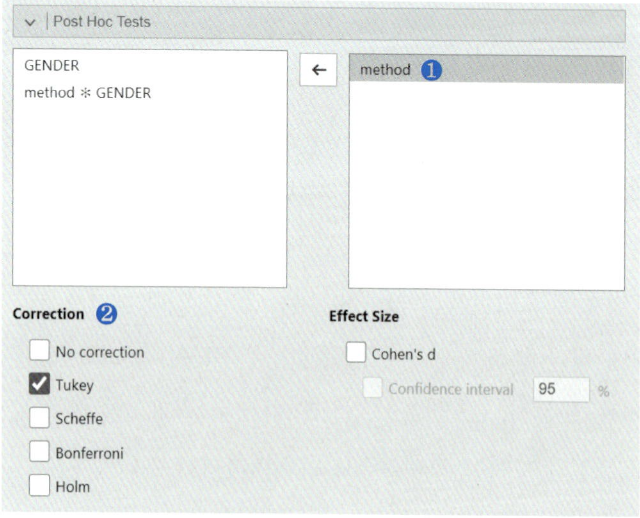

❶ 이원분산분석 결과 교수법이 통계적으로 유의미한 변인이었음을 확인하였으므로 'method' 변수를 우측항으로 이동하여 사후검정을 실시한다.

❷ Correction : 사후검정 시 활용할 교정방식을 선택할 수 있다. 분산분석 결과가 집단 간의 차이 유무를 확인하는 것이라면, 사후검정은 어떤 집단 간 차이가 있는지 알아보는 것이다. 즉, 각 집단을 짝지어 비교를 하여 유의미한 차이가 나타난 집단을 찾는 것이다. 하지만 사후검정 시 비교집단이 늘어날수록 신뢰수준이 낮아진다는 문제가 발생한다. 이러한 문제를 해결하기 위해 표본에 따라 필요한 교정방식을 선택하여 사후검정을 실시한다.

jamovi에서는 Tukey, Scheffe, Bonferroni, Holm의 교정방식을 제공한다.

– Tukey : 집단의 표본크기가 동일한 경우, 집단 간의 평균을 쌍으로 비교하는 경우에 활용한다. 표본 수가 적을수록 정확도가 낮아진다는 점에 유의해야 한다.

– Scheffe : Tukey와 달리 표본의 크기가 동일하지 않아도 사용할 수 있다. Scheffe의 사후검정은 평균 사이의 다양한 비교를 할 수 있으며, 가장 보수적이고 검정력이 낮다는 특징이 있다. 따라서 통계적으로 유의한 차이를 도출하기 어렵다.

– Bonferroni : Scheffe와 마찬가지로 표본크기가 동일하지 않아도 사용할 수 있는 방법이다. 모수, 비모수검정 모두에 적용이 가능하다. Scheffe보다 관대하지만 Tukey보다는 엄격하다는 특징이 있다.

– Holm : 비모수검정에서 사용할 수 있으며 Bonferroni보다 덜 엄격하다는 특징이 있다.

Post Hoc Tests

Post Hoc Comparisons - method

Comparison							
method		method	Mean Difference	SE	df	t	p_{tukey}
강의식	-	토론식	13.900	0.9539	24.00	14.571	< .001
	-	놀이식	−3.900	0.9539	24.00	−4.088	0.001
토론식	-	놀이식	−17.800	0.9539	24.00	−18.659	< .001

Note. Comparisons are based on estimated marginal means

예제는 표본크기가 동일하므로, Tukey의 사후검정을 실시하였다. 그 결과 강의식과 토론식($t=14.571$, $p<.001$), 강의식과 놀이식($t=-4.088$, $p=.001$), 토론식과 놀이식($t=-18.659$ $p<.001$) 집단 모두 유의수준 .05보다 낮은 확률값을 보여 통계적으로 유의미한 차이를 보였다. 즉, 수학성적에 있어 세 가지 교수법 모두 유의한 차이를 보인다.

(2) 상호작용효과 분석하기

이원분산분석은 주효과 외에도 두 독립변수 간의 상호작용효과를 살펴볼 수 있다. 앞서 상호작용효과의 검정통계량은 $F=8.667$, $p=.001$로 나타나 통계적으로 유의한 결과를 나타내었다. 이는 두 독립변수 간의 상호작용이 있다는 것으로, 하나의 독립변수 수준에 따라 또 다른 독립변수의 효과가 달라지는 것을 의미한다.

상호작용의 효과가 있는 경우 그래프를 통해서 쉽게 이해하고 해석할 수 있다. jamovi에서 상호작용효과의 평균값에 대한 그래프를 그려보자.

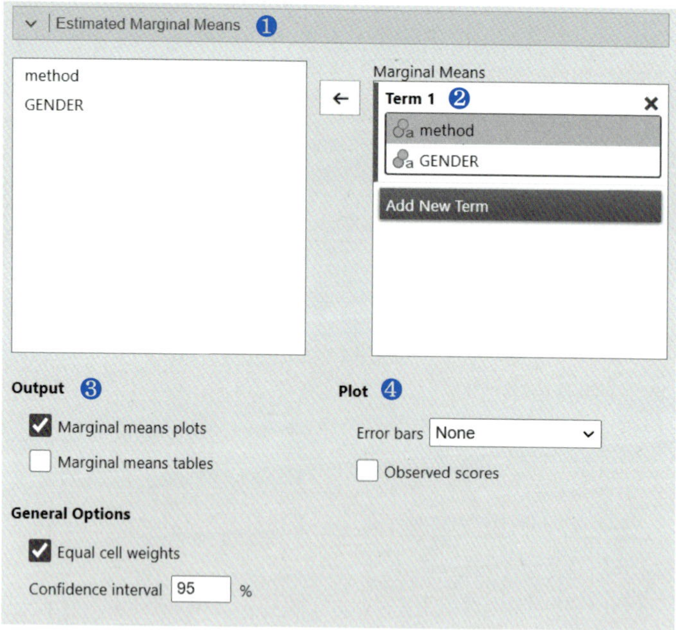

❶ ANOVA 분석창에서 [Estimated Marginal Means]를 클릭한다.

❷ 상호작용효과를 보인 2개의 변수를 Marginal Means의 [Term 1]에 입력한다. 먼저 입력하는 변수가 도표의 가로(x)축이 되고, 두 번째 입력하는 변수가 도표의 세로(y)축이 된다.

❸ Output : Marginal means plots은 그래프로, Marginal means tables는 표로 나타난다.

❹ Plot : Error bars 항목에서 신뢰구간 혹은 표준오차를 선택하면 그래프에 함께 나타난다. Observed scores를 선택하면, 관측값도 함께 표시된다. 그래프를 그린 결과는 다음과 같다.

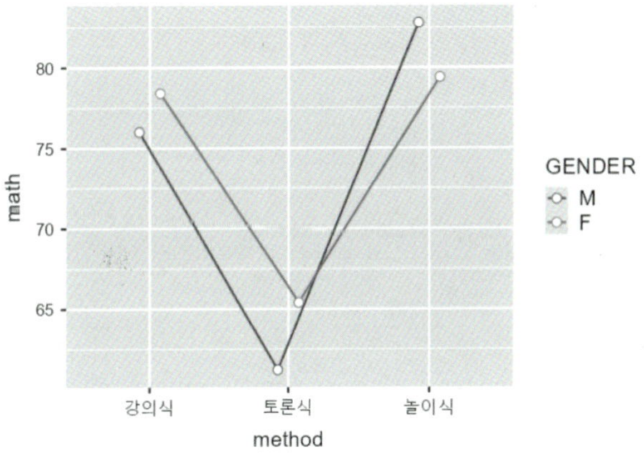

그래프를 해석하면 강의식과 토론식 교수법에서는 여학생의 수학성적이 더 높게 나타났지만, 놀이식 교수법을 실시한 경우 남학생이 여학생보다 더 높은 성취를 보이는 것을 알 수 있다. 즉, 교수법(강의식, 토론식, 놀이식)의 효과가 성별(남자, 여자)에 따라 달라지는 것이다. 교수법과 성별이 서로 영향이 없었다면, 세 교수법 모두에서 여성이 더 높은 성취를 보였어야 한다. 하지만 놀이식 교수법에 있어서 남성의 성취가 여성보다 더 높았다는 것은 상호작용효과가 있는 것으로 해석할 수 있다. 즉, 그래프상 두 선이 교차하는 것을 통해서도 상호작용효과를 해석할 수 있다.

따라서 남학생에게 있어 특히 놀이식 교수법이 더 효과적이라고 해석할 수 있다.

(3) 단순주효과 분석하기

사용파일 : 'TwowayANOVA.omv'
결과파일 : 'TwowayANOVA-결과(단순주효과분석).omv'

앞서 두 독립변수 간의 상호작용이 있다는 것이 확인된다면 상호작용효과를 제외한 순수한 주효과를 보는 것이 필요하다. 이를 단순주효과(simple main effect) 분석이라고 한다. 단순주효과를 분석하기 위해서 또 다른 독립변수인 성별에 따라 집단을 구분하여 일원분산분석을 실시한다.

즉, 여학생의 경우 교수법에 따른 수학성적의 차이가 어떻게 나타나는지, 그리고 남학생의 경우 교수법에 따른 수학성적의 차이가 어떻게 나타나는지 구분하여 분석하는 것이다.

jamovi의 Filter 기능을 활용하면 단순주효과를 쉽게 분석할 수 있다. 먼저 여학생 집단에 대한 교수법에 따른 수학성적의 차이를 알아보자.

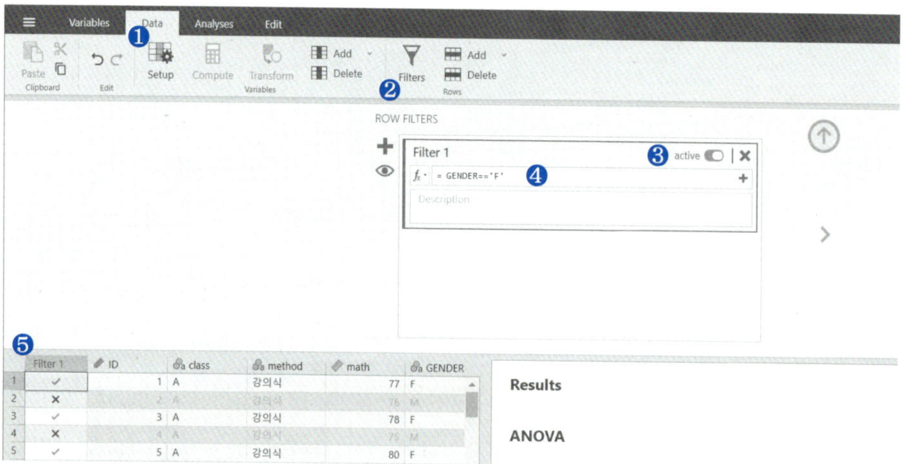

❶ [Data]를 클릭한다.

❷ [Filters]를 클릭한다.

❸ Filters(❷)를 클릭하면 자동으로 필터창이 제시된다. [active]를 눌러 필요에 따라 필터를 활성화/ 비활성화할 수 있다.

❹ GENDER=='F'를 입력한다. 이는 GENDER 변수가 'F'인 값을 필터링하라는 의미다. 유의할 점은 F는 문자이기에 문자 앞뒤로 따옴표(' ')를 입력해야 한다는 것이다. 또한

jamovi에서 같다는 뜻의 수식은 ==이므로 등호를 연속해서 2개 입력해야 한다.

❺ 필터를 적용한 결과가 나타난다. 필터를 적용함에 따라 GENDER=='F'인 데이터만 활성화되었다. 즉, 성별이 여성인 행만 ✓ 표시된 것을 확인할 수 있다.

다음으로 일원분산분석을 실시한다.

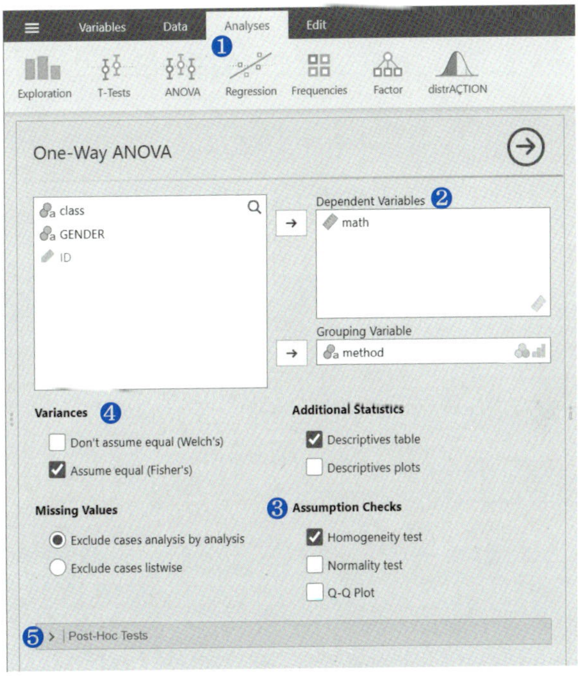

❶ [Analyses] - [ANOVA] - [One-Way ANOVA]를 클릭한다.

❷ Dependent Variables : 독립변수와 종속변수를 입력한다. 독립변수는 math이며, 종속변수는 method이다.

❸ Assumption Checks : 분산분석의 가정인 등분산성과 정규성을 검정한다. 정규성 검정 결과 W=0.9808, p=0.975로 α=.05 유의수준에서 영가설을 기각하지 못하고 정규성을 충족하였다. Levene의 등분산 검정결과 F=0.7492, p=0.494로 α=.05 유의수준에서 영가설을 채택하여 분산이 같은 것을 확인할 수 있다.

Normality Test (Shapiro-Wilk)

	W	p
math	0.9808	0.975

Note. A low p-value suggests a violation of the assumption of normality

Homogeneity of Variances Test (Levene's)

	F	df1	df2	p
math	0.7492	2	12	0.494

❹ Variances : 분산이 같다는 것을 확인하였으므로 Fisher's를 클릭해 F검정을 실시한다. 결과창에 제시된 여학생 집단에 대한 교수법의 단순주효과 분석결과는 다음과 같다.

One-Way ANOVA

One-Way ANOVA (Fisher's)

	F	df1	df2	p
math	47.16	2	12	< .001

여학생의 교수법에 따른 수학점수의 차이는 $F=47.16$, $p<.001$로 집단 간 유의한 차이가 있는 것으로 나타났다. 구체적으로 어느 집단에서 차이가 있는지 살펴보기 위해서 사후검정을 실시할 수 있다.

❺ [Post-Hoc-Tests] 탭을 열어 사후검정을 실시한다. 앞서 등분산이 충족된 것을 확인하였기에 Tukey(equal variances)를 선택한다. 사후검정 결과와 기술통계 그래프는 다음과 같다.

Tukey Post-Hoc Test – math

		강의식	토론식	놀이식
강의식	t-value	—	8.083	-0.6218
	df	—	12.00	12.00
	p-value	—	< .001	0.811
토론식	t-value		—	-8.7048
	df		—	12.00
	p-value		—	< .001
놀이식	t-value			—
	df			—
	p-value			—

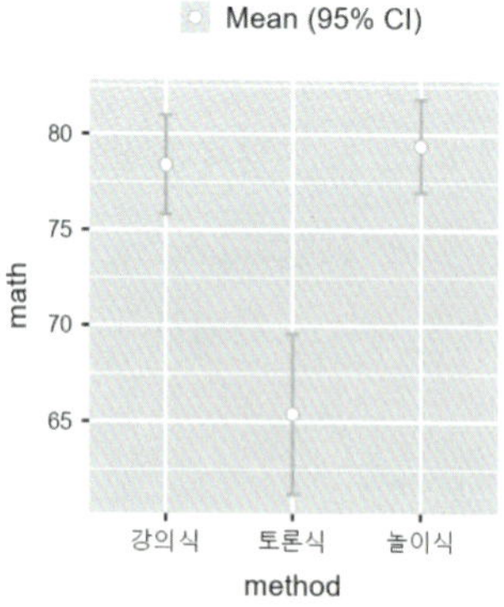

여학생들에 대해서 교수법에 따른 수학성적의 차이를 분석한 결과 강의식과 토론식(t $=8.083$, $p<.001$), 토론식과 놀이식($t=-8.7048$, $p<.001$) 간에는 통계적으로 유의한 차이가 나타났다. 반면 강의식과 놀이식 교수법 사이에는 $t=-0.6218$, $p=.811$로 $\alpha=.05$ 수준에서 유의한 차이가 없는 것으로 나타났다. 즉, 여학생의 경우 토론식 교수법을 실시한 반이 다른 교수법을 실시한 반보다 더 낮은 수학성적을 보이고 있다.

여학생에 대한 단순주효과를 분석했다면, 이번에는 남학생에 대해 교수법의 단순주효과를 분석해 보자.

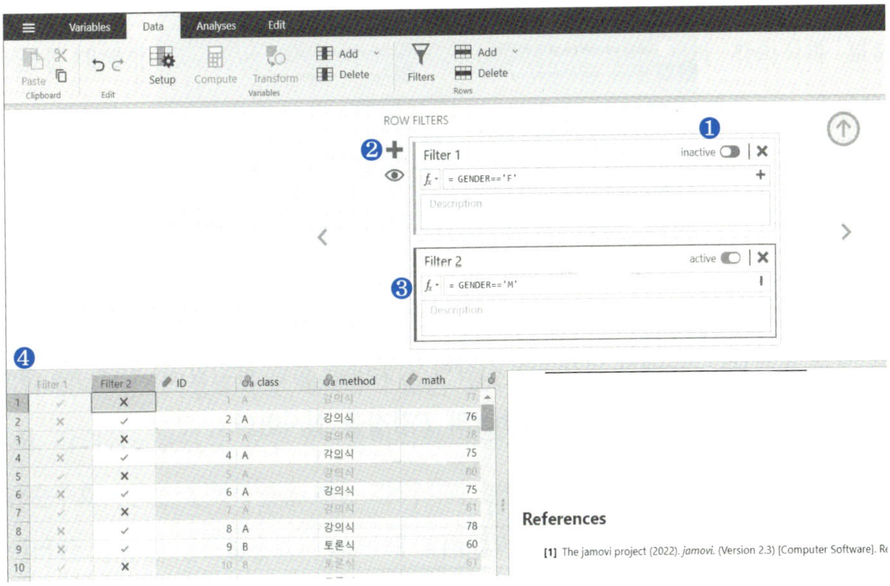

❶ [active]의 바를 클릭해 첫 번째 필터를 비활성화한다.

❷ [+] 아이콘을 클릭해 Filter 2를 추가한다.

❸ 새롭게 적용한 필터를 입력한다. 성별이 남성인 항목을 필터링할 것이므로 GENDER== 'M'을 입력한다. 이때 유의해야 할 점은 연속된 등호 입력(==) 및 문자에 대한 따옴표(' ') 표시, 변수 및 수준의 대소문자 구분이다.

❹ 비활성화된 Filter 1과 활성화된 Filert 2를 확인할 수 있다. 즉, 성별이 남성인 데이터만 보여준다.

연습문제

1

미백주름개선 크림으로 유명한 화장품 회사에서 기존의 제품을 리뉴얼하고, 리뉴얼 제품이 미백주름 개선 효과가 있는지 알아보고자 한다. 체험단 45명을 모집 후 한 집단에는 리뉴얼 전의 제품을, 또 다른 집단에게는 새롭게 개선한 제품을, 마지막 집단은 통제집단으로 아무런 화장품을 사용하지 않도록 하였다. 체험단 45명은 3주 동안 화장품을 사용하고 피부의 탄력도를 측정하였다. 과연 리뉴얼한 제품은 효과가 있는지 확인하여라.

사용데이터 : '연습문제-5장(1).omv' 또는 직접 입력

집단	탄력도	성별
리뉴얼	7.6	여
리뉴얼	6.7	여
리뉴얼	7.4	여
리뉴얼	7.8	여
리뉴얼	7.9	여
리뉴얼	7.6	여
리뉴얼	7.3	남
리뉴얼	6.9	여
리뉴얼	6.8	남
리뉴얼	7.9	남
리뉴얼	6.5	남
리뉴얼	6.7	남
리뉴얼	6.8	남
리뉴얼	6.8	남
리뉴얼	7.2	여

집단	탄력도	성별
기존 제품	6.1	여
기존 제품	6.2	여
기존 제품	6.3	여
기존 제품	6.3	여
기존 제품	6.2	여
기존 제품	6.0	여
기존 제품	6.5	여
기존 제품	6.7	남
기존 제품	6.4	남
기존 제품	6.9	남
기존 제품	5.9	남
기존 제품	5.8	남
기존 제품	6.1	남
기존 제품	6.2	남
기존 제품	6.2	남

집단	탄력도	성별
통제	4.0	여
통제	4.1	여
통제	4.2	여
통제	4.1	남
통제	4.4	남
통제	3.9	여
통제	4.4	남
통제	4.6	남
통제	4.4	여
통제	4.3	여
통제	5.0	남
통제	4.6	남
통제	4.2	여
통제	4.1	여
통제	4.1	여

2

화장품 회사가 리뉴얼한 제품이 효과가 있다는 것을 연습문제 1을 통해서 알 수 있었다. 이어서 화장품 회사에서는 남녀에 따라서도 제품의 효과가 다른지 알아보고자 한다. 동일한 데이터를 바탕으로 집단분류(리뉴얼 제품, 기존 제품, 통제집단)와 성별에 따른 피부탄력도에 차이가 있는지 알아보아라.

사용데이터 : '연습문제-5장(1).omv' 또는 직접 입력

3

연구자는 대학생의 수면시간, 식습관이 회복탄력성에 영향을 끼치는지에 대해 관심을 가지고 있다. 이에 전국 대학생 492명을 대상으로 수면시간과 패스트푸드 섭취량, 회복탄력성에 대해 조사를 실시하였다. 수면시간은 대학생이 느끼기에 충분한 수면을 취하는지 여부에 대해 응답하도록 하였으며, 패스트푸드 섭취량은 일주일 중 인스턴트 식품을 포함한 간편식을 먹은 횟수를 주 7회 이상인지 7회 미만인지 알아보았다. 과연 대학생의 수면과 패스트푸드 섭취량에 따른 회복탄력성에 차이가 있는지 검정하여라.

사용데이터 : '연습문제-5장(3).omv'

* sleep 변수 = 수면시간(enough : 충분/ not enough : 불충분)

* instant 변수 = 패스트푸드 섭취량(over 7 : 7회 이상/ under 7 : 7회 미만)

연습문제 풀이

1 (풀이파일 : '[풀이]5장. 연습문제1번.omv')

각 집단에 따른 기술통계 분석결과, 리뉴얼 제품을 사용한 집단의 피부탄력도가 가장 높으며(M=7.19, SD= 0.483), 다음으로 기존 제품을 사용한 집단의 피부탄력도가 높게 나타났다(M=6.25, SD=0.288). 반면 아무 제품도 사용하지 않은 통제집단의 피부탄력도는 가장 낮게 나타났음을 확인할 수 있다(M=4.29, SD=0.284).

집단	N	Mean	SD
리뉴얼	15	7.19	0.483
기존 제품	15	6.25	0.288
통제	15	4.29	0.284

사용 제품에 따른 피부탄력도 평균의 차이를 비교하기 위해 일원분산분석을 실시한 결과, F =248, p <.001로 나타나 집단 간의 유의한 차이가 있는 것을 확인할 수 있다.

	SS	df	Mean Square	F	p
집단	65.68	2	32.838	248	<.001*
잔차	5.56	42	0.132		

$^{*}p<.05$

구체적으로 어느 집단 간의 피부탄력도의 차이가 유의한지 살펴보기 위해 사후검정을 한 결과 모든 집단 간 .05 수준에서 유의미한 차이가 나타났다. 이는 리뉴얼 제품을 사용한 집단과 기존 제품을 사용한 집단, 리뉴얼 제품을 사용한 집단과 통제집단, 그리고 기존 제품을 사용한 집단과 통제집단 사이의 차이가 유의미한 것을 의미한다. 즉, 리뉴얼이 기존의 제품보다 효과적이며, 두 제품 모두 아무런 스킨케어를 하지 않는 것보다는 피부탄력개선에 도움을 줄 수 있다.

		Mean Difference	SE	df	t	p
리뉴얼	기존 제품	0.94	0.133	42.0	7.08	<.001*
	통제	2.90	0.133	42.0	21.84	<.001*
기존 제품	통제	1.96	0.133	42.0	14.76	<.001*

$^{*}p<.001$

2 (풀이파일 : '[풀이]5장. 연습문제2번.omv')

사용한 제품과 성별에 따른 피부탄력도에 대한 기술통계량을 살펴보면, 리뉴얼 제품을 사용한 여성(M=7.39, SD=0.426)의 피부탄력도가 가장 높게 나타났다. 다음으로는 리뉴얼 제품을 사용한 남성의 피부탄력도(M=6.97, SD=0.475)가 높게 나타났으며, 기존 제품을 사용한 집단의 남성과 여성의 피부탄력도는 각각 M=6.28(SD=0.377), M=6.23(SD=0.160)으로 나타났다. 반면 피부탄력도가 가장 낮은 집단은 통제집단으로 여성의 경우 M=4.14(SD=0.151), 남성의 경우 M=4.52(SD=0.299)로 나타났다.

구분		N	Mean	SD
리뉴얼	여	8	7.39	0.426
	남	7	6.97	0.475
기존 제품	여	7	6.23	0.160
	남	8	6.28	0.377
통제	여	9	4.14	0.151
	남	6	4.52	0.299

사용한 제품 종류와 성별에 따른 피부탄력도의 차이가 있는지 알아보기 위해 이원분산분석을 실시한 결과 사용한 제품 종류(F=274.24, p<.001)와 제품과 성별 간의 상호작용효과(F=5.11, p=.011)가 유의미한 것으로 나타났다.

	SS	df	Mean Square	F	p
사용 제품	61.69	2	30.847	274.24	<.001*
성별	8.18e−6	1	8.18e−6	7.24e−5	.993
사용 제품*성별	1.15	2	0.576	5.11	.011*
잔차	4.40	39	0.113		

*p<.001

사용한 화장품 제품 종류와 성별 간의 상호작용효과가 나타났다. 따라서 성별의 영향력을 배제한 제품만의 효과에 따른 피부탄력도 개선에 대해 알아보기 위해 단순주효과 분석을 실시하였다. 그 결과 여성의 경우 F=301, p<.001, 남성의 경우 F=65.7, p<.001로 모두 사용한 제품에 따른 집단 간 유의미한 차이가 발견되었다. 이를 구체적으로 분석하기 위해 사후검정을 실시한 결과, 남녀 모든 집단에서 리뉴얼 제품을 사용한 집단의 피부탄력도가 가장 높으며, 이어서 기존 제품, 통제집단의 순으로 탄력도가 높음을 알 수 있다. 즉, 본 회사가 개발한 크림은 남녀 집단 모두에게 효과적임을 알 수 있다.

단순주효과		SS	df	Mean Square	F	p	사후검정
여	사용 제품	46.09	2	23.0440	301	<.001*	리뉴얼>기존>통제
	잔차	1.61	21	0.0764			
남	사용 제품	20.41	2	10.206	65.7	<.001*	리뉴얼>기존>통제
	잔차	2.80	18	0.155			

$^*p<.001$

3 (풀이파일 : '[풀이]5장. 연습문제3번.omv')

수면과 인스턴트 식품 섭취에 따른 대학생의 회복탄력성에 대해 조사한 결과, 수면이 충분하고 인스턴트 식품 섭취가 적은 학생의 회복탄력성이 가장 높았으며(M=3.20, SD=0.339), 다음으로 수면이 충분하고 인스턴트 식품을 주 7회 이상 섭취한 학생의 회복탄력성이 두 번째로 높게 나타났다(M=2.98, SD=0.495). 반면 수면이 부족하다고 응답한 학생의 회복탄력성은 다소 낮게 나타났다. 구체적으로 수면이 부족하고 인스턴트 식품을 주 7회 미만으로 섭취하는 대학생의 회복탄력성은 M=2.93, SD=0.373이고, 수면이 부족하고 인트턴트 식품을 주 7회 이상 섭취하는 대학생의 회복탄력성은 M=2.69, SD=0.555이다.

수면	인스턴트 식품 섭취	N	Mean	SD
충분	7회 미만	21	3.20	0.339
	7회 이상	28	2.98	0.495
	계	49	3.07	0.445
부족	7회 미만	31	2.93	0.373
	7회 이상	20	2.69	0.555
	계	51	2.84	0.463

수면과 인스턴트 식품 섭취에 따른 회복탄력성의 차이가 있는지 알아보기 위해 이원분산분석을 실시한 결과 수면시간이 .05 수준에서 유의한 변수로 나타났다(F=9.43, p=.003). 반면 인스턴트 식품 섭취와 두 변수 간의 상호작용은 유의하지 않았다.

	SS	df	Mean Square	F	p
수면	1.86315	1	1.863	9.43	.003*
인스턴트 식품 섭취	1.27483	1	1.274	6.45	.013
상호작용	0.00157	1	0.001	0.00	.929
잔차	18.96497	96	0.197		

$^*p<.05$

이를 종합하면 수면의 양은 대학생의 회복탄력성에 영향을 미치는 요인으로, 대학생의 회복탄력성을 높이기 위해서는 학생에게 충분한 수면이 보장되어야 한다는 결론을 내릴 수 있다.

제 6 장

상관분석

1. 상관분석의 주요 개념
2. 상관계수
3. 공분산
4. 상관분석 실시하기

제 6 장 상관분석

1. 상관분석의 주요 개념

연구를 실시할 때 변수 간의 관계를 파악하는 것은 매우 중요하다. 이때 활용할 수 있는 것이 바로 상관분석이다. 상관(correlation)이란 두 변수 간의 선형적인 관계를 파악하는 통계방법이다. 선형적인 관계는 두 변수가 서로 직선관계에 있다는 것을 의미한다. |그림 6-1|의 그래프를 통해 직선관계를 이해해 보자. 그래프는 기울기가 각각 양수와 음수인 일차함수 그래프이다. 기울기가 양수인 경우, x값이 커질수록 또 다른 y값도 증가하는 형태를 지닌다. x값이 커지는 정도에 따라 y값이 증가하거나 감소하는 것이 아니라, y값도 꾸준히 증가한다. 반대로 기울기가 음수인 경우 x값이 커질수록 또 다른 y값은 감소하는 형태를 띠며, x값과 y값은 서로 반대 방향으로 변화한다.

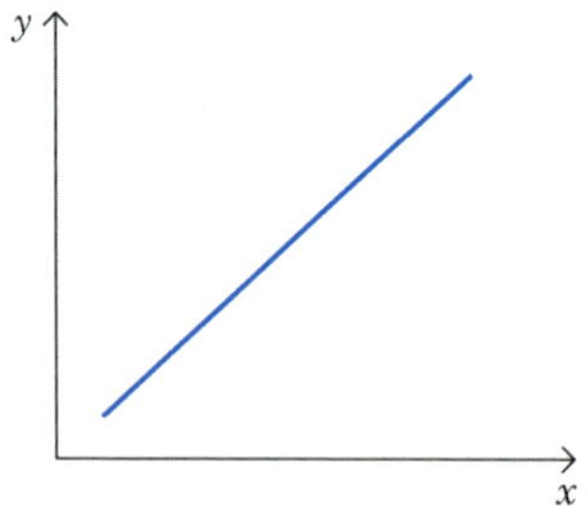

(a) 기울기 양수

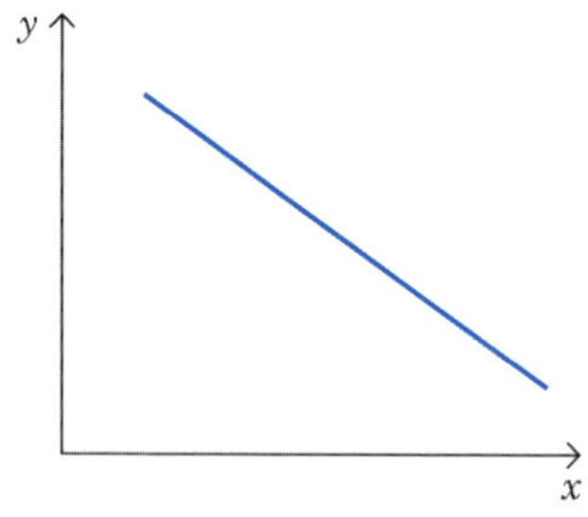

(b) 기울기 음수

|그림 6-1|

이와 같이 하나의 변수가 변함에 따라 또 다른 변수도 일정한 방향으로 증가 혹은 감소하는 것을 선형적인 관계라 하며, 선형적인 관계에 있는 두 변수가 함께 변하는 정도를 파악하

는 것이 상관분석이다.

상관분석은 2개의 변수를 기준으로 한 변수가 커지거나 작아질 때 일정한 규칙으로 다른 변수가 변화하는 관계와 그 정도를 예측하여 알아보고자 하는 것이다. 상관분석을 실시할 때 유념해야 할 점은 상관관계가 인과관계를 의미하는 것은 아니라는 것이다.

예를 들어, 아이스크림 매출량과 익사율의 상관관계를 분석한다고 하자. 기온이 상승함에 따라 물놀이 이용과 그로 인한 사고발생 가능성이 높아지고, 아이스크림 매출이 오를 것이다. 따라서 아이스크림 매출량과 익사율은 높은 상관을 보일 것으로 예상된다. 하지만 이것을 인과관계로 해석하면, 아이스크림 매출량으로 인해 익사율이 높아진다는 것은 터무니없는 해석이 이루어진다.

이렇듯 상관관계는 인과관계를 의미하는 것이 아니기에 독립변수와 종속변수의 개념이 사용되지 않는다. 단순히 두 가지 변수의 관계에서 일정한 규칙이 나타나는 것을 확인하고, 그 정도가 얼마만큼 큰지 작은지를 알아보는 것이 상관분석의 핵심내용이다.

2. 상관계수

그렇다면 두 변수 간의 상관성을 어떻게 해석할 수 있을까? 상관관계를 나타내 주는 지수가 바로 '상관계수(correlation coefficient)'이다. 상관계수는 변수들 간의 상관관계의 정도와 방향을 하나의 수치로 요약해 나타낸다.

1) 상관계수의 유형

변수의 척도 및 다른 변수의 개입 여부에 따라 사용하는 상관계수가 상이하다. 상관계수의 유형은 다음과 같다.

- **적률상관계수(product-moment correlation coefficient)** : Karl Pearson이 제시한 적률상관계수는 두 변수의 공분산을 두 변수의 표준편차의 곱으로 나누어 줌으로써 계산한다. Pearson의 상관계수는 두 변수가 모두 연속형일 때 사용할 수 있으며, 일반적으로 많이 활용되는 상관계수이다. 적률상관계수를 구하는 공식은 다음과 같다.

$$r_{XY} = \frac{COV(XY)}{\sqrt{\frac{\sum(x_i - \bar{x})^2}{n} \times \frac{\sum(y_i - \bar{y})^2}{n}}}$$

적률상관계수를 구할 때, 다음의 간단공식을 사용할 수도 있다.

$$r_{XY} = \frac{\sum xy}{NS_x S_y}$$

xy는 편차점수 : $x = (X_i - \overline{X})$, $y = (Y_i - \overline{Y})$

– **등위상관계수(rank order correlation coefficient)** : Spearman이 제시한 등위상관계수이다. Spearman의 상관계수 ρ(rho)를 구하는 공식은 다음과 같다. ρ는 전집의 상관계수를 의미하는 것으로 사용하여 대신 r_s로 나타낸다.

$$r_s = \rho_{R(X),R(Y)} = \frac{cov(R(X),\ R(Y))}{\sigma_{R(X)}\sigma_{R(Y)}}$$

$cov(R(X),\ R(Y))$: 등위변수의 공분산, $\sigma_{R(X)}\sigma_{R(Y)}$: 등위변수의 표준편차

Spearman의 상관계수 간단공식은 다음과 같다.

$$r_s = 1 - \frac{6\sum d_i^2}{N^3 - N}$$

d_i^2는 i사례에 할당된 순위의 차이

– **편상관계수(partial correlation coefficient)** : 3개 이상의 변수를 대상으로 분석할 때, 특정 변수의 영향력을 고정시킨 다음 남은 2개 변수의 상관관계를 분석할 때 활용되는 상관계수이다.

2) 상관계수의 해석 및 특징

상관계수는 -1과 1 사이의 값을 가진다($-1 \leq r_{XY} \leq 1$). 상관계수는 두 변수 간의 관계를 나타내는 것으로 상관계수를 해석함으로써 두 변수 간의 방향성과 연관된 정도를 알 수 있다.

상관계수의 부호는 두 변수 간의 방향성을 의미한다. 만약 상관계수가 양수라면, 하나의 변수가 증가할수록 다른 변수도 증가하는 양(+)의 상관이 있음을 의미한다. 반대로 상관계수

가 음수라면 하나의 변수가 증가할수록 다른 변수는 감소하는 음(−)의 상관이 있음을 뜻한다.

또한 상관계수의 절댓값이 1에 가까울수록 관련성이 높다는 것을 의미한다. 반대로 상관계수의 절댓값이 0에 가까울수록 낮은 상관을 뜻한다. 일반적으로 0~±.20의 상관계수는 상관이 거의 없음을, ±.20~.40의 범위는 상관이 낮음을, ±.40~.60은 상관이 있음을, ±.60~.80은 상관이 높음을, ±.80~1.00은 상관이 매우 높음을 의미한다.

상관분석은 다음과 같은 특징을 지닌다.

첫째, 상관분석을 실시할 때는 표본의 크기를 고려해야 한다. 표본의 크기가 작으면 표본에 따라 상관계수가 변하게 된다. 따라서 표본의 크기가 충분해야 한다.

둘째, 상관분석은 두 변수의 연관성이 어느 정도 큰지 확인하는 것이고, 공분산을 바탕으로 계산한다. 따라서 공분산이 클수록 변화하는 정도가 커지며, 높은 상관을 나타낸다.

마지막으로, 상관계수는 극단값의 영향을 받는다. 이는 평균의 특성과도 동일하다. 관측된 데이터 중 두 변수 관계의 경향성으로부터 동떨어진 극단값이 있는 경우, 그 데이터가 의미 있는지 확인이 필요하다. 연구의 특성상 신뢰가 안 가는 데이터라면 제거하고 상관분석을 진행하는 것이 바람직하다.

3. 공분산

1) 공분산이란

앞서 Pearson의 상관계수는 두 변수의 공분산을 두 변수의 표준편차의 곱으로 나눔으로써 계산한다고 하였다. 그렇다면 공분산이란 무엇일까? X, Y 2개의 변수로부터 함께 구한 분산이다.

공분산은 2개의 변수에 대한 분산이며, 두 변수의 편차곱으로 구할 수 있다. 이를 수식으로 나타내면 다음과 같다.

$$COV(XY) = \sum_{i=1}^{n} \frac{(X_i - \overline{X})(Y_i - \overline{Y})}{n}$$

공분산은 두 변수 관계에 대한 정보를 제공한다. 즉, 공분산을 통해 X가 증가함에 따라 Y가 음(−) 혹은 양(+)의 방향으로 변화하는지, 그 정도가 어느 만큼인지 알 수 있다. 만약 공분산이 양수라면 두 변수는 같은 방향으로 변화한다는 것이며, 음수라면 두 변수는 다른 방향으로 변화함을 의미한다. 그리고 공분산의 크기가 0에 가까울수록 두 변수는 규칙 없이 대응한다는 것을 의미한다.

2) 공분산과 상관계수의 관계

공분산도 상관계수와 마찬가지로 두 변수 간의 선형관계를 보여준다. 하지만 공분산은 표준화된 계수가 아니기에 그 값을 해석하는 데 어려움이 있다.

만약 키와 몸무게 간의 공분산을 구한다고 생각해 보자. 키의 단위는 cm이며 몸무게의 단위는 kg이다. 이 둘을 곱해서 산출한 공분산의 수치를 어떻게 해석할 수 있는가? 음과 양의 방향성은 알 수 있지만, 선형관계의 강도를 파악하기에는 어려움이 있다.

이러한 문제는 2개의 서로 다른 공분산을 비교할 때도 발생한다. 만약 변수 A와 B의 공분산은 100이며, 변수 C와 D의 공분산은 1,000이라고 하자. 그렇다면 C와 D가 더 높은 연관성이 있는 변수라고 할 수 있는가? 각 변수의 단위를 알 수 없기에 1,000이라는 수가 더 크지만 그 값이 객관적으로 더 큰 연관성이 있다고 단언할 수 없다.

이러한 공분산의 문제를 해결하는 것이 바로 상관계수이다. 상관계수는 공분산을 표준화한 값으로, 공분산 값을 표준편차의 곱으로 나누어 단위의 효과를 상쇄하고 비교를 가능하게 한다. 즉, 무한대의 값을 지니던 공분산을 표준화하여 -1과 1의 사이 값으로 나타낸 상관계수를 통해서 두 변수 관계의 선형관계뿐 아니라 그 정도의 크고 작음을 알 수 있다.
공분산과 상관계수를 정리하면 <표 6-1>과 같다.

<표 6-1> 공분산과 상관계수 비교

	공분산	상관계수
표 기	$COV(XY)$	r_{XY}
범 위	$-\infty \leq COV(XY) \leq \infty$	$-1 \leq r_{XY} \leq 1$
공 식	$COV(XY) = \sum_{i=1}^{n} \frac{(X_i - \overline{X})(Y_i - \overline{Y})}{n}$	$r_{XY} = \frac{COV(XY)}{\sqrt{\frac{\sum(x_i - \overline{x})^2}{n} \times \frac{\sum(y_i - \overline{y})^2}{n}}}$
특 징	방향성 파악 가능, 강도 확인 불가능	방향성 및 강도 파악 가능

4. 상관분석 실시하기

예제를 통해서 상관분석을 실시해 보자.

예제

키와 몸무게는 어떠한 상관관계가 있는가?

[데이터]

유아	1	2	3	4	5	6	7	8	9	10
키	119	117	116	111	120	119	115	114	114	109
몸무게	21	22	20	20	31	21	20	19	18	18

예제는 키와 몸무게에 대한 연관성이 있는지 알아보는 것이다. 키와 몸무게 모두 연속형 변수로 상관분석을 실시할 수 있다.

1) 기술통계량

(1) 평균 계산하기

상관분석을 실시하기 위해 각 변수(키, 몸무게)의 평균과 편차를 키를 X변수, 몸무게를 Y 변수로 두고 계산해 보자.

$$\overline{X} = \frac{(119+117+116+111+120+119+115+114+114+109)}{10} = 115.40$$

$$\overline{Y} = \frac{(21+22+20+20+31+21+20+19+18+18)}{10} = 21.00$$

산출한 평균을 바탕으로 구한 각 자료의 편차는 다음과 같다.

유아 (i)	X변수 (키)	Y변수 (몸무게)	X편차 $(X_i - \overline{X})$	Y편차 $(Y_i - \overline{Y})$	편차곱 $(X_i - \overline{X})(Y_i - \overline{Y})$	X편차제곱 $(X_i - \overline{X})^2$	Y편차제곱 $(Y_i - \overline{Y})^2$
1	119	21	3.60	0.00	0.00	12.96	0.00
2	117	22	1.60	1.00	1.60	2.56	1.00
3	116	20	0.60	−1.00	−0.60	0.36	1.00
4	111	20	−4.40	−1.00	4.40	19.36	1.00
5	120	31	4.60	10.00	46.00	21.16	100.00
6	119	21	3.60	0.00	0.00	12.96	0.00
7	115	20	−0.40	−1.00	0.40	0.16	1.00
8	114	19	−1.40	−2.00	2.80	1.96	4.00
9	114	18	−1.40	−3.00	4.20	1.96	9.00
10	109	18	−6.40	−3.00	19.20	40.96	9.00
합	1,154	210		합	78.00	114.40	126.00
평균	115.4	21		합/n-1	8.67	3.57	3.74

(2) 공분산과 표준편차 계산하기

위 표를 바탕으로 두 변수의 공분산과 표준편차를 구해 보자. 추리통계에서는 분모의 값을 $n-1$의 자유도로 계산한다.

$$COV(XY) = \sum_{i=1}^{n} \frac{(X_i - \overline{X})(Y_i - \overline{Y})}{n-1}$$

$$= \frac{(0.00 + 1.60 - 0.60 + 4.40 + 46.00 + 0.00 + 0.40 + 2.80 + 4.20 + 19.20)}{9}$$

$$= \frac{78.00}{9} = 8.67$$

$$SD(X) = \sqrt{\frac{\sum_{i=1}^{i}(X_i - \overline{X})^2}{n-1}}$$

$$= \sqrt{\frac{(12.96)^2 + (2.56)^2 + (0.36)^2 + (19.36)^2 + (21.16)^2 + (12.96)^2 + (0.16)^2 + (1.96)^2 + (1.96)^2 + (40.96)^2}{9}}$$

$$= \sqrt{\frac{114.40}{9}} = \sqrt{12.71} = 3.57$$

$$SD(Y) = \sqrt{\frac{\sum_{i=1}^{i}(Y_i - \overline{Y})^2}{n-1}}$$

$$= \sqrt{\frac{(0.00)^2 + (1.00)^2 + (1.00)^2 + (1.00)^2 + (100.00)^2 + (0.00)^2 + (1.00)^2 + (4.00)^2 + (9.00)^2 + (9.00)^2}{9}}$$

$$- \sqrt{\frac{126.00}{9}} = \sqrt{14.00} = 3.74$$

(3) 상관계수 계산하기

주어진 데이터를 바탕으로 상관계수를 구해 보자.

$$r_{XY} = \frac{COV(XY)}{SD(X) \times SD(Y)} = \frac{8.67}{3.57 \times 3.74} = 0.65$$

즉, 키와 몸무게의 상관계수(r)는 0.65임을 알 수 있다.

2) 상관계수의 유의도 검정

앞서 0.65의 상관계수를 구해 보았다. 산출된 상관계수는 두 변수 간 연관성의 방향과 정도를 알려주는 지표이다. 상관계수를 해석하면 키와 몸무게는 서로 정적(+)인 상관관계를 가지고 있으며, 그 정도가 0.65 정도라는 정보를 얻을 수 있다.

하지만 이 지표가 진짜 유의한지 확인하는 과정이 필요하다. 이것을 상관계수의 유의도 검정이라 한다. 상관계수의 유의도 검정은 t분포에 기초한다. 즉, 상관계수에 대한 t검정통계량이 기각역에 포함된다면, 연구자는 영가설을 기각하고 대립가설을 채택한다. 이때의 영가설과 대립가설은 다음과 같다.

영가설 : H_0 = 두 변수 간의 상관계수는 0이다.
대립가설 : H_1 = 두 변수 간의 상관계수는 0이 아니다.

상관계수의 유의도 검정에서의 t공식은 다음과 같다.

$$t_{(n-2)} = \frac{r}{\sqrt{1 - r^2/(n-2)}}$$

공식에 따라 t값을 구해서 유의도 검정을 실시해 보자.

$$t_{(8)} = \frac{0.65}{\sqrt{1-(0.65)^2/(8)}} = \frac{0.65}{\sqrt{0.07}} = \frac{0.65}{0.27} = 2.42$$

자유도가 10인 t분포에서 $\alpha = .05$의 임계치는 2.306이다. 상관계수의 유의도 검정통계량은 $t(8) = 2.42$로 2.306보다 큰 값이기에 기각역에 속한다. 따라서 두 변수 간의 상관계수가 0이라는 영가설을 기각하고, $r = 0.65$의 상관계수가 유의하다는 결론을 내릴 수 있다.

3) jamovi 실습하기

jamovi에서 직접 상관분석을 실시해 위와 동일한 결과가 나오는지 확인해 보자.

(1) 데이터 입력하기

사용파일 : 'Correlation.omv' 또는 데이터 직접 입력
결과파일 : 'Correlation-결과(상관분석).omv'

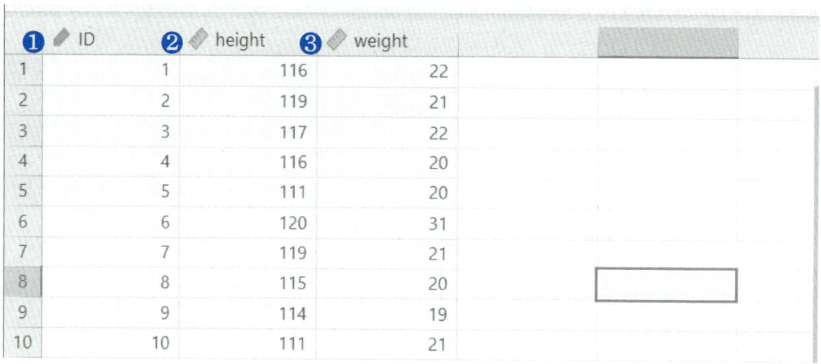

	❶ ID	❷ height	❸ weight
1	1	116	22
2	2	119	21
3	3	117	22
4	4	116	20
5	5	111	20
6	6	120	31
7	7	119	21
8	8	115	20
9	9	114	19
10	10	111	21

❶ ID : 각 표본에 ID를 부여한다. 총 10개의 표본이 있음을 알 수 있다.

❷ height : 각 유아의 키를 입력한다.

❸ weight : 각 유아의 몸무게를 입력한다.

(2) 상관분석 실시

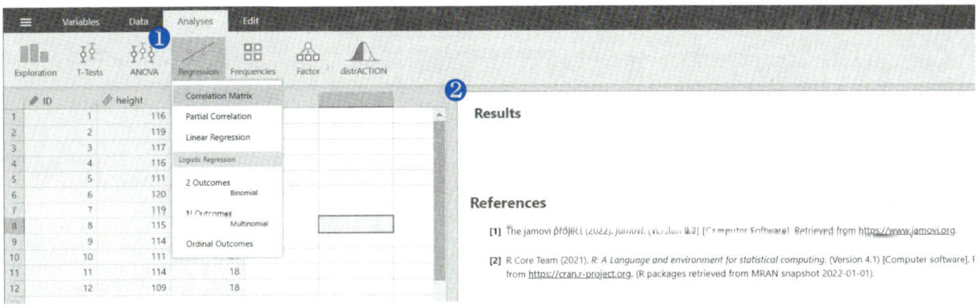

❶ [Analyses] – [Regression] - [Correlation Matrix] 순서로 클릭한다.

❷ 분석창 : ❶을 실시하면 화면 우측에 상관분석 분석창이 자동으로 나타난다.

(3) 분석창

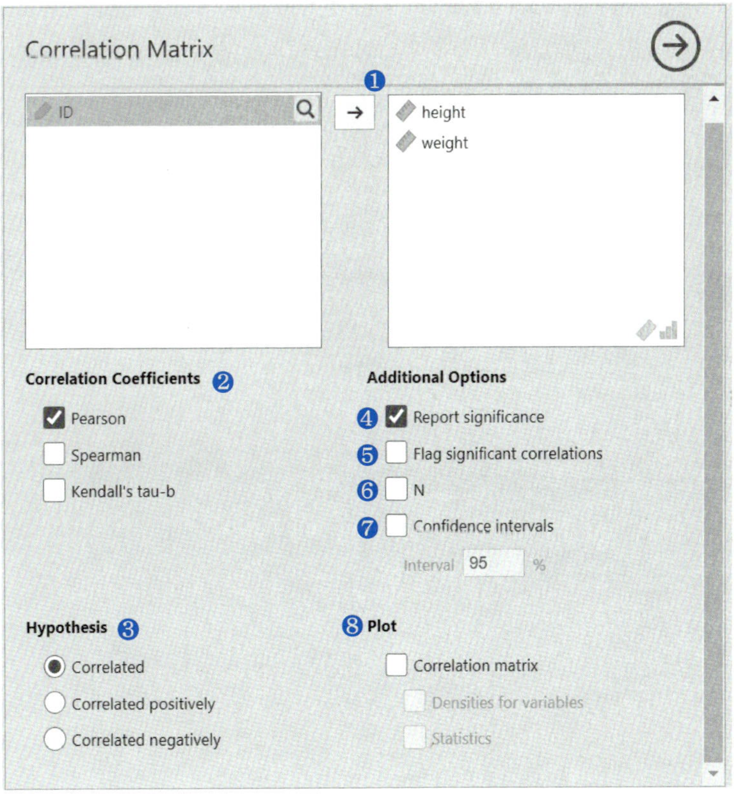

❶ 변수입력 : 분석하고자 하는 변수를 입력한다. 예제에서는 유아의 키와 몸무게의 상관관계를 알아보고자 했으므로, 'height'와 'weight' 변수를 입력한다.

❷ Correlation Coefficients : 산출하고자 하는 상관계수의 종류를 선택할 수 있다. 변수의 척도 유형에 따라서 상관분석의 방법이 달라지기에 이를 고려하여 상관계수를 선택해야 한다.

- Pearson : 변수가 모두 연속형일 때 사용할 수 있다.
- Spearman : 한 개 이상의 변수가 서열형일 때 사용할 수 있다.
- Kendall's tau−b : 서열형 변수의 상관분석 값을 제시해 준다. Spearman의 등위상관계수와 달리 편상관분석에도 활용할 수 있다.

❸ Hypothesis : 가설검정의 방향성을 의미한다. Correlated는 양방가설을 의미하고, Correlated positively와 Correlated negatively는 단측검정을 의미한다.

❹ Report significance : 상관계수의 유의도 검정에서 나타나는 *p*-value를 보여준다.

❺ Flag significant correlations : 유의도 검정결과, 통계적으로 유의한 상관계수를 *로 표시한다. $p<.05$는 *, $p<.005$는 **, $p<.001$은 ***로 나타낸다.

❻ N : 사례 수를 의미한다.

❼ Confidence intervals : 신뢰구간을 의미한다.

❽ Plot : 상관분석 결과를 그래프로 보여준다. Plot은 다음 쪽 '(4) Plot 확인하기'에서 조금 더 자세히 살펴보도록 한다.

(4) Plot 확인하기

Plot 기능을 활용하면 각 변수의 분포를 시각적으로 확인할 수 있다. 다음은 Plot 옵션과 그 결과이다.

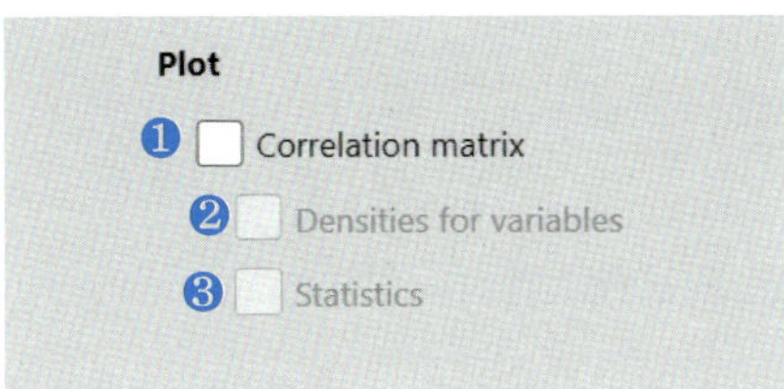

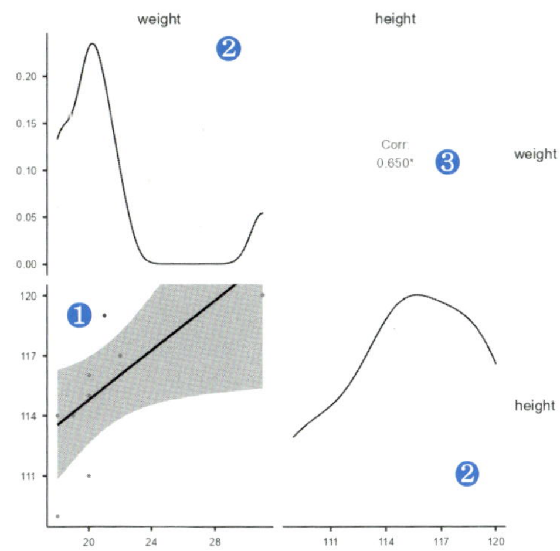

❶ Correlation matrix : 이 옵션을 선택하면 기본적으로 두 변수 간의 산점도와 이를 나타내는 직선을 그려준다.

❷ Densities for variables : 이 옵션을 선택하면 각 변수별 분포를 추가적으로 제시한다. 왼쪽 상단의 그래프는 weight 변수의 분포를, 오른쪽 하단의 그래프는 height 변수의 분포를 나타낸다.

❸ Statistics : 두 변수 간의 상관계수를 제시한다. height와 weight의 상관계수는 약 0.650임을 알 수 있다.

(5) Results : 결과확인

Correlation Matrix

		weight	height
weight	Pearson's r	—	
	df	—	
	p-value	—	
height	Pearson's r	0.65 ❶	—
	❷ df	8	—
	p-value	0.042 ❸	—

❶ 상관계수를 의미한다. 키(height)와 몸무게(weight) 변수를 분석한 결과 $r=0.65$로 상관관계가 다소 있으며, 정적 상관관계임을 알 수 있다.

❷ 상관계수의 유의도 검정에 대한 자유도를 의미한다. $n-2$로 계산한다.

❸ 상관계수의 유의도 검정 확률값을 의미한다. 이는 앞서 계산한 상관계수의 유의도 검정 통계량 $t_{(8)}=2.42$가 나타날 확률을 의미한다. 검정통계량이 나타날 확률이 유의수준인 .05보다 적으므로, 상관계수 $r=0.65$가 통계적으로 유의미한 값이라고 해석할 수 있다.

따라서 키와 몸무게 간의 상관분석을 실시한 결과 두 변수는 서로 양적 상관관계에 있으며, 두 변수 간의 상관계수는 $r=0.65$(p-value$=0.042$)라는 해석이 가능하다.

(6) 결과 해석하기

상관분석의 통계 검정결과를 정리하면 다음과 같다.

영가설 : H_0=키와 몸무게 간에는 서로 상관관계가 없다.
대립가설 : H_1=키와 몸무게 간에는 서로 상관관계가 있다.
상관계수 $r=0.65$, p-value$=0.042$

키와 몸무게 간의 상관관계를 분석한 결과 두 변수는 서로 정적관계에 있음을 알 수 있다.

4) 더 알아보기 : 등위상관계수

지금까지 살펴본 상관계수는 Pearson의 적률상관계수였다. Pearson의 적률상관계수는 두 변수가 모두 동간척도나 비율척도일 때 사용하는 것이 적절하다.

만약 두 변수 중 한 변수 이상이 서열척도인 경우에는 Spearman의 등위상관계수(rank order correlation coefficient)를 통해 두 변수 간의 관계를 파악한다. Spearman의 등위상관계수는 서열자료에 기초한 비모수통계기법이므로 극단값의 영향이나 모수통계의 가정 위반에 대해서 상대적으로 강건하다고 할 수 있다.

예시를 통해 Spearman의 등위상관계수를 알아보자.

예제

선수 8명의 연기에 대해 2명의 심판이 점수를 평정하였다. 두 감독의 평정 간에는 어떤 상관이 있는가?

[데이터]

	선수 1	선수 2	선수 3	선수 4	선수 5	선수 6	선수 7	선수 8
심판 1	15	13	5	7	4	8	12	9
심판 2	13	10	4	8	3	7	12	11

(1) 상관계수 계산하기

8명의 선수에 대한 2명 심판의 점수를 등위(순위)로 나타내고 d_i^2을 구하면 다음과 같다.

선수	심판 1 점수	심판 2 점수	심판 1 순위	심판 2 순위	등위 차이	
					d_i	d_i^2
1	15	13	1	1	0	0
2	13	10	2	4	−2	4
3	5	4	7	7	0	0
4	7	8	6	5	1	1
5	4	3	8	8	0	0
6	8	7	5	6	−1	1
7	12	12	3	2	1	1
8	9	11	4	3	1	1
합						8

각 수치를 대입하면 $r_s = 0.905$임을 구할 수 있다.

$$r_s = 1 - \frac{6\sum d_i^2}{N^3 - N} = 1 - \frac{6 \times 8}{8^3 - 8} = 1 - \frac{48}{504} = 1 - 0.095 = 0.905$$

즉, 두 심판 간의 상관은 매우 높은 것으로 알 수 있다.

(2) jamovi 결과 확인하기

사용파일 : 'Spearman's rho.omv' 또는 직접 입력
결과파일 : 'Spearman's rho-결과.omv'

jamovi를 통해 등위상관계수를 구해 보자. 그 결과 직접 계산한 값과 동일함을 확인할 수 있다.

Correlation Matrix

Correlation Matrix

		referee1	referee2
referee1	Spearman's rho	—	
	df	—	
	p-value	—	
referee2	Spearman's rho	0.905	—
	df	6	—
	p-value	0.005	—

(3) Pearson의 적률상관계수와의 관계

Spearman의 공식은 자료가 모두 등위형일 경우 Pearson의 적률상관계수(r)의 공식을 간편하게 사용할 수 있도록 유도한 공식이다. 따라서 데이터가 모두 등위로 되어 있을 때에는 Pearson의 적률상관계수의 값과 Spearman의 등위상관계수의 값은 동일하다.

예제데이터로 적률상관계수를 구해 그 값이 동일한지 확인해 보자.

선수	심판 1 순위	심판 2 순위	편차		편차곱	편차제곱	
			심판 1	심판 2		심판 1	심판 2
1	1	1	−3.5	−3.5	12.25(=−3.5×−3.5)	12.25	12.25
2	2	4	−2.5	−0.5	1.25(=−2.5×−0.5)	6.25	0.25
3	7	7	2.5	2.5	6.25(=2.5×2.5)	6.25	6.25
4	6	5	1.5	0.5	0.75(=1.5×0.5)	2.25	0.25
5	8	8	3.5	3.5	12.25(=3.5×3.5)	12.25	12.25
6	5	6	0.5	1.5	0.75(=0.5×1.5)	0.25	2.25
7	3	2	−1.5	−2.5	3.75(=−1.5×−2.5)	2.25	6.25
8	4	3	−0.5	−1.5	0.75(=−0.5×−1.5)	0.25	2.25
합	36	36			38	42	42
평균	4.5	4.5			표준편차	2.29	2.29

$$r_{XY} = \frac{\sum xy}{NS_xS_y} = \frac{38}{8 \times 2.29 \times 2.29} = 0.905$$

따라서 Pearson의 적률상관계수 또한 동일하게 0.905로 나타난 것을 확인할 수 있다.

연습문제

1

다음은 지난 10년간의 여름철 평균 기온과 식중독 발생 횟수에 대한 데이터이다. 기온과 식중독의 관계를 분석하여라.

사용데이터 : '연습문제-6장(1).omv' 또는 직접 입력

년도	기온	식중독 발생 수
1990	30.8	4529
1991	31.2	4668
1992	33.2	4781
1993	29.8	4289
1994	28.2	4235
1995	35.0	5620
1996	33.4	4880
1997	35.6	5783
1998	34.4	4992
1999	34.2	4801
2000	35.2	5623

2

한 연구자는 100명의 청소년과 그 가족을 대상으로 부모님의 성취압박과 학생의 시험성적을 조사하였다. 어머니의 성취압박, 아버지의 성취압박, 그리고 학생의 시험성적의 관계를 분석하여라.

사용데이터 : '연습문제-6장.omv'

* pressure D = 아버지의 성취압박
* pressure M = 어머니의 성취압박
* score = 청소년의 시험성적

연습문제 풀이

1 (풀이파일 : '[풀이]6장. 연습문제1번.omv')

식중독과 기온과의 관계를 파악하기 위해 상관분석을 실시한 결과 $r=0.986$, $p<.001$로 나타났다. 이는 식중독과 기온이 정적상관으로 유의하다는 것을 의미한다. 따라서 기온이 높아지면 식중독 발생 수도 높아진다고 할 수 있나.

변수		Pearson's r	df	p
식중독	기온	0.986	9	$<.001$

기온과 식중독의 관계를 산점도로 나타내면 다음과 같다.

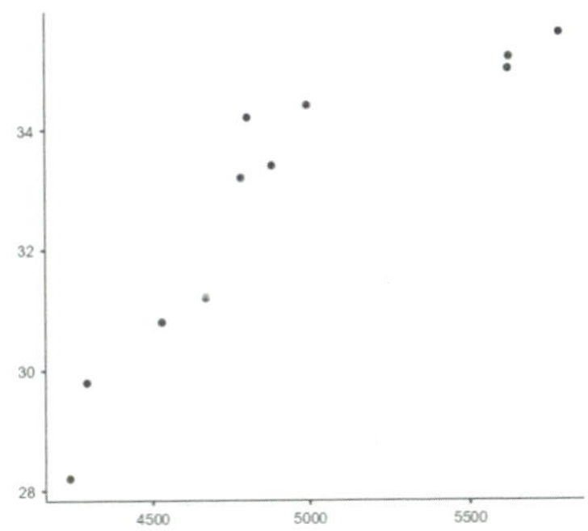

2 (풀이파일 : '[풀이]6장. 연습문제2번.omv')

아버지의 성취압박과 어머니의 성취압박, 학생의 시험성적 간의 상관관계를 분석한 결과, 아버지의 성취압박과 어머니의 성취압박 간에는 정적상관($r=0.628$, $p<.001$)이 나타났으며, 아버지의 성취압박과 시험성적($r=-0.903$, $p<.001$), 어머니의 성취압박과 시험성적 간($r=-0.903$, $p<.001$)에는 부적상관이 나타났다.

이는 부모의 성취압박은 한쪽이 증가하면 다른 한쪽도 증가하는 양상을 보이는 반면, 부모의 성취압박이 올라가면 학생의 시험점수는 낮아지는 형태를 띤다는 것을 의미한다.

변수	아버지의 성취압박	어머니의 성취압박	시험점수
아버지의 성취압박	–	–	–
어머니의 성취압박	0.628***	–	–
시험점수	−0.903***	−0.566***	–

***$p<.001$

제 7 장

회귀분석

제 7 장

회귀분석

1. 회귀분석의 주요 개념

회귀분석은 변수 간 관계가 선형관계일 때 한 변수를 활용하여 다른 변수를 예측하는 분석방법이다.

앞서 변수들 사이의 연관성을 파악하는 상관분석에 대해서 알아보았다. 상관분석은 변수들 사이의 관계의 방향성에 대해서는 알 수 있지만, 그것이 인과관계를 의미하는 것은 아니다.

하지만 연구를 진행하는 데 있어서 '인과관계'를 규명하는 것이 필요할 때도 있다. 변수 간에 영향을 어떻게 주고받는지 알아야 결과를 예측하고 그에 따른 처치를 할 수 있을 것이다. 이를 가능하게 하는 것이 회귀분석이다. 회귀분석은 단순히 변수 간의 연관성을 검정하는 것에서 더 나아가 어떤 원인이 어떤 결과를 가져오는지 인과관계를 분석하는 것이다. 회귀분석은 독립변수와 종속변수 간의 선형식을 구해 독립변수의 변동에 따른 종속변수의 값의 변화 정도를 예측하고, 종속변수에 대한 독립변수의 영향력을 분석할 수 있다.

독립변수가 하나일 때는 단순회귀분석, 독립변수가 2개 이상일 때는 다중회귀분석으로 구분한다.

회귀분석을 실시하기 위해서는 몇 가지 조건이 요구된다.

첫째, 회귀분석은 변수의 변화량에 따른 관계를 예측하는 것이기에 분석하고자 하는 변수 간의 관계가 선형적이라는 가정을 지닌다. 만약 변수 간 선형관계가 유지되지 않으면, 두 변수의 관계가 과대추정되거나 과소추정된다.

둘째, 데이터와 분산은 정규성과 등분산성을 만족해야 한다. 등분산성이 만족되지 않으면 상관관계가 매우 낮게 추정되어 회귀분석에 영향을 미친다.

셋째, 잔차(오차)의 정규성이 요구된다. 잔차는 회귀식으로 설명되지 않은 부분으로, 회귀식으로 추정되는 Y값과 실제 Y값의 차이를 의미한다. 잔차의 정규성은 잔차의 분포가 정규분포를 이루어야 한다는 것이다. 최적의 회귀식은 실제 관측된 데이터와 일치하는 식일 것이다. 따라서 회귀식와 실제 관측된 값의 차이인 잔차의 기대치는 0이다.

산포도를 통해 회귀분석을 쉽게 이해할 수 있다. X, Y 2개의 변수에 대해 수집한 데이터를 짝지어 나타내면 |그림 7-1|과 같은 일차함수 그래프로 나타낼 수 있다.

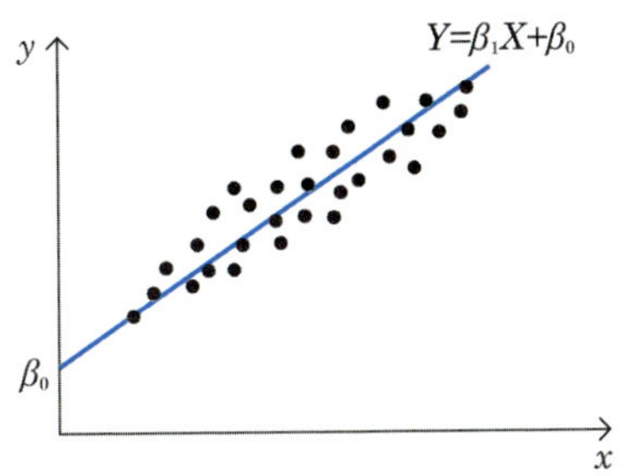

|그림 7-1| 산점도

수집된 데이터를 가장 잘 나타내는 하나의 선을 긋고, 그 선을 이용한다면 앞으로는 X값 하나만 알고 있어도 Y값을 예측할 수 있을 것이다. 이 선이 회귀식이며, 이를 찾는 것이 회귀분석의 핵심이라고 할 수 있다.

단순회귀분석은 변수가 2개이기 때문에 일차함수로 표현된다. 따라서 단순회귀식은 $Y=\beta_1X+\beta_0$의 형태로 나타난다. β_1은 일차함수의 기울기이자 회귀계수를 의미하며, β_0는 $X=0$일 때의 Y값, 즉 절편을 뜻한다.

사실 데이터를 나타내는 선은 무수히 많이 그릴 수 있다. 무수히 많은 선 중에서도 데이터를 가장 잘 나타내는 선을 찾아야 독립변수에 따른 종속변수를 잘 예측할 수 있을 것이다. 데이터를 가장 잘 나타내는 선이란 바로 실제 관측된 데이터와 가상 值이 일치하는 선을 의미하며, 다르게 표현하면 실제 관측된 데이터와의 차이가 가장 적은 선이 최적의 선(회귀식)이라고 할 수 있다.

정리하면 회귀식과 실제 관측된 데이터 사이에는 잔차가 존재하며, 모든 데이터와 회귀식 사이의 차이를 구한 결과 그 차이가 가장 적은 것(기대치=0)이 가장 적합한 회귀식이라 할 수 있다.

하지만 편차와 마찬가지로 잔차의 합은 0이 되기에, 회귀식을 찾을 때는 잔차를 제곱하여 활용한다. 이를 **최소자승법(method of least square)**이라 부른다. 즉, 잔차의 제곱합이 가장 적은 선을 찾아 회귀식으로 삼는 것이다.

회귀분석은 종속변수의 값을 예측하는 것과 더불어 종속변수에 대한 독립변수의 영향력을 분석한다. 이를 결정계수(설명력, R^2)라 한다. 결정계수는 추정된 회귀식이 측정치와 일치하는 정도를 의미하며 $0 \le R^2 \le 1$의 범위를 갖는다. 만약 회귀식이 측정치를 100% 설명한다면 $R^2 = 1$일 것이고, 회귀식이 측정치를 0% 설명한다면 $R^2 = 0$이 된다.

결정계수는 총 분산 중에서 회귀식으로 설명할 수 있는 분산의 비율을 나타낸 수치이기에 다음의 식으로 표현할 수 있다. 또한 단순회귀분석의 경우 결정계수는 독립변수와 종속변수 간의 상관계수를 제곱한 값과 같다.

$$R^2 = \frac{SSR}{SST}$$

2. 단순회귀분석

예제를 통해서 회귀분석을 실시해 보자.

예제

유아의 키는 몸무게에 영향을 미치는가?

[데이터]

유아	1	2	3	4	5	6	7	8	9	10
키	119	117	116	111	120	119	115	114	114	109
몸무게	21	22	20	20	31	21	20	19	18	18

예제는 앞서 상관분석과 동일한 데이터이다. 상관분석을 통해서 키와 몸무게는 정적상관이 있음을 알게 되었다. 그렇다면 키에 따라 몸무게가 변화하는지, 변화한다면 어느 정도 변화하는지 회귀분석을 실시해 알아보자.

1) 회귀식 알아보기

회귀분석의 핵심은 회귀식을 찾는 것이다.

회귀식의 기본형태는 $Y = \beta_1 X + \beta_0$이다. 회귀계수 β_1과 절편 β_0를 구하는 공식은 다음과 같다.

$$\beta_1 = \frac{\sum_{i=1}^{i}(X_i - \overline{X})(Y_i - \overline{Y})}{\sum_{i=1}^{i}(X_i - \overline{X})^2}, \quad \beta_0 = \overline{Y} - \beta_1 \overline{X}$$

앞선 상관분석에서 동일한 자료의 평균, 편차, 편차제곱합, 편차의 곱을 구해 보았다. 그 결과는 다음과 같다.

유아 (i)	X변수 (키)	Y변수 (몸무게)	X편차 $(X_i - \overline{X})$	Y편차 $(Y_i - \overline{Y})$	편차곱 $(X_i - \overline{X})(Y_i - \overline{Y})$	X편차제곱 $(X_i - \overline{X})^2$	Y편차제곱 $(Y_i - \overline{Y})^2$
1	119	21	3.60	0.00	0.00	12.96	0.00
2	117	22	1.60	1.00	1.60	2.56	1.00
3	116	20	0.60	−1.00	−0.60	0.36	1.00
4	111	20	−4.40	−1.00	4.40	19.36	1.00
5	120	31	4.60	10.00	46.00	21.16	100.00
6	119	21	3.60	0.00	0.00	12.96	0.00
7	115	20	−0.40	−1.00	0.40	0.16	1.00
8	114	19	−1.40	−2.00	2.80	1.96	4.00
9	114	18	−1.40	−3.00	4.20	1.96	9.00
10	109	18	−6.40	−3.00	19.20	40.96	9.00
평균	115.4	21		합	78.00	114.40	126.00

$$\overline{X} = \frac{(119+117+116+111+120+119+115+114+114+109)}{10} = 115.40$$

$$\overline{Y} = \frac{(21+22+20+20+31+21+20+19+18+18)}{10} = 21.00$$

$$\sum_{i=1}^{i}(X_i - \overline{X})(Y_i - \overline{Y}) = 78.00$$

$$\sum_{i=1}^{i}(X_i - \overline{X})^2 = 114.42$$

각각을 대입해 회귀계수와 절편을 구해 보자.

$$\beta_1 = \frac{\sum_{i=1}^{i}(X_i - \overline{X})(Y_i - \overline{Y})}{\sum_{i=1}^{i}(X_i - \overline{X})^2} = \frac{78.00}{114.42} = 0.68$$

$$\beta_0 = \overline{Y} - \beta_1\overline{X} = 21.0 - (0.68 \times 115.4) = -57.68$$

즉, 회귀식은 $Y = \beta_1 X + \beta_0$로 각각을 대입하면 $Y = 0.68X - 57.68$이다.

2) 회귀모형의 적합도 검정

회귀식을 구했다면 회귀모형이 적합한지 확인이 필요하다. 이를 회귀모형의 적합도 검정이라 한다. 적합도 검정은 회귀식에서 산출되는 분산과 오차분산의 비율을 계산하여 분산분석을 실시한다.

하나의 관측데이터(X_i, Y_i), 회귀식, 그리고 Y변수의 평균은 |그림 7-2|와 같은 그래프로 표현할 수 있다.

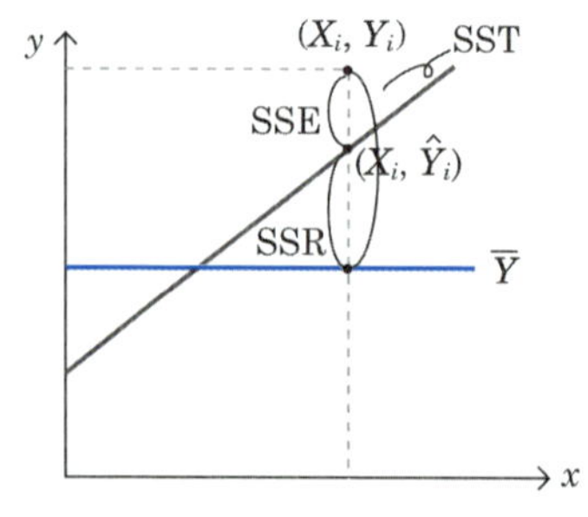

|그림 7-2| 회귀모형의 적합도

회귀식으로 설명되는 부분은 평균과 회귀식 사이의 영역이다. 이를 수식으로 표현하면 $\widehat{Y}_i - \overline{Y}$이며, 이들을 모두 제곱해서 더하면 회귀제곱합(SSR)을 구할 수 있다. 반면 관측 데이터와 회귀식 사이의 영역은 회귀식으로 설명할 수 없는 오차를 의미한다. 이는 $Y_i - \widehat{Y}_i$로 나타내는 영역이며, 이들을 모두 제곱해서 더하면 오차제곱합(SSE)을 구할 수 있다. 마지막으로 총 제곱합은 $Y_i - \overline{Y}$를 제곱하여 더한 값이다.

(1) *F*비

이렇게 제곱합을 모두 구했다면 이를 바탕으로 분산분석을 실시할 수 있다. 앞서 분산분석에서 알아본 바와 같이, 각 제곱합을 자유도로 나누어 F비를 구할 수 있다.

즉, $MSR = \dfrac{SSR}{1}$, $MSE = \dfrac{SSE}{n-2}$이며 $F = \dfrac{MSR}{MSE}$이다.

나타난 수식을 정리하면 다음과 같다.

	제곱합 (SS : Sum of Squares)	분산 (MS : Mean Squares)	F ratio
회귀	$SSR = \sum(\widehat{Y}_i - \overline{Y})^2$	$MSR = \dfrac{SSR}{1}$	$F = \dfrac{MSB}{MSW}$
오차	$SSE = \sum(Y_i - \widehat{Y}_i)^2$	$MSE = \dfrac{SSE}{n-2}$	
전체	$SST = \sum(Y_i - \overline{Y})^2$		

이 내용을 바탕으로, 예제의 회귀모형의 적합도 검정을 실시해 보자. 이를 위해서는 회귀식($Y = 0.68X \quad 57.68$)에 따라 예상되는 $\widehat{Y}_i$와 SSR, SSE를 구해야 한다.

i	X_i	Y_i	$\widehat{Y}_i = 0.68X_i - 57.68$	SSR		SSE	
				$\widehat{Y}_i - 21.0$	$(\widehat{Y}_i - \overline{Y})^2$	$Y_i - \widehat{Y}_i$	$(Y_i - \widehat{Y}_i)^2$
1	119	21	23.06(=0.68×119−57.68)	2.06	4.24	−2.06	4.24
2	117	22	21.70(=0.68×117−57.68)	0.70	0.49	0.30	0.09
3	116	20	21.02(=0.68×116−57.68)	0.02	0.00	−1.02	1.04
4	111	20	17.62(=0.68×111−57.68)	−3.38	11.42	2.38	5.66
5	120	31	23.74(=0.68×120−57.68)	2.74	7.51	7.26	52.71
6	119	21	23.06(=0.68×119−57.68)	2.06	4.24	−2.06	4.24
7	115	20	20.34(=0.68×115−57.68)	−0.66	0.44	−0.34	0.12
8	114	19	19.66(=0.68×114−57.68)	−1.34	1.80	−0.66	0.44
9	114	18	19.66(=0.68×114−57.68)	−1.34	1.80	−1.66	2.76
10	109	18	16.26(=0.68×109−57.68)	−4.74	22.47	1.74	3.03
합	1154	210		합	54.40	74.32	
평균	115.4	21.0					

산출한 제곱합을 바탕으로 F값을 구해 보자.

$$MSR = \frac{SSR}{1} = \sum(\widehat{Y}_i - \overline{Y})^2 = 54.40$$

$$MSE = \frac{SSE}{n-2} = \frac{\sum(Y_i - \widehat{Y}_i)^2}{8} = \frac{74.32}{8} = 9.29$$

$$F = \frac{MSR}{MSE} = \frac{54.40}{9.29} = 5.86$$

회귀모형의 적합도 검정에 대한 F값은 5.86으로 나타났다. $\alpha = .05$, 분자의 자유도 1, 분모의 자유도 8인 F분포에서의 임계치는 5.32이다. 따라서 회귀식이 유의하지 않다는 영가설을 기각하고 대립가설을 채택한다.

(2) 결정계수

그렇다면 회귀식은 측정치를 어느 정도 설명하고 있을까? 이를 나타내는 수치가 바로 결정계수(R^2)이다. 결정계수는 총 분산 중에 회귀식으로 설명할 수 있는 분산의 비율을 나타낸 수치이다. 결정계수 $R^2 = \frac{SSR}{SST}$로 $SST = SSR + SSE$인 것을 고려하여 $1 - \frac{SSE}{SST}$ 혹은

$\frac{SSR}{SSR+SSE}$로 정리할 수 있다. 직접 SST를 계산하고자 할 때에는 Y변수의 편차제곱합 $\sum(Y_i-\overline{Y})^2$으로 계산한다.

본 예시 데이터의 SSR=54.40, SSE=74.32이었다. 이를 대입하여 결정계수를 구해 보자.

$$R^2=\frac{54.40}{54.40+74.32}=\frac{54.40}{128.72}=0.42$$

결정계수는 0.42로 회귀식은 42%의 설명력을 가지는 것을 확인할 수 있다.

3) 회귀계수의 적합도 검정

회귀모형의 유의성을 확인하였다면 다음으로 회귀계수의 적합도를 확인해 봐야 한다. 즉, 독립변수가 1 증가할 때 변화하는 종속변수의 양(=기울기, 회귀계수)이 유의한지 확인하는 것이다. 회귀계수에 대한 적합도 검정은 t검정으로 분석하며, 이때의 공식은 다음과 같다.

$$t_{(n-2)}=\frac{\beta_1}{\sqrt{MSE/\sum(X_i-\overline{X})^2}}$$

본 예제에서 구한 회귀식은 $Y=0.68X-57.68$이며, 회귀계수는 0.68이다. 이 회귀계수가 유의미한지 알아보기 위해 예제의 결과를 위 공식에 대입하면 $t_{(10)}=\frac{0.68}{\sqrt{9.29/114.4}}$ $=\frac{0.68}{0.28}=2.43$이다. 자유도가 8인 t분포에서 α=.05 수준에서의 임계치는 t=2.306이다. 따라서 검정통계량은 임계치보다 큰 기각역에 속하므로, 회귀계수가 유의하다는 대립가설을 채택할 수 있다.

따라서 키가 1 증가한다면 유아의 몸무게도 0.68 증가한다고 예측할 수 있다.

4) jamovi 실습하기

이제는 jamovi를 활용해 단순회귀분석을 실시해 보자.

(1) 데이터 입력하기

사용파일 : 'Correlation.omv' 또는 데이터 직접 입력
풀이파일 : 'Correlation-결과(회귀분석).omv'

상관분석에서 사용했던 데이터와 동일하므로, 같은 방법으로 코딩한다.

	ID	height	weight
1	1	119	21
2	2	117	22
3	3	116	20
4	4	111	20
5	5	120	31
6	6	119	21
7	7	115	20
8	8	114	19
9	9	114	18
10	10	109	18

(2) 회귀분석 실시

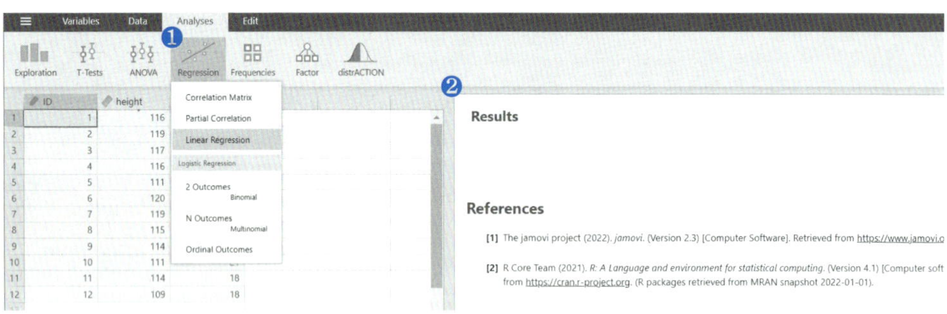

❶ [Analyses] – [Regression] - [Linear Regression] 순서로 클릭한다.

❷ 분석창 : ❶을 실시하면 화면 우측에 회귀분석 분석창이 자동으로 나타난다.

(3) 분석창

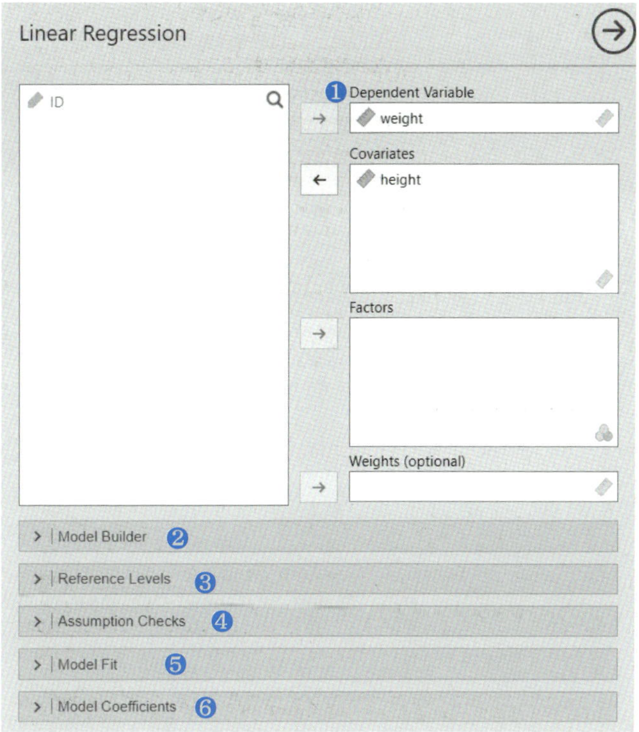

❶ 변수입력 : Dependent Variable에는 종속변수 'weight'를, 독립변수 'height'는 Covariates에 입력한다. 만약 독립변수가 연속형이 아닌 범주형 변수일 경우 Factors란에 입력한다.

❷ Model Builder : 독립변수가 2개 이상인 다중회귀분석에서 활용한다. 독립변수를 순차적으로 투입하는 위계적 회귀분석이나 상호작용효과를 분석할 때, 원하는 모형을 설정하고 분석을 실시할 수 있다.

❸ Reference Levels : 범주형 변수(Factors)로 회귀분석을 실시할 때 활용한다. 독립변수가 범주형일 경우 기준이 되는 집단을 연구자가 설정해서 집단 간의 비교를 실시한다.

❹ Assumption Checks : 회귀분석의 기본 가정을 점검한다.

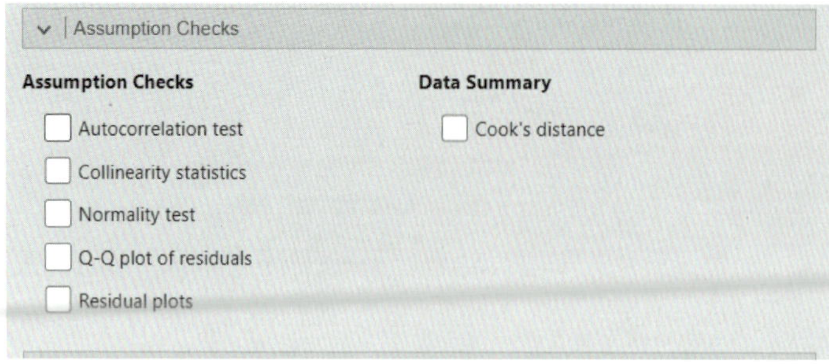

– Autocorelation test : 오차(잔차)의 독립성 여부를 점검한다. 회귀분석 시에는 관측치에 대한 오차가 서로 독립적이어서 서로 상관이 없어야 한다. 만일 오차에 상관이 있다면 실제로 독립변수가 유의하지 않아도 통계적으로 유의하다는 결론을 내릴 가능성이 높게 된다. jamovi에서는 Durbin–Watson 검정을 통해 잔차의 독립성 검정 결과를 제시한다.

Durbin–Watson Test for Autocorrelation

Autocorrelation	DW Statistic	p
-0.05	1.99	0.848

[3]

검정 결과 $p=0.848$로 영가설을 기각하지 않아 오차항 간에는 연관성이 없다는 결론을 내릴 수 있다. 잔차의 독립성 검정 시 수립하는 영가설과 대립가설은 다음과 같다.

영가설 : H_0 = 오차항 간에는 연관성이 없다.
대립가설 : H_1 = 오차항 간에는 연관성이 있다.

– Collinearity statistics : 독립변수가 2개 이상인 다중회귀분석에서 독립변수 간의 상관성에 대한 통계적 검정이다. 만약 독립변수 간 선형관계가 형성되어 다중공선성(multicollinearlity)이 심각하게 발생되면, 회귀계수의 통계적 유의성이 낮게 나타나 종속변수의 값을 독립적으로 예측할 수 없게 된다. 일반적으로 분산팽창지수(VIF) 값이 10 이상이거나 공차(Tolerance) 값이 0.1 이하면 다중공선성이 있다고 해석한다.

– Normality test : 잔차의 정규성 검정결과를 제시한다.

– Q−Q plot of redisuals : 잔차에 대한 Q−Q Plot을 제시한다.

– Redisual plots : 잔차의 정규분포 가정을 그래프로 확인할 수 있다.

– Cook's distance : 회귀분석에 영향을 미치는 극단값을 찾는 데 사용된다. 일반적으로 Cook의 거리가 0.5 이상일 경우 무시할 수 없는 수준으로 파악하며, 1.0 이상이면 매우 큰 값으로 본다.

Cook's Distance

			Range	
Mean	Median	SD	Min	Max
0.20	0.07	0.44	0.00	1.44

❺ Model Fit : Fit Measure 항목에서 필요로 하는 모델평가지표를 선택할 수 있으며, Overall Model Test를 통해 회귀모형의 적합도를 검정할 수 있다.

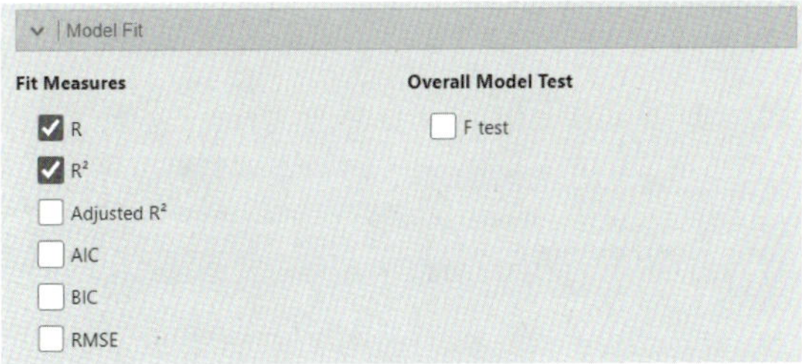

– R^2 : 설명력을 의미한다.

– Adjusted R^2 : 조정된 설명력을 의미한다. 변수가 많아짐에 따라 변수 간의 상관이 높아지기에 R^2에 변수의 수만큼 패널티를 주는 Adjusted R^2을 사용할 수 있다.

– AIC : 회귀분석에서 모델을 고를 때 많이 쓰이는 지표로 MSE에 변수의 수만큼 패널티를 준다. 표본이 커질수록 부정확해진다는 단점이 있다.

– BIC : AIC의 단점을 보완하여, 표본이 커질수록 AIC보다 더 잘 맞는다는 특징이 있다.

– RMSE : 실제 관측값과 예측된 값 차이의 제곱의 평균인 MSE에 루트를 씌운 값이다.

❻ Model Coefficients : 모형계수에 관한 통계옵션이 제시된다.

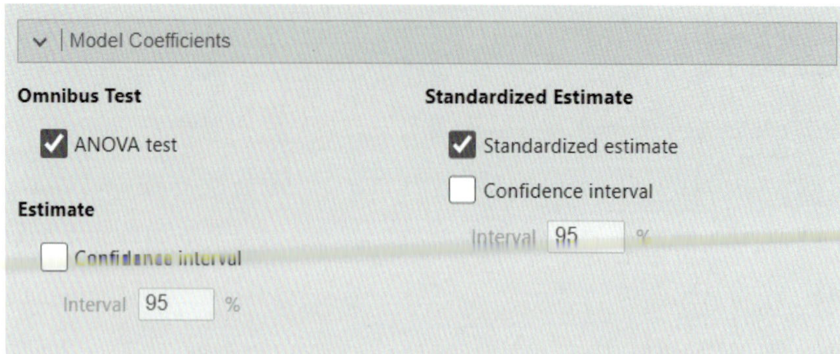

- ANOVA test : 회귀분석 결과를 분산분석의 형태로 제시한다.
- Estimate : 추정값에 대한 신뢰구간을 보여준다.
- Standardized Estimate : 표준화 회귀계수와 신뢰구간을 제시한다. 표준화 회귀계수란 독립변수와 종속변수를 평균 0, 표준편차 1인 변수로 표준화했을 때의 회귀계수를 의미한다.

(4) Results : 결과확인

jamovi를 통해 회귀분석을 실시한 결과는 다음과 같다.

Linear Regression

Model Fit Measures

		❶	❷ Overall Model Test			
Model	R	R^2	F	df1	df2	p
1	0.65	0.42	5.84	1	8	0.042

Model Coefficients - weight

Predictor	Estimate	SE	t	p	Stand. Estimate
❸ Intercept	−57.68	32.57	−1.77	0.114	
height	0.68	0.28	2.42	0.042	0.65

❶ 설명력(R^2)은 0.42로 종속변수(몸무게)의 42%가 독립변수(키)에 의해서 설명이 됨을 뜻한다. 이는 앞서 계산해 본 것과 같은 값임을 확인할 수 있다.

❷ 회귀모형의 적합도 검정결과 $F=5.84$, $p=.042$로 $\alpha=.05$ 수준에서 회귀모형이 통계적으로 유의미하다고 해석할 수 있다. 이는 앞서 계산한 것과 유사한 값임을 확인할 수 있다. 발생한 차이는 라운딩에러이다.

❸ Intercept는 절편을 뜻한다. 절편의 추정치는 -57.68이며, height 변수의 회귀계수는 0.68임을 알 수 있다. height 변수의 회귀계수의 적합도 검정결과 $t=2.42(p=.042)$로, 회귀계수는 통계적으로 유의미하다. 즉, 키가 1 증가할수록 유아의 체중은 약 0.65 정도 증가한다고 해석할 수 있다. 이때 Estimate(=0.68)가 아닌 표준화값(Stand.Estimate)을 살펴보는 것이 바람직하다. 원래의 계수(Estimate)는 변수의 1 증가에 따른 변화량을 직접적으로 제시하지만, 단위 차이에 따라 해석이 복잡해질 수 있다. 이에 모든 변수를 동일한 기준으로 비교하도록 제시하는 표준화값을 살펴보는 것이 더 정확하다.

3. 다중회귀분석

다중회귀분석은 독립변수가 2개 이상일 때 종속변수를 예측하기 위해 활용하는 분석방법이다. 이는 중다회귀분석이라고도 하며, 기본적으로는 독립변수, 종속변수가 연속형일 때 사용한다. 다중회귀분석도 단순회귀분석과 마찬가지로 최적의 회귀식을 찾는 데 목적이 있다.

독립변수가 n개인 다중회귀식의 기본형태는 다음과 같다.

$$Y=\beta_1X_1+\beta_2X_2+\beta_3X_3+\cdots+\beta_nX_n+\beta_0$$

이처럼 다중회귀식은 변수가 늘어감에 따라 회귀계수도 하나씩 늘어가는 형태를 지닌다.

독립변수가 2개인 경우의 회귀식은 $Y=\beta_1X_1+\beta_2X_2+\beta_0$이며, 이때의 회귀계수와 절편을 구하는 공식은 다음과 같다.

$$\beta_1 = \frac{s^2_{(X2)} \times COV(Y,\ X_1) - COV(X_1,\ X_2) \times COV(Y,\ X_2)}{s^2_{(X1)} \times s^2_{(X2)} - (COV(X_1,\ X_2))^2}$$

$$\beta_2 = \frac{s^2_{(X1)} \times COV(Y,\ X_2) - COV(X_1,\ X_2) \times COV(Y,\ X_1)}{s^2_{(X2)} \times s^2_{(X1)} - (COV(X_1,\ X_2))^2}$$

$$\beta_0 = \overline{Y} - \beta_1 \overline{X_1} - \beta_2 \overline{X_2}$$

본 식에서 나타난 바와 같이, 다중회귀분석에서의 하나의 회귀계수를 알아내기 위해서는 다른 독립변수의 영향을 고정한 채로 변화하는 정도를 파악해야 하며, 직접 회귀계수를 구하기에는 어려움이 많다.

하지만 통계 프로그램을 활용하면 쉽게 회귀계수와 회귀식을 구할 수 있다. 본 서의 예제에서는 독립변수가 2개인 경우의 다중회귀분석을 다루고 있지만, 독립변수가 3개 이상으로 늘어나도 jamovi 실시방법은 동일하다.

예제를 통해서 다중회귀분석을 실시해 보자.

예제

A교사는 유아의 키와 가정환경 사이에 어떤 관계가 있는지 궁금하여 유아 10명의 키와 미디어 노출시간, 하루 중 부모와 함께하는 시간을 측정하였다. 유아의 키 성장에 이 두 가지 변수가 영향을 미치는지, 미친다면 어느 정도의 영향력이 있는지 알아보자.

[데이터]

유아	키	미디어 노출시간(단위 : 분)	부모와 함께하는 시간(단위 : 시간)
1	119	42	16
2	117	36	14
3	116	37	14
4	111	88	12
5	120	29	19
6	119	32	17
7	115	70	18
8	114	60	11
9	114	65	13
10	109	80	11

예제는 유아의 키에 미디어 노출과 부모와 함께하는 시간이 미치는 영향에 대해 알아보고자 하는 것이다. 따라서 독립변수는 미디어 노출시간, 부모와 함께하는 시간의 두 가지 연속형 변수이며, 종속변수는 유아의 키이다.

독립변수가 2개 이상이며 독립변수, 종속변수 모두 연속형이기에 다중회귀분석을 실시할 수 있다. 유아의 키를 종속변수 Y, 미디어 노출시간을 독립변수 X_1, 부모와 함께하는 시간을 독립변수 X_2로 보고 다중회귀분석을 실시해 보자.

1) 회귀식 알아보기

다중회귀분석도 단순회귀분석과 마찬가지로 회귀식을 찾는 것이 핵심이다. 독립변수가 2개인 경우의 회귀식 기본형태는 $Y=\beta_1 X_1+\beta_2 X_2+\beta_0$이다. β_1과 β_2는 각각 X_1, X_2의 회귀계수이며, β_0는 X_1, X_2가 모두 0일 때의 절편이다.

(1) 기술통계량(평균, 분산) 계산하기

회귀식을 구하기 위해 예제 데이터의 평균, 분산, 공분산을 구해보자.

유아 (i)	Y	X_1	X_2	X_1편차 $(X_{1i}-\overline{X_1})$	X_2편차 $(X_{2i}-\overline{X_2})$	Y편차 $(Y_i-\overline{Y})$	X_1편차제곱 $(X_{1i}-\overline{X_1})^2$	X_2편차제곱 $(X_{2i}-\overline{X_2})^2$
1	119	42	16	−11.9	1.5	3.6	141.61	2.25
2	117	36	14	−17.9	−0.5	1.6	320.41	0.25
3	116	37	14	−16.9	−0.5	0.6	285.61	0.25
4	111	88	12	34.1	−2.5	−4.4	1162.81	6.25
5	120	29	19	−24.9	4.5	4.6	620.01	20.25
6	119	32	17	−21.9	2.5	3.6	479.61	6.25
7	115	70	18	16.1	3.5	−0.4	259.21	12.25
8	114	60	11	6.1	−3.5	−1.4	37.21	12.25
9	114	65	13	11.1	−1.5	−1.4	123.21	2.25
10	109	80	11	26.1	−3.5	−6.4	681.21	12.25
합	1154	539	145				4110.9	74.5
평균	115.4	53.9	14.5					

$$\overline{Y} = \frac{(119+117+116+111+120+119+115+114+114+109)}{10} = 115.40$$

$$\overline{X_1} = \frac{(42+36+37+88+29+32+70+60+65+80)}{10} = 53.9$$

$$\overline{X_2} = \frac{(16+14+14+12+19+17+18+11+13+11)}{10} = 14.5$$

$$s^2_{(X1)} = \frac{\sum(X_{1i} - \overline{X_1})^2}{n-1}$$

$$= \frac{(-11.9)^2 + (-17.9)^2 + (-16.9)^2 + (34.1)^2 + (-24.9)^2 + (-21.9)^2 + (16.1)^2 + (6.1)^2 + (11.1)^2 + (26.1)^2}{10-1}$$

$$= \frac{4110.9}{9} = 456.77$$

$$s^2_{(X2)} = \frac{\sum(X_{2i} - \overline{X_2})^2}{n-1}$$

$$= \frac{(1.5)^2 + (-0.5)^2 + (-0.5)^2 + (-2.5)^2 + (4.5)^2 + (2.5)^2 + (3.5)^2 + (-3.5)^2 + (-1.5)^2 + (-3.5)^2}{10-1}$$

$$= \frac{74.5}{9} = 8.28$$

(2) 공분산 계산하기

앞서 상관분석에서 공분산에 대해서 알아보았다. 공분산은 두 변수의 편차곱을 $n-1$의 값으로 나누어 주는 것이다.

따라서 다음과 같이 정리할 수 있다.

유아 (i)	편차			편차곱		
	$X_{1i}-\overline{X_1}$	$X_{2i}-\overline{X_2}$	$Y_i-\overline{Y}$	$(X_{1i}-\overline{X_1})\times(X_{2i}-\overline{X_2})$	$(X_{1i}-\overline{X_1})\times(Y_i-\overline{Y})$	$(X_{2i}-\overline{X_2})\times(Y_i-\overline{Y})$
1	−11.9	1.5	3.6	−17.85	−42.84	5.4
2	−17.9	−0.5	1.6	8.95	−28.64	−0.8
3	−16.9	−0.5	0.6	8.45	−10.14	−0.3
4	34.1	−2.5	−4.4	−85.25	−150.04	11
5	−24.9	4.5	4.6	−112.05	−114.54	20.7
6	−21.9	2.5	3.6	−54.75	−78.84	9
7	16.1	3.5	−0.4	56.35	−6.44	−1.4
8	6.1	−3.5	−1.4	−21.35	−8.54	4.9
9	11.1	−1.5	−1.4	−16.65	−15.54	2.1
10	26.1	−3.5	−6.4	−91.35	−167.04	22.4
			합	−325.5	−622.6	73
			공분산(합/9)	−36.17	−69.18	8.11

$$COV(X_1X_2)=\frac{\sum_{i=1}^{i}(X_{1i}-\overline{X_1})(X_{2i}-\overline{X_2})}{n-1}$$

$$=\frac{(-11.9\times1.5)+(-17.9\times-0.5)+(-16.9\times-0.5)+\cdots+(11.1\times-1.5)+(26.1\times-3.5)}{10-1}$$

$$=\frac{(-17.85)+8.95+8.45+(-85.25)+(-112.05)+(-54.75)+56.35+(-21.35)+(-16.65)+(-91.35)}{9}$$

$$=\frac{-325.5}{9}=-36.17$$

$$COV(YX_1)=\frac{\sum_{i=1}^{i}(X_{1i}-\overline{X_1})(Y_i-\overline{Y})}{n-1}$$

$$=\frac{(-11.9\times3.6)+(-17.9\times1.6)+(-16.9\times0.6)+\cdots+(11.1\times-1.4)+(26.1\times-6.4)}{9}$$

$$=\frac{-42.84-28.64-10.14-150.04-114.54-78.84-6.44-8.54-15.54-167.04}{9}$$

$$=\frac{-622.6}{9}=-69.18$$

$$COV(YX_2)=\frac{\sum_{i=1}^{i}(X_{2i}-\overline{X_2})(Y_i-\overline{Y})}{n-1}$$

$$=\frac{(1.5\times3.6)+(-0.5\times1.6)+(-0.5\times-0.4)+\cdots+(-1.5\times-1.4)+(-3.5\times-6.4)}{9}$$

$$=\frac{5.4+(-0.8)+(-0.3)+11+20.7+9+(-1.4)+4.9+2.1+22.4}{9}$$

$$=\frac{73}{9}=8.11$$

(3) 회귀계수 및 절편 계산하기

이렇게 구한 값을 회귀계수, 절편을 구하는 공식에 대입해 보자.

$$\beta_1=\frac{s^2_{(X2)}\times COV(Y,\ X_1)-COV(X_1,\ X_2)\times COV(Y,\ X_2)}{s^2_{(X1)}\times s^2_{(X2)}-(COV(X_1,\ X_2))^2}$$

$$=\frac{(8.28\times-69.18)-(-36.17\times8.11)}{456.77\times8.28-(-36.17)^2}$$

$$=\frac{-572.638-(-293.352)}{3781.01-1308.03}$$

$$=-\frac{279.29}{2472.99}=-0.11$$

$$\beta_2=\frac{s^2_{(X1)}\times COV(Y,\ X_2)-COV(X_1,\ X_2)\times COV(Y,\ X_1)}{s^2_{(X2)}\times s^2_{(X1)}-(COV(X_1,\ X_2))^2}$$

$$=\frac{(456.77\times8.11)-(-36.17\times-69.18)}{(456.77\times8.28)-(-36.17)^2}$$

$$=\frac{3704.89-2501.93}{3781.01-1308.03}$$

$$=\frac{1209.96}{2472.99}=0.49$$

$$\beta_0=\overline{Y}-\beta_1\overline{X_1}-\beta_2\overline{X_2}$$

$$=115.4-(0.11\times53.9)-(0.49\times14.5)=114.43$$

즉, 회귀식은 $Y = -0.11X_1 + 0.49X_2 + 114.43$이다.

2) 회귀모형의 적합도 검정

회귀식을 구했다면 회귀모형이 적합한지 확인이 필요하다. 단순회귀분석과 같은 방법으로 분산분석을 통해 회귀모형의 적합도를 검정해 보자.

$F = \frac{MSR}{MSE}$으로 $MSR = SSR/df1$, $MSE = SSE/df2$의 공식으로 구할 수 있다.

회귀식으로 설명이 되는 부분인 회귀제곱합(SSR)은 $\sum(\hat{Y}_i - \overline{Y})^2$으로 나타나며, 회귀식으로 설명이 되지 않는 오차 부분인 오차제곱합(SSE)은 $\sum(Y_i - \hat{Y}_i)^2$으로 계산한다. SSR, SSE의 자유도는 각각 i(=df1), $n-i-1$(=df3)이다. SSR의 자유도는 독립변수의 수 i이며, SSE의 자유도는 i개의 회귀계수와 절편을 추정하므로 $n-i-1$이다. 혹은 SST의 자유도 = SSE의 자유도 + SSR의 자유도에 주목하여, SSE의 자유도 = SST의 자유도($n-1$) − SSR의 자유도(i)로 정리할 수도 있다.

나타낸 공식을 정리하면 다음과 같다.

	제곱합(SS : Sum of Squares)	분산 (MS : Mean Squares)	F ratio
회귀	$SSR = \sum(\hat{Y}_i - \overline{Y})^2$	$MSR = \frac{SSR}{i(df1)} = \frac{SSR}{2}$	$F = \frac{MSB}{MSW}$
오차	$SSE = \sum(Y_i - \hat{Y}_i)^2$	$MSE = \frac{SSE}{n-i-1(df2)} = \frac{SSE}{n-3}$	
전체	$SST = \sum(Y_i - \overline{Y})^2$		

본 예제에서는 독립변수가 2개이므로 df1=2, df2=10−2−1=7이다.

이를 바탕으로 예제의 회귀모형의 적합도를 검정해 보자.

(1) F비

제일 먼저 회귀식($Y = -0.11X_1 + 0.49X_2 + 114.43$)에 따라 예상되는 $\hat{Y}_i$와 MSR, MSE를 구해야 한다.

i	Y_i	X_{1i}	X_{2i}	$\widehat{Y}_i(=-0.11X_{1i}+0.49X_{2i}+114.43)$	$(\widehat{Y}_i-\overline{Y})^2$	$(Y_i-\widehat{Y}_i)^2$
1	119	42	16	117.47 $=(-0.11\times42)+(0.49\times16)+114.43$	$(2.07)^2$ $=117.47-115.4$	$(1.53)^2$ $=119-117.47$
2	117	36	14	117.18 $=(-0.11\times36)+(0.49\times14)+114.43$	$(1.78)^2$ $=117.18-115.4$	$(-0.18)^2$ $=117-117.18$
3	116	37	14	117.07 $=(-0.11\times37)+(0.49\times14)+114.43$	$(1.67)^2$ $=117.07-115.4$	$(-1.07)^2$ $=116-117.07$
4	111	88	12	110.33 $=(-0.11\times88)+(0.49\times12)+114.43$	$(-5.07)^2$ $=110.33-115.4$	$(0.67)^2$ $=111-110.33$
5	120	29	19	120.40 $=(-0.11\times29)+(0.49\times19)+114.43$	$(5.00)^2$ $=120.40-115.4$	$(-0.40)^2$ $=120-120.40$
6	119	32	17	119.09 $=(-0.11\times32)+(0.49\times17)+114.43$	$(3.69)^2$ $=119.09-115.4$	$(-0.09)^2$ $=119-119.09$
7	115	70	18	115.28 $=(-0.11\times70)+(0.49\times18)+114.43$	$(-0.12)^2$ $=115.28-115.4$	$(-0.28)^2$ $=115-115.28$
8	114	60	11	113.01 $=(-0.11\times60)+(0.49\times11)+114.43$	$(-2.39)^2$ $=113.01-115.4$	$(0.99)^2$ $=114-113.01$
9	114	65	13	113.42 $=(-0.11\times65)+(0.49\times13)+114.43$	$(-1.98)^2$ $=113.42-115.4$	$(0.58)^2$ $=114-113.42$
10	109	80	11	110.75 $=(-0.11\times80)+(0.49\times11)+114.43$	$(-4.65)^2$ $=110.75-115.4$	$(-1.75)^2$ $=109-110.75$
M	115.4	53.9	14.5	합	105.82	8.58

$$MSR=\frac{SSR}{2}=\frac{\sum(\widehat{Y}_i-\overline{Y})^2}{2}$$

$$=\frac{(2.07)^2+(1.78)^2+(1.67)^2+(-5.07)^2+(5.00)^2+(3.69)^2+(-0.12)^2+(-2.39)^2+(-1.98)^2+(-4.65)^2}{2}$$

$$=\frac{4.30+3.16+2.77+25.68+25.01+13.61+0.01+5.72+3.93+21.62}{2}=\frac{105.82}{2}$$

$$=52.91$$

$$MSE=\frac{SSE}{n-3}$$

$$=\frac{(1.53)^2+(-0.18)^2+(-1.07)^2+(0.67)^2+(-0.40)^2+(-0.09)^2+(-0.28)^2+(0.99)^2+(0.58)^2+(-1.75)^2}{10-3}$$

$$=\frac{2.33+0.03+1.14+0.45+0.16+0.01+0.08+0.98+0.34+3.06}{7}=\frac{8.58}{7}$$

$$=1.23$$

산출한 제곱합을 바탕으로 F값을 구해 보자.

$$F = \frac{MSR}{MSE} = \frac{52.91}{1.23} = 43.18$$

회귀모형의 적합도 검정에 대한 F값은 43.18로 나타났다. $\alpha = .05$이며 분자의 자유도 2, 분모의 자유도 7인 F분포에서의 임계치는 4.74이다. 따라서 회귀식이 유의하지 않나는 영가설을 기각하고 대립가설을 채택하여 회귀모형이 유의미하다고 추론할 수 있다.

(2) 설명력(R^2)

회귀모형이 유의하다면 회귀모형이 얼마나 자료를 설명하는지 확인하기 위해 R^2값을 봐야 한다. 단순회귀분석에서는 독립변수가 하나였기에 R^2값을 살펴보아도 무방하지만, 다중회귀분석에서는 독립변수가 여러 개임에 따라 회귀식의 설명력은 높아진다. 따라서 자유도로 분산을 나눔으로써 독립변수가 늘어난 만큼 R^2이 변화하는 정도를 수정할 필요가 있다. 이를 수정된 R^2(adjusted R^2)이라 한다.

$$\text{adjusted } R^2 = \frac{\frac{SSR}{i}}{\frac{SST}{n-1}} = 1 - \frac{\frac{SSE}{n-i-1}}{\frac{SST}{n-1}}$$

예시 문제의 $SSE = 8.58$, $SSR = 105.82 = 10$이다. 이를 반영하여 수정된 R^2을 구하면 다음과 같다.

$$\text{adj. } R^2 = 1 - \frac{\frac{8.58}{7}}{\frac{105.82 + 8.58}{9}} = 1 - \frac{1.226}{12.711} = 1 - 0.0964 = 0.903$$

따라서 회귀식은 90%의 설명력을 가진다고 할 수 있다.

3) jamovi 실습하기

이제 jamovi를 활용해 다중회귀분석을 실시해 보자.

(1) 데이터 입력하기

사용파일 : 'multipleRegression.omv' 또는 데이터 직접 입력
결과파일 : 'multipleRegression-결과.omv'

	❶ ID	❷ height	❸ media	❹ Time Wit...
1	1	119	42	16
2	2	117	36	14
3	3	116	37	14
4	4	111	88	12
5	5	120	29	19
6	6	119	32	17
7	7	115	70	18
8	8	114	60	11
9	9	114	65	13
10	10	109	80	11

❶ ID : 각 데이터별로 ID를 부여한다. 총 10개의 사례 수가 있음을 확인할 수 있다.

❷ height : 유아의 키를 의미한다. 연속형 변수로 변수 유형을 변경한다.

❸ media : 유아의 미디어 노출시간을 의미한다. 연속형 변수로 변수 유형을 변경한다.

❹ Time with P : 하루 중 부모와 함께하는 시간을 의미한다.

(2) 회귀분석 실시

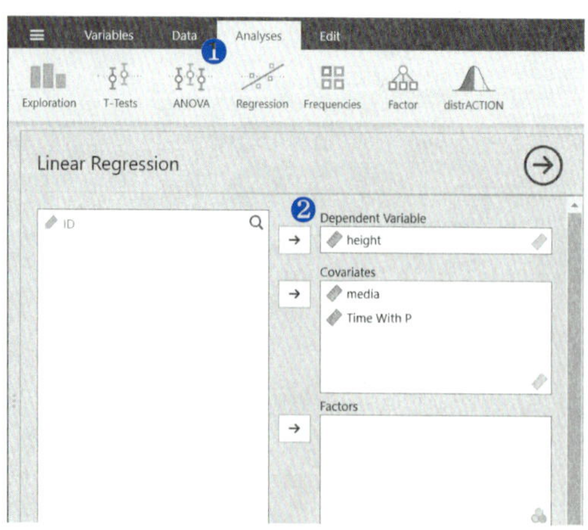

❶ [Analyses] – [Regression] - [Linear Regression] 순서로 클릭한다.

❷ 변수입력 : Dependent Variable에는 종속변수 'height'를 투입한다. 독립변수 'media', 'Time with P' 모두 연속형 변수이기에 Covariates에 두 변수 모두 입력한다.

(3) Assumption Checks : 가정 검정

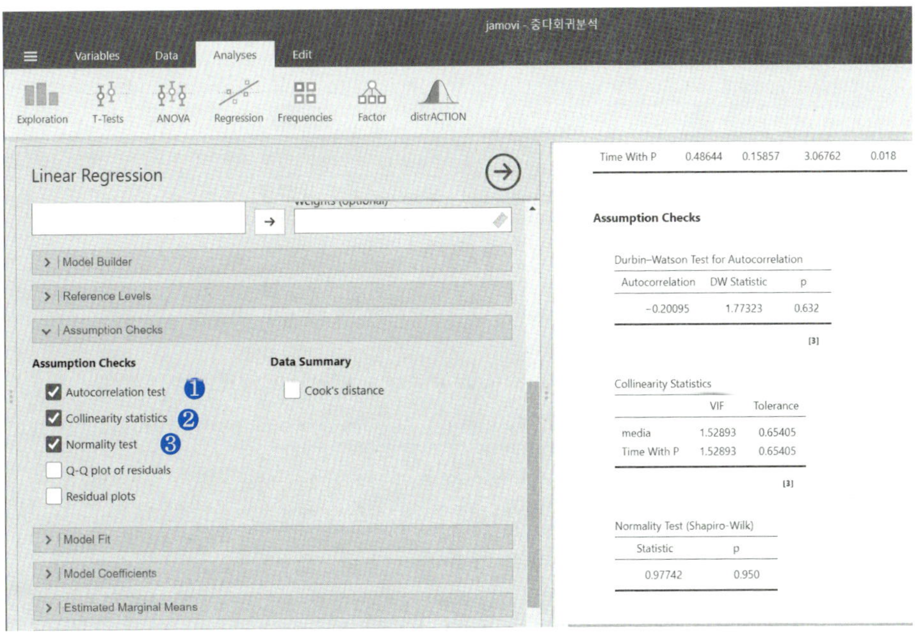

❶ Autocorelation test : 자기상관을 알아보기 위해 Durbin–Watson 검정을 실시한다. DW통계치는 1.77323, p=0.632로 통계치에 대한 확률이 유의수준 .05보다 크게 나와 영가설을 채택하여 오차항의 독립성 가정이 위배되지 않음을 확인할 수 있다.

❷ Collinearity statistics : 다중공선성 통계값을 의미한다. 분산팽창지수(VIF)와 공차(Tolerance) 값을 제시한다. 검정결과 VIF=1.529로 10보다 작으며, Tolerance=0.654로 0.1보다 크게 나타나 다중공선성에 문제가 없음을 알 수 있다.

❸ Normality test : 잔차의 정규성 검정결과 Shaprio–Wilk 통계량은 0.97742, p=0.95로 .05 유의수준에서 정규성에 위배되지 않음을 알 수 있다.

(4) Results : 결과확인

jamovi를 통해 회귀분석을 실시한 결과는 다음과 같다. 본 결과는 위계적 회귀분석이 아닌 2개의 독립변수(미디어 노출시간, 부모와 함께하는 시간)를 한 번에 투입한 모델에 대한 것이다.

Linear Regression

Model Fit Measures

				Overall Model Test			
Model	R	R^2	❶ Adjusted R^2	❷ F	df1	df2	p
1	0.96178	0.92503	0.90361	43.18468	2	7	< .001

Model Coefficients - height

Predictor	Estimate	SE	t	p
Intercept ❸	114.43383	3.13771	36.47046	< .001
media ❹	−0.11293	0.02135	−5.29045	0.001
Time With P ❺	0.48644	0.15857	3.06762	0.018

❶ 조정된 설명력(adjusted R^2)은 0.90361로 종속변수(키)의 90%가 독립변수(미디어 노출시간, 부모와 함께하는 시간)에 의해서 설명이 됨을 알 수 있다.

❷ 회귀모형의 적합도 검정결과 $F=43.18468$, $p<.001$로 $\alpha=.05$ 수준에서 회귀모형이 통계적으로 유의미하다고 해석할 수 있다. 이는 앞서 계산한 것과 유사한 값임을 확인할 수 있다.

❸ 절편(Intercept)의 추정치는 114.43383이며 모든 독립변수(부모와 함께하는 시간, 미디어 노출시간)가 0일 때의 종속변수의 예측값이다.

❹ 미디어 노출시간(media) 변수의 회귀계수는 −0.11293이다. 회귀계수에 대한 유의도 검정결과 $t=36.47046$, $p<.001$로 $\alpha=.05$의 유의수준에서 유의함을 알 수 있다. 즉, 미디어 노출시간이 1 늘어남에 따라 키는 −0.11293씩 줄어든다고 예측할 수 있다.

❺ 부모와 함께하는 시간(Time with P) 변수의 회귀계수는 0.48644이며, 검정통계량은 $t=3.06762$, $p=.018$로 $\alpha=.05$ 유의수준에서 통계적으로 유의함을 알 수 있다. 따라서 부모와 함께하는 시간이 1 증가함에 따라 유아의 키는 약 0.48644cm 증가한다고 예측할 수 있다.

4) 더 알아보기 : 위계적 회귀분석

앞서 예시에서는 독립변수를 동시에 투입하여 종속변수에 영향을 미치는 정도를 파악하였지만, 만약 연구자가 독립변수의 투입순서에 따른 설명력의 변화분에 관심을 가지고 있다면 위계적 회귀분석을 실시해야 할 것이다.

jamovi 회귀분석에서 모형설정(Model Builder) 기능을 활용하면 손쉽게 위계적 회귀분석을 실시할 수 있다. 위계적 회귀분석 방법을 알아보자.

사용파일 : 'multipleRegression.omv'
결과파일 : 'multipleRegression-결과(위계적회귀분석).omv'

만약 연구자가 media 변수를 먼저 투입하여 회귀분석을 실시하고, 그 다음 Time with P 변수를 추가적으로 투입하여 설명량의 변화를 보고자 한다면 다음과 같이 위계적 회귀분석을 실시한다.

(1) 회귀분석 실시

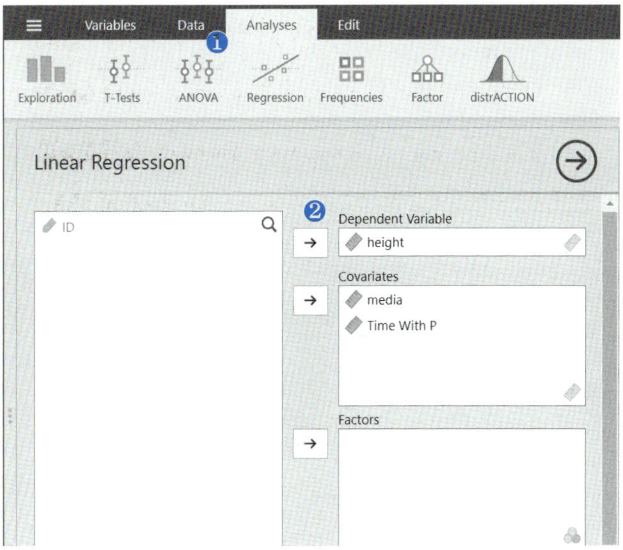

❶ [Analyses] – [Regression] – [Linear Regression] 순서로 클릭한다.

❷ 변수입력 : Dependent Variable에는 종속변수 'height'를 투입한다. Covariates에는 분석하고자 하는 독립변수를 모두 입력한다.

(2) 모형설정

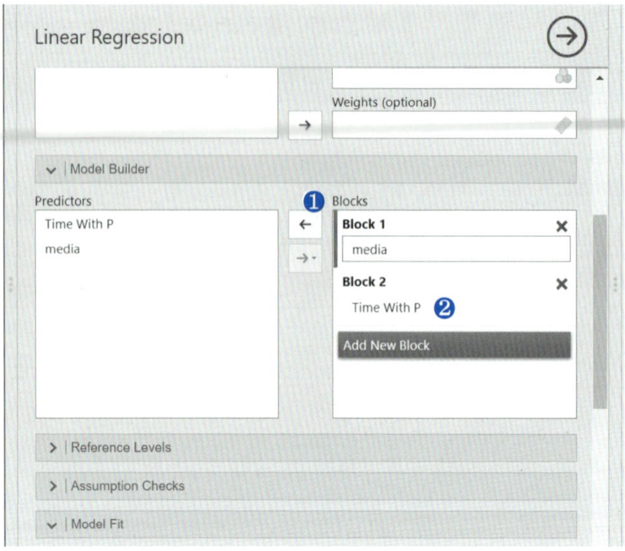

❶ Blocks : 모형을 구분하는 기능을 한다. 즉, Block 1에는 첫 번째 모델에 투입되는 독립변수를, Block 2에는 두 번째 투입되는 독립변수를 입력하여 두 모형을 구분한다. 모형 1은 Block 1에 입력된 변수의 회귀분석을, 모형 2는 Block 1, Block 2에 투입된 독립변수에 대한 다중회귀분석 결과를 제시해 준다. 따라서 블록의 수는 모델의 개수와 동일하며, 만약 블록을 추가하고 싶다면 'Add New Block'을 클릭해 모델의 개수를 늘릴 수 있다.

❷ 변수입력 : Block에 순차적으로 독립변수를 투입한다. Block 1에는 media 변수를, Block 2에는 Time with P 변수를 입력한다. 그 결과 모형 1(model 1)에서는 'media' 변수에 대한 회귀분석을, 모형 2(model 2)에서는 'media'와 ' Time with P' 변수에 대한 다중회귀분석 결과를 확인할 수 있다.

(3) Results : 결과확인

❶

Model Fit Measures

				Overall Model Test			
Model	R	R^2	Adjusted R^2	F	df1	df2	p
1	0.908	0.824	0.802	37.5	1	8	< .001
2	0.962	0.925	0.904	43.2	2	7	< .001

Note. Models estimated using sample size of N=10

❷

Model Comparisons

Comparison						
Model	Model	ΔR^2	F	df1	df2	p
1	- 2	0.101	9.41	1	7	0.018

Model Specific Results Model 1 ❸

Model Coefficients - height

Predictor	Estimate	SE	t	p
Intercept	123.563	1.4239	86.78	< .001
media	−0.151	0.0247	−6.13	< .001

Model Specific Results Model 2

Model Coefficients - height

Predictor	Estimate	SE	t	p
Intercept	114.434	3.1377	36.47	< .001
media	−0.113	0.0213	−5.29	0.001
Time With P	0.486	0.1586	3.07	0.018

❶ Model Fit Measures(모형 적합도) : 모형의 적합도가 나타난다. 모형 1(독립변수 : media)의 adjusted R^2는 0.802이고 $F=37.5(p<.001)$로 통계적으로 유의하다. 모형 2(독립변수 : media, Time with P)의 adjusted R^2는 0.904이고 $F=43.2(p<.001)$로 통계적으로 유의하다는 결과를 확인할 수 있다.

❷ Model Comparisons(모형 비교) : 모형 간의 비교를 확인할 수 있다. 모형 1과 모형 2 간의 설명력의 차이를 제시한다. 이는 ΔR^2으로 나타난다. ΔR^2은 모형 1과 모형 2의 결정계수의 증가분으로, 예시에서는 0.101로 나타났다. 이는 모형 1에서 '부모와 함께하는 시간' 변수가 투입됨으로써 설명력이 약 10% 증가한 것으로 해석할 수 있다.

❸ Model Specific Results(모형별 회귀분석 결과) : 각 모형에 따른 회귀계수와 유의성을 확인할 수 있다. 다른 모형에 대한 결과가 궁금하다면 화살표를 클릭해 모형을 변경한

다. 결과를 확인하면, 모형 1에는 '미디어 노출시간'에 따른 '키'에 대한 회귀분석 결과가 나타난다. 그리고 모형 2에는 모형 1에서 입력된 변수와 더불어 Block 2의 '부모와 함께 하는 시간' 변수가 추가적으로 투입된 결과가 제시된다.

연습문제

1

회귀분석과 상관분석의 차이에 대해 설명하여라.

2

최소자승법을 설명하여라.

3

다음은 지난 10년간의 여름철 평균 기온과 식중독 발생 횟수에 대한 데이터이다. 기온이 0.1도 증가할 때 식중독이 약 몇 회 증가하겠는가?

사용데이터 : '연습문제-7장.omv'

년도	기온	식중독 발생 수
1990	30.8	4,529
1991	31.2	4,668
1992	33.2	4,781
1993	29.8	4,289
1994	28.2	4,235
1995	35.0	5,620
1996	33.4	4,880
1997	35.6	5,783
1998	34.4	4,992
1999	34.2	4,801
2000	35.2	5,623

4

한 연구자는 100명의 청소년과 그 가족을 대상으로 부모님의 성취압박과 학생의 시험성적을 조사하였다. 어머니의 성취압박, 아버지의 성취압박에 따른 학생의 시험성적의 변화량을 예측해 보자.

사용데이터 : '연습문제-6장.omv'

* pressure D = 아버지의 성취압박
* pressure M = 어머니의 성취압박
* score = 청소년의 시험성적

연습문제 풀이

1

상관분석과 회귀분석 모두 양적인 변수를 대상으로 변수 간의 관계에 대해 알아보는 분석이지만, 상관분석으로 산출되는 상관계수는 두 변수 간의 상관관계를 나타내는 지표일 뿐 인과관계를 의미하는 것은 아니다. 회귀분석은 회귀식을 구하는 과정을 통해 독립변수가 1 증가할 때 종속변수가 얼마만큼 증가(또는 감소)할 것인지 분석이 가능하다. 즉, 회귀분석은 독립변수에 따른 종속변수의 변화량을 탐구할 수 있다는 특징이 있다.

2

회귀분석의 핵심은 각 관측값을 가장 잘 나타내는 선형식을 구하는 것이다. 관측값을 가장 잘 나타내는 선형식이라 함은 선형식과 데이터 사이의 오차가 가장 적은 식을 의미한다. 이를 구하는 방법이 최소자승법이다. 최소자승법을 통해 선형식과 데이터 간 오차의 제곱합이 가장 적은 선을 찾고 이 식을 회귀식으로 삼는다.

3 (풀이파일 : '[풀이]7장. 연습문제3번.omv')

여름철 평균 기온과 식중독 발생 수 간의 회귀분석을 실시한 결과는 다음과 같다.

변수	추정치	SE	t	p	R^2
기온	195	32.2	6.05	<.001*	0.803
intercept	−1473	1060.3	−1.39	0.198	

$^*p<.001$

회귀계수는 0.803으로 기온은 식중독 발생 수를 약 80.3% 설명한다. 또한 기온에 대한 추정치는 195($p<.001$)로 회귀계수는 유의하다. 따라서 기온이 0.1도 증가할 때 식중독 발생률은 약 19.5회 증가하는 것으로 예측할 수 있다.

4 (풀이파일 : '[풀이]7장. 연습문제4번.omv')

부모의 성취압박과 학생의 시험성적 간의 다중회귀분석을 실시한 결과 $R^2=0.816(p<.001)$으로 나타났다. 또한 아버지의 성취압박에 대한 회귀계수는 $-8.95(p<.001)$로 .05 수준에서 유의한 것으로 나타났다. 반면 어머니의 성취압박에 대한 회귀계수는 $0.01(p=.969)$로 유의하지 않은 것으로 나타났다. 이를 종합하면, 아버지의 성취압박이 1 증가할 때 학생의 성적은 약 8.95 정도 감소하는 것으로 예측할 수 있다.

	R^2	추정치	SE	t	p
아버지의 성취압박	0.816***	−8.95	0.553	−16.171	<.001*
어머니의 성취압박		0.01	0.271	0.038	.969
intercept		134.90	3.473	38.847	<.001*

$^{***}p<.001$

제 8 장

교차분석

1. 교차분석의 주요 개념
2. 적합도 검정
3. 독립성 검정

제 8 장 교차분석

1. 교차분석의 주요 개념

지금까지 알아본 통계방법은 모두 모수에 대한 검정방법이었다. 모수에 대한 검정은 표본에서 수치화된 정보를 얻기 위해 정규성, 선형성, 등분산성 등을 충족하는 양적척도의 데이터가 요구된다. 하지만 범주형 척도를 사용하는 연구상황에는 모수적 검정을 충족하기 어려운 경우도 존재한다. 이때 활용하는 것이 비모수통계기법이며, 대표적으로 교차분석이 있다.

교차분석은 범주형 척도로 구성된 자료 간의 연관관계를 확인하기 위한 분석방법으로, 범주 간의 연관성을 확인하기 위해 교차표를 작성한다. 교차분석은 Karl Pearson이 연구한 대표적인 비모수통계기법으로, 카이스퀘어(χ^2, Chi Square) 분포를 활용하기에 카이제곱 검정, 카이스퀘어 검정이라고도 한다.

카이제곱 검정의 종류는 크게 적합도 검정, 독립성 검정, 동질성 검정의 세 가지로 구분된다. 각 검정 간의 검정방법은 유사하지만 기본적인 목적에 차이가 있다.

- **적합도 검정**(goodness of fit test) : 적합도 검정은 기대빈도에 실제 그 설정이 일어날 관측빈도가 얼마나 적합한가(fit)를 조사하는 데 사용하는 방법이다. 변수의 관측값에 대한 확률분포가 그 변수의 기대치에 대한 확률분포에 얼마나 적합한지(혹은 얼마나 일치하는지)를 알아보는 것이라 할 수 있다.

  적합도 검정의 사례로는 300명의 소비자에게 과자 A, B, C브랜드의 선호도에 대한 조사를 하는 것이 될 수 있다. 300명의 소비자에게 3개의 브랜드에 대한 선호도를 조사하였을 때 만일 브랜드별 선호도에 차이가 없다면, 각 브랜드별 기대빈도는 100(300명/3개 브랜드)일 것이다. 이 기대빈도와 실제로 관측한 선호도 조사결과가 일치하는지 확인하는 것이 적합도 검정이다.

- **독립성 검정(Test of independence)** : 독립성 검정은 수집된 두 질적변수가 독립적인지 아닌지를 검정하는 통계기법이다. 남녀라는 성별 특성과 과자 브랜드 선호도가 관련이 있는지 아닌지를 확인하는 것이 독립성 검정의 예시이다.
- **동질성 검정(Test of homogeneity)** : 동질성 검정은 집단 간 분포의 동질성을 검정하여 두 집단 간의 차이를 확인하는 방법이다. 독립성 검정과 유사하지만 검정의 주된 관심이 '집단 간의 차이'에 있다는 것이 동질성 검정의 핵심이다. 각 집단 간의 확률분포가 동일한지 아닌지를 확인하여 집단 간의 차이 유무를 확인하는 것이다. 예를 들어, 지역별로 과자 브랜드의 선호도의 차이가 있는지 없는지를 확인하는 것이다.

카이제곱 검정은 변수들의 빈도를 확인하고, 이를 이용하여 연관성을 파악한다. 카이제곱 검정을 이해하기 위해서는 관찰빈도, 기대빈도에 대한 숙지가 필수적이다.

- **관찰빈도(observed frequencies)** : 연구자가 실제 관측을 통해 현장에서 얻은 데이터를 의미하며, 관측빈도라 하기도 한다. 즉, 실제 수집된 데이터에서 각 범주에 속한 데이터 수를 의미하며, fo 혹은 O로 표기한다.
- **기대빈도(expected frequenceis)** : 영가설에 의해서 도출된 예측빈도 값을 의미한다. 이론빈도(theoretical frequencies)라 하기도 하며, fe 혹은 E라 표기한다.

카이제곱 검정은 연구자가 실제 수집한 데이터의 관찰빈도가 예상되는 기대빈도에 얼마나 맞는지 비교하는 것으로, 이들의 차이를 나타내는 측정값을 카이제곱(χ^2) 검정통계치라 한다. 검정통계치 χ^2을 구하는 공식은 다음과 같다.

$$\chi^2 = \sum \frac{(O-E)^2}{E}$$

χ^2 검정통계량은 χ^2분포를 바탕으로 해석한다. χ^2분포는 자유도에 따라 형태가 다른 가족분포의 형태를 지니며, 자유도가 커질수록 좌우 대칭에 가까운 형태를 띤다. χ^2의 값은 제곱된 값의 총합이므로, 음수(−)값이 존재할 수 없으며 0에서 무한대의 범위를 갖는다.

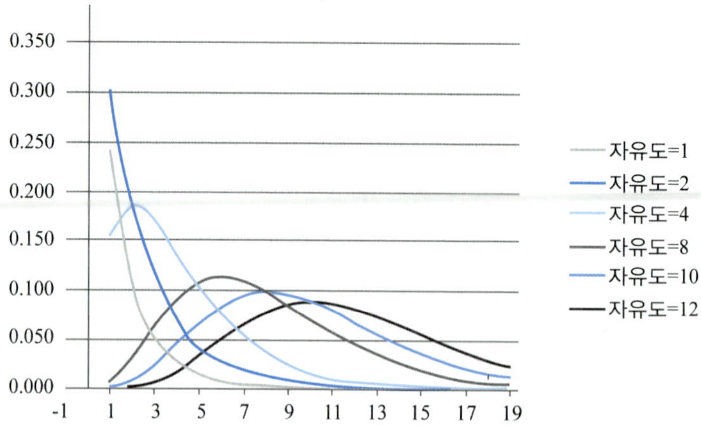

|그림 8-1| 자유도에 따른 카이제곱 그래프

χ^2분포는 자유도에 따라 상이하며, 자유도는 $k-1$에 의해 결정된다. 자유도는 주어진 조건하에서 자유롭게 변할 수 있는 변수의 수로써, 범주가 k개일 때 $k-1$개의 범주는 기대치가 자유롭게 변하지만 마지막 하나는 자동적으로 값이 정해지며 자유롭게 변할 수 없다는 의미이다.

일원분할표에서의 자유도 : $k-1$ 교차분할표에서는 자유도 : $(r-1)(c-1)$ * k, r, c는 모두 범주의 수를 의미

카이제곱 검정에서는 범주형 변수를 대상으로 하기에 정규성이나 등분산성의 가정을 요구하지는 않는다. 그렇지만 카이제곱 검정을 실시할 때에도 몇 가지 가정과 제한이 존재한다.

- **관찰의 독립성** : 검정을 하고자 하는 변수들은 각각 상호독립적이어야 한다. 이는 관찰된 관측빈도가 서로 다른 대상에서 추출되어 범주 간 독립성을 확보한다는 것을 의미한다. 즉, 한 참가자는 반드시 한 범주에만 속해야만 한다. 만약 경력이라는 변수에 대한 범주가 0~10년과 8~15년으로 구성되어 있다면, 이는 범주 간 독립성을 확보하지 못한 것이다. 이 경우에는 경력 8~10년에 해당하는 대상은 하나의 범주 이상으로 분류되는 반응을 보이기에 카이제곱 검정을 사용할 수 없다.

– **기대빈도의 크기** : 기대빈도가 5 이하인 셀이 전체의 20% 이하일 때 카이제곱 검정을 실시하며, 9 이하의 소규모 셀인 경우 모든 셀의 기대빈도가 5 이상이어야 한다. 기대빈도가 매우 작을 경우, 그 결과가 왜곡되기 쉽다. 따라서 기대빈도가 5 이하인 셀이 많은 경우, 유사한 범주끼리 묶어 자료를 수정하여 카이제곱 검정을 실시할 수 있다.
예를 들어, 다음의 표를 살펴보자. 표는 경력과 성별에 대한 교차분석 표이며, 셀에 기록된 값은 각 셀의 기대빈도이다.
첫 번째 표는 경력의 범주를 3년 미만, 3년 이상~5년 미만, 5년 이상~7년 미만, 7년 이상~10년 미만의 4개로 구분하고 있다. 총 8개의 셀 중에서 기대빈도가 5 이하인 셀이 5개로 자료의 수정이 필요하다. 이러한 문제는 두 번째 표와 같이 경력을 저경력(5년 미만), 중경력(5년 이상~10년 미만)으로 구분하여 같은 범주끼리 묶음으로써 해결할 수 있다.

[수정 전 : 기대빈도 5 이하인 셀이 62.5%(8개 중 5개 셀)]

	3년 미만	3년 이상~5년 미만	5년 이상~7년 미만	7년 이상~10년 미만	합
남	5.14	4.63	5.66	2.57	18
녀	4.86	4.37	5.34	2.43	17
전체	10	9	11	5	35

⇩

[수정 후 : 기대빈도 5 이하인 셀 0%]

	저경력(5년 미만)	중경력(5년 이상~10년 미만)	합
남	9.77	8.23	18
녀	9.23	7.77	17
전체	19	16	35

하지만 유사한 범주끼리 묶을 때 데이터가 한쪽 범주로 편향될 수도 있기에 연구자의 바른 판단이 중요하다. 때로 해당 범주의 응답 수가 매우 미미하여 유의한 정보를 제공하지 못한다고 판단되는 경우에는 해당 범주를 제외하는 방법을 활용할 수도 있다.

– **충분한 표본** : 카이제곱 검정은 오직 기대빈도와 관측빈도의 차이로만 통계적 검정을 실시하기에, 극단적으로 작은 기대빈도는 잘못된 결과해석을 초래할 수도 있다. 이 문제를 해결하기 위한 한 가지 방법은 최대한 큰 표본을 이용하는 것이며, 통상적으로는 전체 사례 수가 30 이상일 때 카이제곱 검정을 실시한다.

2. 적합도 검정

예제

A유치원에서는 재원생 100명의 학부모를 대상으로 학부모 참여 행사 시간에 대한 선호도를 조사하였다. 조사결과, 평일 오전을 응답한 학부모는 35명, 평일 오후를 응답한 학부모는 31명, 토요일 오전을 응답한 학부모는 19명, 토요일 오후를 응답한 학부모는 15명이었다. A유치원은 조사를 실시하기에 앞서 '평일 오전'에 대한 선호가 다른 시간대보다 2배 더 많을 것이라고 예상하였다. 과연 행사 시간에 따른 선호 차이가 A유치원의 예상과 차이가 없는가?(α=.05)

[데이터]

	평일 오전	평일 오후	토요일 오전	토요일 오후	합
응답 수	35	31	19	15	100

예제는 학부모 참여 행사 시간의 선호도를 기존의 예상과 비교하는 것으로, 범주형 척도의 빈도를 분석하는 적합도 검정을 실시할 수 있다.

1) 적합도 검정 가설 수립

예제의 가설은 다음과 같다.

- 영가설 : H_0 = 학부모 선호도는 A유치원의 예상(평일 오전의 선호도가 2배 많을 것)과 실제 선호도 조사결과 간의 차이가 없다.
- 대립가설 : H_1 = 학부모 선호도는 A유치원의 예상(평일 오전의 선호도가 2배 많을 것)과 실제 선호도 조사결과 간의 차이가 있다.

2) 검정통계량

적합도 검정을 실시하기 위해서는 가장 먼저 각 범주의 기대빈도와 관측빈도를 파악해야 한다. 예제에서 '평일 오전'에 대한 선호가 다른 시간대보다 2배 더 많을 것이라고 예상한 것을 비율로 나타내면 '평일 오전 : 평일 오후 : 토요일 오전 : 토요일 오후 = 2 : 1 : 1 : 1'이며, 총 사례 수 100을 5(=2+1+1+1)로 나누면, 각 기대빈도는 40 : 20 : 20 : 20임을 알 수 있다.

관측빈도는 선호도 조사에 대한 실제 응답 수이기에 35 : 31 : 19 : 15이다.

이를 교차표로 정리하면 다음과 같다.

	평일 오전	평일 오후	토요일 오전	토요일 오후	합
관측빈도(O)	35	31	19	15	100
기대빈도(E)	40	20	20	20	100

이어서 카이제곱 검정통계량(χ^2)을 구해 보자.

$$\chi^2 = \sum \frac{(O-E)^2}{E}$$

$$= \frac{(35-40)^2}{40} + \frac{(31-20)^2}{20} + \frac{(19-20)^2}{20} + \frac{(15-20)^2}{20}$$

$$= \frac{25}{40} + \frac{121}{20} + \frac{1}{20} + \frac{25}{20} = 0.625 + 6.05 + 0.05 + 1.25$$

$$= 7.975$$

	평일 오전	평일 오후	토요일 오전	토요일 오후	합
관측빈도(O)	35	31	19	15	100
기대빈도(E)	40	20	20	20	100
$(O-E)$	−5	11	−1	−5	
$(O-E)^2$	25	121	1	25	
$(O-E)^2/E$	0.625	6.05	0.05	1.25	7.975

3) 가설검정 및 의사결정

검정통계량 χ^2=7.975이며 자유도는 3(=범주 수 4 − 1)이다. 검정통계량이 통계적으로 유의미할 정도로 큰지 확인하기 위해서는 카이제곱 분포표를 참고해야 한다.

[카이제곱 분포표]

자유도	α							
	.995	.99	.975	.95	.05	.025	.01	.005
1	3.93E−05	0.000157	0.000982	0.003932	3.841459	5.023886	6.634897	7.879439
2	0.010025	0.020101	0.050636	0.102587	5.991465	7.377759	9.21034	10.59663
3	0.071722	0.114832	0.215795	0.351846	7.814728	9.348404	11.34487	12.83816
4	0.206989	0.297109	0.484419	0.710723	9.487729	11.14329	13.2767	14.86026
5	0.411742	0.554298	0.831212	1.145476	11.0705	12.8325	15.08627	16.7496
6	0.675727	0.87209	1.237344	1.635383	12.59159	14.44938	16.81189	18.54758
7	0.989256	1.239042	1.689869	2.16735	14.06714	16.01276	18.47531	20.27774
8	1.344413	1.646497	2.179731	2.732637	15.50731	17.53455	20.09024	21.95495
9	1.734933	2.087901	2.700389	3.325113	16.91898	19.02277	21.66599	23.58935
10	2.155856	2.558212	3.246973	3.940299	18.30704	20.48318	23.20925	25.18818
…	…	…	…	…	…	…	…	…

α=.05, df=3일 때 임계치는 χ^2=7.814728이다. 예제의 검정통계량(χ^2=7.975)을 임계치 7.814728와 비교해 보자. |그림 8−2|는 df=3일 때의 χ^2분포로, 채색된 부분은 영가설을 기각하는 기각역(χ^2>7.814728)을 뜻한다. 따라서 검정통계량 χ^2=7.975는 임계치 7.814728보다 큰 값으로 기각역에 속하는 것을 확인할 수 있다.

확률(p-value) 측면에서도 χ^2=7.814728이 나타날 확률이 0.05이기에, 검정통계량이 7.814728보다 커질수록 그 값이 나타날 확률은 0.05보다 작아짐을 알 수 있다.

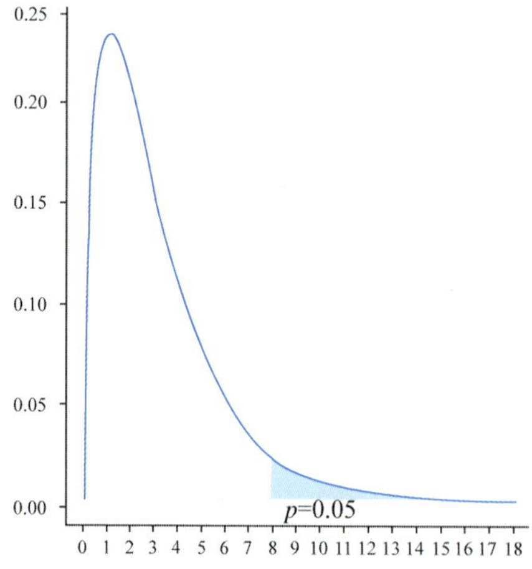

|그림 8-2|

따라서 학부모 행사 시간의 선호도 조사결과는 기존의 예상과 차이가 있다는 결론을 내릴 수 있다.

4) jamovi 실습하기

jamovi 프로그램을 사용하여 적합도 검정을 실시해 보자

(1) 데이터 입력하기

사용파일 : '교차분석.omv'
결과파일 : '교차분석-결과(적합도검정).omv'

	❶ ID	❷ prefer
1	1	1
2	2	1
3	3	1
4	4	1
5	5	1
6	6	1
7	7	1
8	8	1
9	9	1
10	10	1
11	11	1
12	12	1
13	13	1
14	14	1
15	15	1
16	16	1
17	17	1

❶ ID : 각 표본에 ID를 부여한다. 총 100개의 표본이 있음을 알 수 있다.

❷ prefer : 학부모 행사 참여 선호도 조사결과를 입력한다. 예제에서는 1=평일 오전, 2=평일 오후, 3=토요일 오전, 4=토요일 오후로 코딩하였다. 교차분석 코딩에서 유의할 점은 변수가 명목형이라는 점이다. 따라서 변수유형도 명목형으로 변경해야 한다. 1, 2와 같은 숫자로 코딩하지만, 이는 연구자 편의상 이름 붙인 것일 뿐이기에 연속형 변수로 계산하는 오류를 범하지 않아야 한다.

(2) 적합도 검정 실시

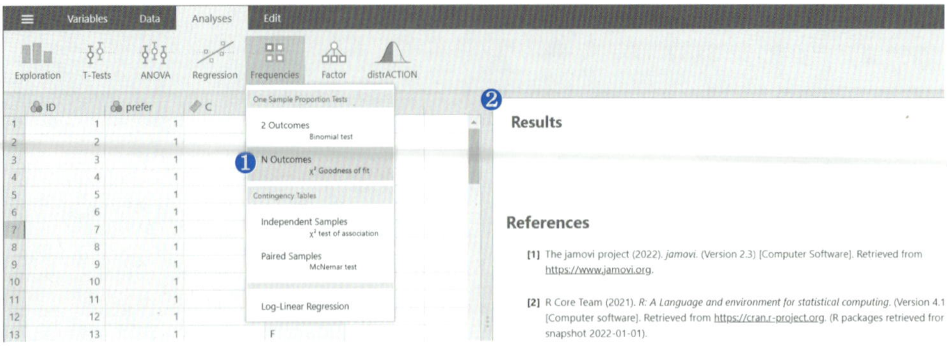

❶ [Analyses]-[Frequencies]-[N Outcomes χ^2 Goodness of fit]을 클릭한다.

❷ [N Outcomes χ^2 Goodness of fit]을 클릭하면 좌측에 분석창이 나타난다.

(3) 분석창

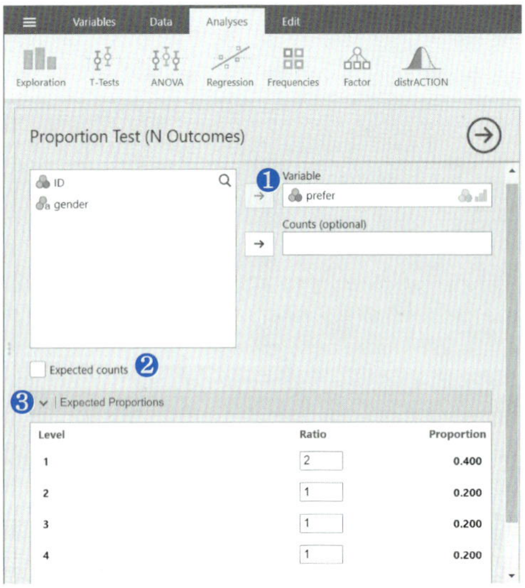

❶ 변수입력 : 적합도 검정을 실시할 변수를 입력한다. 예제는 학부모의 행사 시간 선호도에 대한 것이므로 prefer 변수를 입력한다.

❷ Expected counts : 기대빈도의 값을 보여준다. 교차표와 더불어 각 셀의 기대빈도를 알고 싶을 때 선택하는 옵션이다. Expected counts 옵션을 선택하면 관측빈도와 더불어 기대빈도의 비율과 크기를 결과에 제시해 준다.

❸ Expected Proportions : 각 범주의 기대비율을 설정한다. Level(수준)은 범주의 종류, Ratio는 비, Proportion은 비율을 백분율로 나타낸 값이다.

jamovi는 기본적으로 각 범주별 비율을 모두 1로 설정하고 있지만, 모든 범주가 동일한 비율을 지니지 않을 때도 있다. 본 예제와 같이 특정 이론 혹은 상황에서는 범주 간 비율이 상이할 수 있다. 이처럼 범주 간 기대비율을 조정할 때 사용하는 옵션이다. 예제에서는 '평일 오전(=1)'의 범주가 다른 범주보다 2배 많은 비율일 것을 가정하였다. 따라서 1수준의 Ratio를 2로 변경하여 비율을 조절한다. 그 결과 Proportion에서 1수준은 0.40, 나머지 수준은 모두 0.20으로 변경된 것을 확인할 수 있다. Proportion에 100을 곱하여 정수로 표현한 값이 각 셀의 기대빈도이다.

(4) Results : 결과확인

Proportion Test (N Outcomes)

Proportions - prefer ❶

Level		Count	Proportion
1	Observed	35	0.35
	Expected	40.00	0.40
2	Observed	31	0.31
	Expected	20.00	0.20
3	Observed	19	0.19
	Expected	20.00	0.20
4	Observed	15	0.15
	Expected	20.00	0.20

χ^2 Goodness of Fit ❷

χ^2	df	p
7.97	3	0.047

❶ 교차표 : 선호도(prefer)에 대한 비율과 빈도가 나타난다. Observed는 관측빈도, Expected는 기대빈도를 의미한다.

❷ 적합도 검정결과 : 적합도 검정결과 $\chi^2=7.97$, 자유도=3, $p=.047$이다. jamovi 프로그램에서 제시된 χ^2값은 앞서 직접 계산한 값과 동일하다. p값 또한 .05보다 작은 것을

확인할 수 있다. 이를 바탕으로 결과를 해석하면, 유의수준 .05에서 영가설을 기각하고 '학부모 행사 시간의 선호도 조사결과는 기존의 예상과 차이가 있다'고 결론 내릴 수 있다.

3. 독립성 검정

이어서 독립성 검정에 대해 알아보자. 앞서 언급한 바와 같이 각 검정의 종류는 목적과 해석에 따라 차이가 있을 뿐 통계 방법은 동일하다.

예제

A유치원에서는 재원생 100명의 학부모를 대상으로 학부모 참여 행사 시간에 대한 선호도를 조사하였다. 학부모 성별에 따라 행사 참여 시간에 대한 선호도는 관련이 있는가?(α=.05)

[데이터]

	평일 오전	평일 오후	토요일 오전	토요일 오후	합
여성	24	17	8	4	53
남성	11	14	11	11	47

예제는 학부모의 성별에 따른 선호도는 관련이 있는지 알아보고자 한다. 성별과 선호도 간의 연관성의 유무는 독립성 유무로 표현할 수 있으며 이에 두 범주형 변수 간의 독립성을 확인하는 독립성 검정을 실시할 수 있다.

1) 독립성 검정 가설 수립

예제의 가설은 다음과 같다.

영가설 : H_0 = 학부모의 성별과 선호도의 비율은 독립적이다.
대립가설 : H_1 = 학부모의 성별과 선호도의 비율은 독립적이지 않다.

2) 검정통계량

독립성 검정 또한 기대빈도와 관측빈도의 차이를 비교하는 것이기에, 가장 먼저 각 범주의 기대빈도를 파악해야 한다. 교차분할표에서 기대빈도는 '전체 빈도 n에 대하여 교차되는 셀에 몇 번의 빈도가 확인되는지 예상하는 값'이다. 따라서 셀이 해당되는 행과 열의 빈도의 곱을 전체 빈도로 나눔으로써 기대빈도를 구할 수 있다. 이를 공식으로 표현하면 다음과 같다.

$$E_{ij} = \frac{n_i \times n_j}{n}$$

여기서 n_i, n_j는 행과 열의 빈도를 의미함

공식에 의거하여 기대빈도를 구해 보자.

$$E_{11} = \frac{n_{1\text{행}} \times n_{1\text{열}}}{n} = \frac{53 \times 35}{100} = 18.55$$

$$E_{12} = \frac{n_{1\text{행}} \times n_{2\text{열}}}{n} = \frac{53 \times 31}{100} = 16.43$$

$$E_{13} = \frac{n_{1\text{행}} \times n_{3\text{열}}}{n} = \frac{53 \times 19}{100} = 10.07$$

$$E_{14} = \frac{n_{1\text{행}} \times n_{4\text{열}}}{n} = \frac{53 \times 15}{100} = 7.95$$

$$E_{21} = \frac{n_{2\text{행}} \times n_{1\text{열}}}{n} = \frac{47 \times 35}{100} = 16.45$$

$$E_{22} = \frac{n_{2\text{행}} \times n_{2\text{열}}}{n} = \frac{47 \times 31}{100} = 14.57$$

$$E_{23} = \frac{n_{2\text{행}} \times n_{3\text{열}}}{n} = \frac{47 \times 19}{100} = 8.93$$

$$E_{24} = \frac{n_{2\text{행}} \times n_{4\text{열}}}{n} = \frac{47 \times 15}{100} = 7.05$$

			1열	2열	3열	4열	
			평일 오전	평일 오후	토요일 오전	토요일 오후	합
1행	여성	O	24	17	8	4	53
		E	18.55	16.43	10.07	7.95	
2행	남성	O	11	14	11	11	47
		E	16.45	14.57	8.93	7.05	
	합		35	31	19	15	100

다음으로 각 셀의 기대빈도와 관측빈도를 바탕으로 검정통계량을 구해 보자.

$$\chi^2 = \sum \frac{(O-E)^2}{E}$$

$$= \frac{(24-18.55)^2}{18.55} + \frac{(17-16.43)^2}{16.43} + \frac{(8-10.07)^2}{10.07} + \frac{(4-7.95)^2}{7.95} + \frac{(11-16.45)^2}{16.45} + \frac{(14-14.57)^2}{14.57} + \frac{(11-8.93)^2}{8.93} + \frac{(11-7.05)^2}{7.05}$$

$$= \frac{29.70}{18.55} + \frac{0.32}{16.43} + \frac{4.28}{10.07} + \frac{15.60}{7.95} + \frac{29.70}{16.45} + \frac{0.32}{14.57} + \frac{4.28}{8.93} + \frac{15.60}{7.05}$$

$$= 1.60 + 0.02 + 0.43 + 1.96 + 1.81 + 0.02 + 0.48 + 2.21 = 8.53$$

		평일 오전	평일 오후	토요일 오전	토요일 오후	합
여성	O	24	17	8	4	4.01
	E	18.55	16.43	10.07	7.95	
	$(O-E)^2$	5.45^2	0.57^2	$(-2.07)^2$	$(-3.95)^2$	
	$(O-E)^2/E$	1.60	0.02	0.43	1.96	
남성	O	11	14	11	11	4.52
	E	16.45	14.57	8.93	7.05	
	$(O-E)^2$	$(-5.45)^2$	$(-0.57)^2$	2.07^2	3.95^2	
	$(O-E)^2/E$	1.81	0.02	0.48	2.21	
합						8.53

3) 가설검정 및 의사결정

계산결과, 검정통계량 χ^2=8.53이다. 검정통계량이 통계적으로 유의미한지 확인하기 위해서는 검정통계량을 임계치와 비교해야 한다.

카이제곱 분포는 자유도에 따라 상이한 분포를 이루므로 임계치를 알기 위해서는 자유도에 대한 정보가 필요하다. 교차분할표에서 자유도는 $(r-1)(c-1)$이다. 따라서 본 예제의 자유도는 $(2-1)(4-1)$로 3이다.

따라서 카이제곱 분포표에서 자유도 3, $\alpha=.05$인 값을 찾으면 7.814728이다. 이 값을 기준으로 검정통계량이 작다면($\chi^2 \le 7.814728$이면) 영가설을 채택하고, 검정통계량이 임계치보다 크다면($\chi^2 > 7.814728$이면) 영가설을 기각한다.

검정통계량은 $\chi^2=8.53$으로 7.7814보다 크다. 따라서 영가설을 기각하고 대립가설을 채택한다. 즉, 학부모의 성별과 선호도의 비율을 독립적이지 않다고 결론 내릴 수 있다.

4) jamovi 실습하기

(1) 데이터 입력하기

사용파일 : '교차분석.omv'
결과파일 : '교차분석-결과(독립성검정).omv'

	❶ ID	❷ prefer	❸ gender
1	1	1	F
2	2	1	F
3	3	1	F
4	4	1	F
5	5	1	F
6	6	1	F
7	7	1	F
8	8	1	F
9	9	1	F
10	10	1	F
11	11	1	F
12	12	1	F
13	13	1	F
14	14	1	M
15	15	1	F
16	16	1	M
17	17	1	F
18	18	1	M

❶ ID : 각 표본에 ID를 부여한다. 총 100개의 표본이 있음을 알 수 있다.

❷ prefer : 학부모 행사 참여 선호도 조사결과를 입력한다. 현재 1=평일 오전, 2=평일 오후, 3=토요일 오전, 4=토요일 오후로 코딩되어 있다.

❸ gender : 각 표본의 성별을 입력한다. 현재 F=여성, M=남성으로 코딩되어 있다.

(2) 독립성 검정 실시

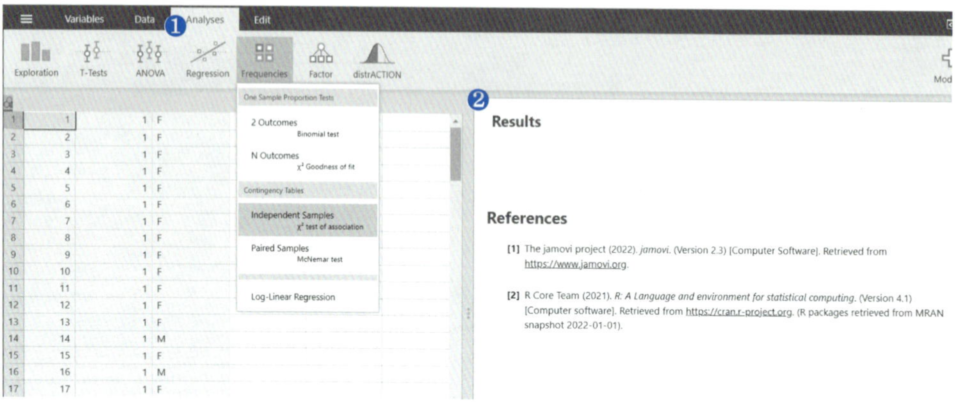

❶ [Analyses]–[Frequencies]–[Independent Samples χ^2 test of association]을 클릭한다.

❷ [Independent Samples χ^2 test of association]을 클릭하면 좌측에 분석창이 나타난다.

(3) 분석창

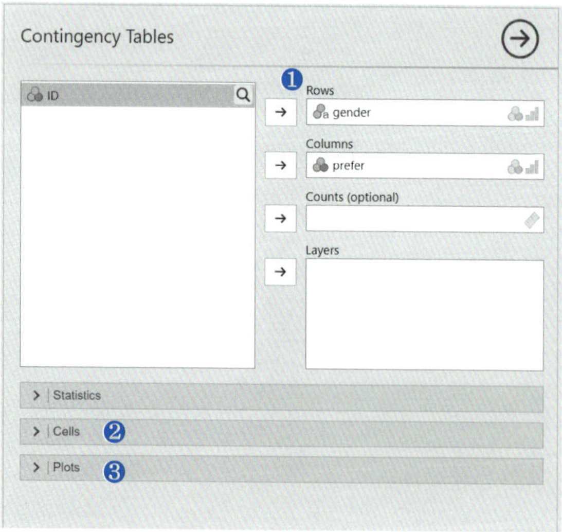

❶ 변수입력 : 적합도 검정을 실시할 변수를 입력한다. 예제는 성별에 따른 학부모의 행사 시간 선호도에 대한 것이므로 Rows와 Columns 각각에 prefer, gender 변수를 입력한다.

❷ Cells : 관측빈도, 기대빈도를 확인하고자 할 때 사용할 수 있다. Percentages 옵션을 선택하면 각 빈도의 백분위 값이 제시된다.

❸ Plots : 관측값에 대한 상자 그래프를 제시한다. BarType에서 Side be side를 선택하면, 각 수준에 따른 빈도가 붙어있는 막대 그래프 형태로 제시되며, Stacked를 선택하면 위로 쌓인 막대 그래프가 제시된다.

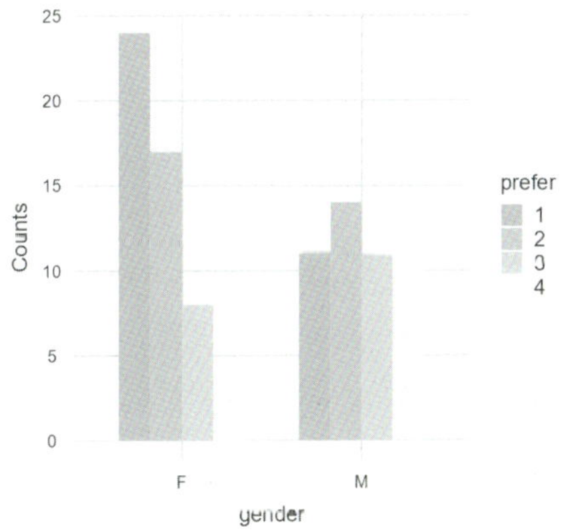

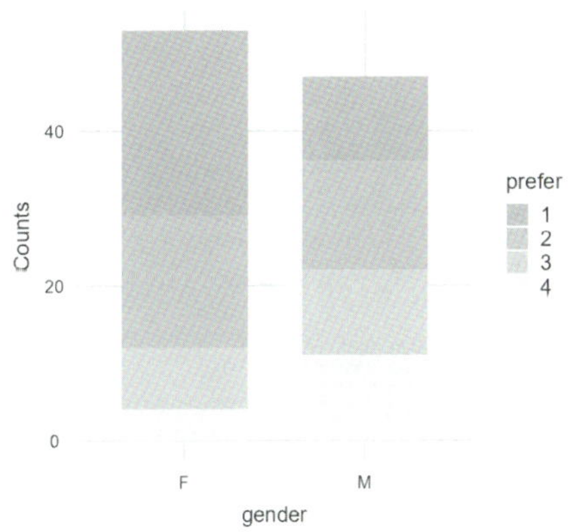

(4) Results : 결과확인

Contingency Tables

Contingency Tables ❶

gender		prefer 1	2	3	4	Total
F	Observed	24	17	8	4	53
	Expected	18.55	16.43	10.07	7.95	53.00
M	Observed	11	14	11	11	47
	Expected	16.45	14.57	8.93	7.05	47.00
Total	Observed	35	31	19	15	100
	Expected	35.00	31.00	19.00	15.00	100.00

χ^2 Tests ❷

	Value	df	p
χ^2	8.53	3	0.036
N	100		

❶ 교차표(Contingency Tables) : 남녀에 따른 선호도(prefer)에 대한 비율과 빈도가 나타난다. Observed는 관측빈도, Expected는 기대빈도를 의미한다.

❷ 독립성 검정결과 χ^2=8.53, 자유도=3, p=.036이다. 이는 유의수준 .05에서 영가설을 기각하여 학부모의 성별과 선호도의 비율은 독립적이지 않다고 결론 내릴 수 있다. 이는 성별에 따라 선호도에 차이가 있음을 의미한다.

연습문제

1

서사과정생 A는 비가 올 때 남녀는 비옷을 입는지 우산을 쓰는지에 대해 연구를 하여 다음과 같은 표를 만들었지만, 아래 표가 교차분석을 실시하기에 적합하지 않다는 지도를 받았다. 왜 그런지 설명하여라.

구분	남자	여자	합계
비옷	12	24	36
우산	8	42	50
둘다 아님	48	6	54
합계	68	72	140

2

동전 던지기를 200번 하면 우리는 앞면이 100번, 뒷면이 100번 나올 것으로 기대한다. 그런데 실제로는 앞면이 92번, 뒷면이 108번 나왔다. 이를 바탕으로 동전이 공정하다는 가설을 기각할 것인가?

3

사기죄로 고소를 당한 사람이 가지고 있던 주사위가 있다. 과연 이 주사위는 공정한 주사위인가? 이 주사위로 300번을 던졌을 때 다음과 같은 빈도로 나타났다. 이 주사위는 공정한 주사위인가?

	1면	2면	3면	4면	5면	6면
관측빈도	42	55	38	57	64	44

4

A구내식당은 비빔밥, 불고기, 오일파스타, 토마토파스타, 크림파스타를 점심메뉴로 제공한다. 식당의 영양사는 메뉴변경에 앞서 식당 이용 손님의 음식 선호도에 차이가 있는지 궁금하다. 이에 남녀 100명을 대상으로 주문 메뉴에 대한 조사를 실시하였다. 성별에 따라 선호하는 메뉴에 차이가 있는가?

사용데이터 : '연습문제-8장.omv'

5

영양사는 연습문제 4의 조사결과를 분석하던 중 메뉴가 중복되어 있는 것을 발견했다. 이에 비빔밥과 불고기는 한식으로, 오일파스타, 토마토파스타, 크림파스타는 양식으로 재범주화하여 성별에 따른 차이가 있는지 알아보고자 한다. 결과는 어떠한가?

사용데이터 : '연습문제-8장.omv'

6

90명을 대상으로 A, B, C브랜드 중 가장 선호하는 대상 하나를 선택하도록 조사를 실시하였다. 그 결과 총 90명 중 A브랜드는 10명, B브랜드는 40명, C브랜드는 40명이 선택하였다. 과연 브랜드 간 선호도에 차이가 있는지 알아보고자 한다. 이때의 χ^2검정통계량을 계산하여라. (영가설 : 브랜드 선호도에 차이가 없다.)

연습문제 풀이

1

제시된 데이터는 얼핏 보면 그럴듯하게 보이지만 문제의 소지가 있다. 즉, A는 비가 올 때 비옷과 우산을 모두 챙기는 사람들이 있다는 점을 간과하고 있다. 따라서 제시된 자료는 서로 독립적이지 않으며, 교차분석을 실시하기에 부적절하다.

2 (풀이파일 : '[풀이]8장. 연습문제2번.omv')

동전 던지기를 200번 실시했을 때의 관측빈도와 기대빈도는 다음과 같다.

	앞면	뒷면	계
관측빈도	92	108	200
기대빈도	100	100	

이 빈도표에 따른 χ^2값은 1.28이다. df=1, α=.05에서의 기각역은 χ^2>3.8414로, 산출된 χ^2값은 기각역에 포함되지 않는다. 즉, 관측값과 기대치 간의 차이는 무작위 변동에서 기인한 것으로 해석할 수 있다.

실제 jamovi를 통해 교차분석을 실시하면 다음과 같은 검정통계량이 산출된다.

χ^2	df	p
1.28	1	.258

3 (풀이파일 : '[풀이]8장. 연습문제3번.omv')

만약 주사위가 공정하다면 각 면은 같은 수로 나와야 할 것이다. 따라서 기대빈도는 각 50이다. 이를 표로 나타내어 χ^2값을 계산하면 다음과 같다.

	O(관측빈도)	E(기대빈도)	$O-E$	$(O-E)^2$	$(O-E)^2/E$
1면	42	50	−8	64	1.28
2면	55	50	5	25	0.5
3면	38	50	−12	144	2.88
4면	57	50	7	49	0.98
5면	64	50	14	196	3.92
6면	44	50	−6	36	0.72
합					10.28

다음은 jamovi를 통해서 동일한 데이터를 분석한 결과이다. 실제 계산한 값과 유사하다는 것을 확인할 수 있다.

χ^2	df	p
10.3	5	.068

따라서 주사위의 관측빈도와 기대빈도가 상이한 것은 .05 수준에서 유의미하지 않으며, 단순한 무작위 변동에 의해 나타난 차이라 할 수 있다.

4 (풀이파일 : '[풀이]8장. 연습문제4번.omv')

'연습문제-8장.omv'의 데이터를 바탕으로 빈도를 분석하면 다음과 같다.

		메뉴					계
		비빔밥	불고기	크림파스타	오일파스타	토마토파스타	
성별	여성	8	9	4	22	6	49
	남성	15	8	9	12	7	51
계		23	17	13	34	13	100

성별과 메뉴에 따른 선호도 차이를 알아보기 위해 교차분석을 실시한 결과 χ^2=7.09, p=.131로 .05 수준에서 유의하지 않은 것으로 나타났다. 즉, 성별과 식사메뉴 선호도는 서로 독립적이다.

χ^2	df	p
7.09	4	.131

5 (풀이파일 : '[풀이]8장. 연습문제5번.omv')

비빔밥과 불고기는 한식으로, 오일파스타, 토마토파스타, 크림파스타는 양식으로 재범주화한 2×2 빈도표는 다음과 같다.

		메뉴		계
		한식	양식	
성별	여성	17	32	49
	남성	23	28	51
계		40	60	100

성별에 따른 메뉴 선택의 차이를 알아보기 위해 교차분석을 실시한 결과 χ^2=1.13, p=.288로 .05 수준에서 유의하지 않은 것으로 나타났다. 따라서 성별에 따라 메뉴의 선택에는 차이가 없다는 결론을 내릴 수 있다.

6 (풀이파일 : '[풀이]8장. 연습문제6번.omv')

브랜드 간의 선호도가 없다는 것을 영가설로 하고, 카이제곱 검정을 실시한다면, 각 브랜드별 기대빈도는 30일 것이다(90명÷3개 브랜드). 그리고 사례의 A, B, C브랜드의 관찰빈도(O)는 각각 10, 40, 40이다. 이를 고려하여 χ^2을 구하면 19.99이다.

$$\chi^2 = \sum \frac{(O-E)^2}{E}$$

$$= \frac{(10-30)^2}{30} + \frac{(40-30)^2}{30} + \frac{(40-30)^2}{30} = 13.33 + 3.33 + 3.33 = 19.99$$

	O(관측빈도)	E(기대빈도)	$O-E$	$(O-E)^2$	$(O-E)^2/E$
A브랜드	10	30	−20	400	13.33
B브랜드	40	30	10	100	3.33
C브랜드	40	30	10	100	3.33
합					19.99

이러한 결과는 jamovi에서도 동일함을 확인할 수 있다.

χ^2	df	p
20.0	2	<.001

참고문헌

김경철(2023). (Jamovi로 쉽게 시작하는) 데이터 분석. 경기 : 공동체.

김경철(2023). (SPSS를 이용한) 양적연구의 이해와 적용. 경기 : 양서원.

노경섭(2016). (제대로 시작하는) 기초 통계학. 서울 : 한빛아카데미.

성태제(2020). 연구방법론. 서울 : 학지사.

유진은(2022). (한 학기에 끝내는) 양적연구방법과 통계분석. 서울 : 학지사.

John J. Shaughnessy, Eugene B. Zechmeister, Jeanne S. Zechmeister(2016). (사회과학에서의) 연구방법론. 조영일 역. 서울 : 시그마프레스.

찾아보기

저/자/약/력

■ **김경철**
한국교원대학교 교수

■ **장예솔**
한국교원대학교 강사
화원꽃뜰유치원 교사
한국교원대학교 영유아교육연수원 파견교사

jamovi로 내딛는 기초통계 첫걸음

|공저자| 김경철 · 장예솔

|1판 1쇄| 발행 2025년 1월 31일

|발행인| 김 동 훈
|발행처| 공 동 체

|주소| 경기도 고양시 일산동구 호수로 358-39, 동문타워 I 905호(백석동)
|전화| 031) 814-3000(대표)
|팩스| 031) 814-3100
|홈페이지| http://www.compub.co.kr
|전자우편| compub@naver.com
|출판등록| 2005년 10월 6일
|등록번호| 제396-2005-36호

|ISBN| 979-11-6725-829-8
정가 19,000원